金眶鸻
蒙古百灵
红胁蓝尾鸲
小田鸡
风头鸊鷉
红头潜鸭
普通翠鸟
斑背大尾莺
锡嘴雀

大白鹭

白腰草鹬

田鹀

小白鹭

白骨顶

北红尾鸲

戴胜

环颈鸻
北朱雀
长尾雀
苍鹭
白腰朱顶雀
猎隼
白鹡鸰

鹗
金翅雀
苍鹰
白眉姬鹟
棕腹啄木鸟
红胁绣眼鸟
长尾林枭
纵纹腹小枭

大斑啄木鸟
雕枭
黑尾蜡嘴雀
黑头蜡嘴雀
红喉歌鸲
黄雀

芦鹀
凤头麦鸡
红尾斑鸫
灰雀
红交嘴雀（雌）
小䴙䴘
栗耳鹀

灰椋鸟
蓝喉歌鸲
普通䴓
黑头䴓
三宝鸟
黑眉苇莺

松雀
燕隼
松鸦
鸳鸯
燕雀
白头鹎
银喉长尾山雀

普通鸬鹚
沼泽山雀
大山雀
麻雀
红尾伯劳
喜鹊
灰头鹀
中华秋沙鸭

大嘴乌鸦和小嘴乌鸦
灰斑鸠
雀鹰
日本松雀鹰
灰脸𫛭鹰
金腰燕
灰鹡鸰
领角鸮

动物学野外实习
实用教程

易国栋 许 旭 刘 兵 主编

清華大學出版社
北 京

内 容 简 介

本教材是为了满足新时期高校教学需要而编写的动物学野外实习指导书。主要包括动物学野外实习准备及基础知识、野外实习标本采集、处理及其野外识别方法、主要生境类型和代表动物、动物种类分类识别等内容。本书既可以作为高等院校生物科学专业和生物技术专业师生的实习指导教材，也可作为相关专业科技人员和中学生物教师的参考书。

图书在版编目（CIP）数据

动物学野外实习实用教程 / 易国栋，许旭，刘兵主编 . -- 北京 : 清华大学出版社，2025. 4. -- ISBN 978-7-302-69164-8

Ⅰ. Q95-45

中国国家版本馆 CIP 数据核字第 2025E4L924 号

责任编辑： 罗　健
封面设计： 刘艳芝
责任校对： 李建庄
责任印制： 沈　露

出版发行： 清华大学出版社
　　网　址： https://www.tup.com.cn，https://www.wqxuetang.com
　　地　址： 北京清华大学学研大厦 A 座　　**邮　编：** 100084
　　社总机： 010-83470000　　**邮　购：** 010-62786544
　　投稿与读者服务： 010-62776969, c-service@tup.tsinghua.edu.cn
　　质量反馈： 010-62772015, zhiliang@tup.tsinghua.edu.cn
印 装 者： 三河市少明印务有限公司
经　　销： 全国新华书店
开　　本： 148mm × 210mm　**印张：** 10.25　**插页：** 6　**字　数：** 284 千字
版　　次： 2025 年 5 月第 1 版　　**印　次：** 2025 年 5 月第 1 次印刷
定　　价： 49.80 元

产品编号：109555-01

编 委 会

主　编：易国栋　许　旭　刘　兵

副主编：王林菲　赵永斌　李艳娇

编　委：（按姓氏笔画排序）

于　东（哈尔冰师范大学）
王林菲（廊坊师范学院）
刘　兵（吉林师范大学）
刘宏汉（通化师范学院）
刘新宇（沈阳师范大学）
许　旭（吉林师范大学）
李天松（北华大学）
李成会（唐山师范学院）
李君健（沈阳师范大学）
李艳娇（通化师范学院）
赵永斌（吉林师范大学）
易国栋（吉林师范大学）
鄂明菊（长春师范大学）

前　言

动物学野外实习作为高等院校生物科学和生物技术专业基础课程的重要组成部分，与课堂教学和实验教学共同构成了动物学教学的三大核心环节。野外实习作为关键环节，对学生综合素质和核心素养的提升以及实际工作能力的培养具有重要意义。为了提高学生培养质量，培养适应现代社会需要的高素质人才，实现教材各教学环节有机结合，编者根据地域特点和学生实际情况编写了这部具有针对性的野外实习指导书。依据《“十四五”普通高等教育本科国家级规划教材建设实施方案》，编者把价值引领、需求导向、分类发展和守正创新作为教材编写的基本原则。本教材具有以下特色：继承现有野外实习指导书的成功经验和系统化知识体系，注重理论与实践紧密结合，既夯实基础，又拓展知识面，特别是在培养学生实际操作和独立工作能力方面做出努力；针对东北地区的地理和动物区系特点，本教材设计了符合东北地区 20 余所大中专院校需求的内容，突出地方特色；教材内容简练实用，精炼文献资料和背景知识，避免冗余信息；教材编写者为多年工作在野外实习教学一线的动物学教师，融入了丰富的实践经验，增强了教材的实用性与可操作性；结合科研训练和课题研究，以及融合课程思政目标的教学活动设计，教材注重培养学生的创新意识和科研能力，提升实践能力，引导学生树立正确的人生观和价值观，符合素质教育教学要求。此外，教材系统设计了野外实习教学的组织与实施过程，为规范实习环节管理实施提供指导，确保实习工作科学规范、安全有序。

按照东北地区多数院校野外实习的习惯，分别介绍森林和草原脊椎动物、海滨潮间带无脊椎动物的识别特征、分布特点、生态习性、动物的采集和标本制作等内容。提供东北地区典型实习点的实习教学设计方案和教学案例；科研训练有明确的目标和实施办法，使学生具备初步的野外工作能力。

本教材在《动物学野外实习指导》的基础上重新编写，共包括7章22节。本教材按照现行的动物学教学内容体系，依据东北地域海滨、淡水和陆地三大基本实习环境的实际情况，进行了系统安排。在介绍标本采集、分类鉴定和制作等野外实习的基本知识外，还着重讲解了常见动物的野外识别方法，以及现代生态学野外工作的基本方法，涵盖动物多样性调查、生态分布与行为观察等内容。本教材将野外实习与动物资源调查、生态学研究相结合，激励学生通过实习所获取的数据，分析动物生态分布与环境之间的关系，进而揭示动物的生态分布规律。培养学生论文式实习报告的设计与写作能力，强化实践教学的效果，提升创新意识和能力。此外，本教材还新增了东北地区典型生境的实习教学设计，收录了东北地区常见昆虫的属种，编制了基础知识习题集及彩页图版。依据鸟类最新分类体系对东北常见鸟类的属种进行了更新、调整和补充。同时，本教材还更新了科研训练小课题，并补充了科研课题的研究设计，使科研训练环节更具操作性。

本教材是根据作者多年指导野外实习的经验并参考有关资料编写而成的。由易国栋设计、统稿，并负责第二章、第三章、第五章第二节、第六章的编写及图版图片收集和种类鉴定工作；许旭负责第一章第二、三节及第四章第三节、第五章第一节；刘兵负责第四章第三节（昆虫部分）、第五章第三节的编写；其余编委人员负责第一章第一节及第四章第一、二节和第七章的编写。参与图片编辑工作的同学有张曦文和马毓，参与部分文字整理工作的同学有华晓倩、郑润竹、赵鑫宇、朱青，均为吉林师范大学硕士研究生。本教材语言简明流畅，理论联系实际，实用操作性强，是有关院校生物科学和生物技术专业师生很好的实习教科书，也是有关科技工作者开展科研工作和中学生物教师指导学生实践活动的重要参考书。

本书图版部分和部分种类配图由王拓、唐景文和颜秉正等提供，在物种识别过程中得到了唐景文老师的大力支持和帮助，在此表示衷心感谢。由于作者的水平所限，本书错误和不当之处在所难免，敬请广大读者批评指正。

编　者

2025 年 2 月

于吉林省四平市

目　录

1 野外实习的准备及基本知识

1.1 实习组织和准备

1.1.1 必备的仪器、药品、材料和用具

实习仪器和用具

用于观察、定位的主要仪器和材料

（1）观察仪器：体视显微镜、显微镜、望远镜、手持放大镜、载玻片、盖玻片、擦镜纸等。

（2）摄像仪器：录像机、数码照相机（带远摄镜头）及相应存储设备、大疆无人机等。

（3）定位、测量仪器：GPS 定位接收仪、罗盘、测高仪、测距仪、气压表、温度计、湿度计、量角规、卷尺、游标卡尺、天平等。

实习采集用具

（1）采集捕捉用具：浮游生物网、渔网、钓具、鸟网、捕鼠夹、诱捕笼、锤子、便携铁锹、铲子、凿子、长柄钳、铁钩。

（2）盛放用具：塑料桶、塑料袋、标本箱盒、饲养笼、三角纸袋等。

（3）处理用具：搪瓷盆、塑料盘、镊子、剪刀、解剖刀、量杯、烧杯、量筒、广口瓶、注射器、医用手套、解剖盘、解剖器械、培养皿等。

（4）剥制标本用具和材料：钳子、各种型号铅丝、竹木条、脱脂棉花、纱布、针线、台板、废报纸、酒精灯、铝锅等。

（5）记录标记及资料：记录本、铅笔、标签纸及有关图书和电子版资料。

实习生活用具

采集服、太阳伞、帐篷、防寒服、太阳帽、太阳镜、登山鞋、雨靴、防护手套、水壶、雨具、手电筒等。

实习用药品和材料

石膏粉、滑石粉、防腐膏、各种固定液、诱饵、毒饵（要慎重使用）、麻醉剂、防护药品（感冒药、胃肠疾病治疗药、创伤药、消毒药剂、蛇伤药、驱虫药、消炎药等）

1.1.2 指导教师安排

动物学及动物生态学野外实习的指导具有很强的专业性，也有一定难度和不确定性，所以对指导教师有较高的要求。指导教师要有扎实的专业基础知识、丰富的野外工作经验和实验操作技能，同时还应具备生物摄影、标本制作等技能。指导教师还要有良好的体质、较强的组织能力，以及高度的责任心和足够的安全意识。一定要严格遴选指导教师，有条件的学校对实习指导教师要进行严格的岗前培训和考核，并要保证指导教师队伍的稳定性和连续性，指导教师队伍的稳定和专业性是保证野外实习教学质量和安全的基本条件。

1.1.3 野外实习动员

目的和意义

动物学及动物生态学野外实习是动物学和生态学教学不可或缺的重要组成部分，是理论和实践的重要联系环节，对激发学生学习动物学和生态学的积极性，树立辩证唯物主义世界观，培养生物学专业思想，深入理解和领会专业知识，初步掌握科研工作的基本思路和方法具有特殊重要的意义。从课堂和实验室走向大自然，在种类繁多、千姿百态的生物世界中，接触大自然，识别各种脊椎动物，观察它们的生活方式以及与周围环境的相互关系、种内种间关系；认识它们的分布、数量动态变化及其在自然界的作用和地位等，从而初步了解整个生态系统的结构与功能。同时，将野外实习与生物多样性调查有机结合，可为摸清我国生物多样性本底及了解生物资源的状况和动态变化积累基础资料，通过野外实习，使学生接触并参与部分科学研究工作，了解科学研究的基本思想、方法和步骤，形成初步的科学研究能力，这对同学们今后的学习和工作将是十分宝贵的财富。生物科学专业学生毕业后，将承担教学工作、从事科学研究或其他有关生物学的实际工作，无论他们将来从事何种工作，这门课程为学生提供的帮助将是重要的和意义深远的。理论和实践的结合是最为有效的学习方法，二者是相互促进的，真本事也就由此产生。

注意事项

纪律：野外工作具有特殊性，由于同学们对野外环境不熟悉，以及野外环境的复杂性、不确定性和危险性等因素，任何人独自行动都是不合适的，也是危险的，所以每位同学的行踪都要为老师和其他同学所掌握。为保证实习效果和工作效率，同学们必须严格遵守时间，保持高度的学习自觉性。请同学们接受军事化管理，出发、改变位置和返回驻地等环节必须清点人数，课余时间出行要请假报备，睡前执行查寝制度。

个人装备：胶鞋、沙滩鞋、工作服、防寒服、雨具、记录本和铅笔、洗漱用具、解剖器。

安全问题：有些野生动物是危险的，如蛇和一些毒虫等，所以在采集标本的时候一定要听从指导老师的安排，危险动物由老师捕捉（原则上不允许学生捕捉）。险要地形要在指导老师的带领下通过，不可擅自弄险。在实习环境中，要严格保持完整的团队，不可擅离团队，做到统一行动，统一收队，避免掉队的情况发生，这也是保证同学安全的必由之路。

觉悟：实习过程是复杂的、艰苦的，我们的目的是学习，要有克服困难的准备，由于实习环境的特殊性，野外实习生活不同于城市生活，食宿条件也相对差些，同学们要尽可能克服，有困难和不满要与老师沟通，由老师出面解决矛盾，不可直接与驻地负责人及工作人员理论，更不要与当地居民发生冲突，既是为了自身的安全，也是为了维护大学生的形象。

生活要求：集体生活，要求同学们团结友爱，互相帮助。住宿条件可能会有差异，指导教师会随机安排，请同学们理解，不要有挑寝室现象；统一安排伙食，请同学们除零食外不要自带主食，用餐保持安静，同桌用餐要相互礼让，不要浪费食物。

相关说明

介绍实习地点；清楚学生人数、名单及男女生比例；分组（可借鉴军队的连、排、班的管理办法）；备品准备（老师组织学生准备并携带）；公布出发时间、集合地点。

1.1.4 教师预查

野外实习预查相当于教师的备课，一般安排在实习前一周内（根据经验，脊椎动物实习预查尤为重要）进行。在此期间，教师要预先安排好学生的食宿及交通等事项，要落实具体的时间、路线和联系人等事项。对实习环境、动物种类和分布进行初步调查，并确定实习具体场所和路线，做好实习日程安排和教学设计，以确保实习顺利、安全有序、高效完成。

1.2 教学设计

1.2.1 课程总体教学设计

1.2.1.1 教学对象与设计理念

教学对象

生物科学、生物技术和生态学相关专业本科生。

设计理念

对于学习者来说，动物学野外实习因具有特定的学习目标，相对于课堂教学，学习者更陌生，因此需要学习者更加积极地参与知识的构建，亲身体验是行之有效的方法。建构主义学习观认为，学习是学生自己构建知识的过程，学生并不是被动的信息接受者，而是知识的主动构建者。知识是具有情境性的，知识不能脱离活动情境而抽象地存在。学习应该在真实情境中进行，这样才能使学习者更好地理解知识的内涵。学生在进行野外实习活动时，不是被动接受野外知识，而是在野外真实的情境中，通过自己的实践，如采集标本、制作标本、观察和识别动物等活动，主动构建自己的知识。

无脊椎动物的形态和生境更加多样化，通过野外实习学生可以加深对所学知识的认识和记忆，从而使得无脊椎动物不再是书本上抽象的概念和图片，而是真实存在的生物，它们与生存环境存在密切联系。同时建构主义的学习观还强调社会互动性，例如无脊椎动物的野外实习活动中安排小组制作海葵标本的任务，不仅可以提升活动的效率，还能提高学生的团队协作和沟通能力。

脊椎动物身体结构和行为模式更加复杂，因此观察、识别和探究脊椎动物的野外实习活动更适合多元智能理论。多元智能包括自然观察智能维度、身体运动智能维度、逻辑数学智能维度等。通过自然观察维度去识别和辨认动物，观察动物的形态特征、行为模式、栖息环境等，准确掌握不同环境中脊椎动物的种类和特点，并学会辨认；运用身体运动智能去观测动物，如在观测森林鸟类时，爬树测量鸟巢，在湿地生态系统中捕捉和观察两栖和爬行动物时，都需要通过身体运动智能去实现；在野外观察脊椎动物时，也需要运用数学和逻辑去记录数据，在调查森林鸟类多样性时，对数据进行多样性指数计算，从数据到生态现象的推理，让学生更深入理解生态学的内容。

在教学形式上采用现场教学，让学生在真实的场景中学习领会知识；在重点内容的学习过程中，通过操作过程和问题意识培养，促进学生探究能力的提高；在实习过程中，通过样地测量、标本采集和制作，培养学生的实践动手能力。

1.2.1.2 学情分析

知识储备

学生已具备一定的生物学基础知识，在动物学课程里，他们系统学习了无脊椎动物和脊椎动物的形态结构、分类特征、生理习性等知识。同时，也学习了生态学的部分基础理论，对生物与环境间的相互关系有初步认识，了解生态因子如光照、温度对动物分布与行为的影响，这些知识为野外实习中的动物观察、识别与生态分析筑牢了根基。然而，理论与实践存在差距，他们对知识的理解多停留在书本和图片上，缺乏对动物自然状态下形态特征、生活习性及生态环境的直观感受与深入理解，对于如何在复杂野外环境中运用知识进行动物鉴定和生态调研仍需学习与锻炼。

能力储备

学生具备较强的学习能力与科学思维。经过专业课程培训，他们能够运用生物学和生态学原理分析问题，具备一定实验设计与数据处理能力，如在动物学实验中掌握了动物外形观察和躯体结构解剖、动物标本制作等基本技能，在生态学实验里学会了样方法、标志重捕法等调查手段。但野外实习使他们面临新的挑战，野外环境复杂多变，要求学生具备更强的观察力、应变力与实践操作能力。例如，在自然环境中快速准确识别动物种类、判断其生态位，灵活应对天气变化、地形差异等不利因素，熟练运用专业工具进行标本采集与数据收集等。此外，团队协作与沟通交流能力也有待提高，野外实习常以小组形式开展，需要学生们相互协作完成各项任务，如共同制定调查路线、提出有价值的科学问题、分工进行动物观察记录等。

1.2.1.3 内容设计

无脊椎动物实习地点选取了岩岸海滨（老龙头）、砾石及泥沙岸海滨（白鹭岛）、河口海滨（止锚湾）等不同生态环境。在采集与识别岩岸海滨无脊椎动物时，学生需要掌握藤壶、牡蛎等无脊椎动物的采集方法，熟悉岩岸环境及常见无脊椎动物种类，观察随海拔高度变化的无脊椎动物种类空间分布。在砾石、沙滩和泥沙岸海滨无脊椎动物的采集和识别中，学生需要识别菲律宾蛤仔、文蛤和扁玉螺等动物，观察它们的巢洞并掌握采集方法。在河口、海滨无脊椎动物采集和识别中，学生识别滩栖螺、沙蚕和蟹类等动物，学习捕捉方法，在教师的带领下测量盐度梯度，探究河口无脊椎动物的分布状况。学生还要进行标本制作，以海葵为例，从准备工作到麻醉、固定和保存等步骤都需要学生亲身体验并掌握。

脊椎动物实习地点涉及东北师范大学研学基地、龙湾群及其沿岸森林、金川镇、大龙湾湿地等多种生态场景。在熟悉脊椎动物实习点生境与常见物种过程中，学生应了解不同生态环境中脊椎动物的分布，观察并掌握不同脊椎动物的识别方法。在森林脊椎动物的识别与观察中，了解并熟悉森林生境中脊椎动物的特征，通过各种方式观察鸟巢及鸟类繁殖习性。在农田、灌丛及居民点的脊椎动物观察与识别中，观察并识别该生境中脊椎动物的特征，测量鸟类警戒距离，统计鸟类食物选择情况，观察鸟类栖息地与人类建筑物之间的关系，在农田布设捕鼠笼，学习相对密度调查法在鼠害防控中的应用。在湿地脊椎动物观察与识别中，掌握水鸟、两栖和爬行动物等常见湿地脊椎动物的识别特征及方法，使用瞬时扫描法等观察方法观察水鸟的行为模式，通过小型陷阱等简易装置捕捉小型两栖和爬行动物，完成两栖和爬行动物的鉴定。

教学总体设计分为前期准备阶段和实习实施过程两个方面。前期准备阶段，学生和教师在了解实习环境、熟悉教学流程、准备工具和知识预习等方面做好充分的准备。在实施过程中，贯彻应用讲解法、示范法、启发式教学法和探究式教学法的等教学方法和策略，教师先集中讲解实习任务、环境特点和工具使用等知识。然后通过现场示范操作，让学生直观感受和体会采集和观察技巧，为学生之后进行的自主实践奠定基础。在学生实践过程中教师引导学生自由探索，培养学生解决问题和科学思维的能力。

后期，学生可以依据个人能力选择感兴趣的科研小课题开展研究，如编制藤壶静态生命表和进行森林动物多样性调查，进一步提升学生的科研能力和知识运用能力。

1.2.1.4 重点和难点

重点

在无脊椎动物方面，重点是掌握各类无脊椎动物标本的采集和处理方法，如多孔动物门、腔肠动物门、扁形动物门等不同门类动物标本的采集技巧。无脊椎动物的识别和分类需要学生具备较强的观察力和分类学知识，如环节动物门的多毛纲、星虫动物门、软体动物门等。初步掌握无脊椎动物的生态学研究方法，如种群密度的统计、群落结构的分析等。

对于脊椎动物，脊椎动物的识别是学习中的重点，学生需要掌握不同脊椎动物的形态特征、行为习性以及生态分布。在观测方法方面，学生学习观察和记录脊椎动物的行为，如鸟类的飞翔、停落姿态，哺乳动物的活动规律等。在生态环境关系方面，学生应理解脊椎动物与其生态环境之间的相互作用机理，探讨它们在生态系统中的作用和功能。

难点

在无脊椎动物方面，其标本的采集和制作既是学习的重点，也是难点之一。因为无脊椎动物种类繁多，形态各异，学生需要掌握不同无脊椎动物的采集技巧和标本制作方法，并且能够识别不同的标本。学生在进行不同生境的群落或生态系统特性比较时，需要综合考虑多方面生态因素，这对学生的综合分析能力要求较高。在动物数量统计中，如何采用科学准确的方法计数，避免重复计数或漏计是一个难点。

对于脊椎动物，首先鸟类的识别是脊椎动物学习中的难点，尤其是在形态特征相似的物种之间进行区分，如鸟类中不同种类的识别，学生需要掌握不同鸟类的形态特征、行为习性以及分布规律，并能够在观察条件的限制下准确识别物种。

科研训练：设计合理的研究题目并制定有效的研究方案并实施，对于学生来说较为困难，需要在实践中不断摸索和学习。

1.2.1.5 教学方法与策略

教学方法

教学方法有讲解法、示范法、启发式教学法和探究式教学法。采用讲解法，在出发之前或者实习结束后对学生进行集中讲解，详细地向学生介绍工具的使用方法、动物的识别技巧以及标本的制作流程等内容，使学生能够迅速地明确实习目标和方法，掌握相关知识，在分散活动时，教师现场讲解并描述物种特征等，让学生在真实情境中学习知识，加深对知识的理解。示范法的应用主要体现在教师通过现场的示范操作，向学生展示如何正确地使用工具进行采集。通过这种直观的展示，能够有效提高学生使用工具的准确性。同时，教师还可以对观察方法进行示范，引导学生如何观察动物的栖息环境和特征等。这种示范操作有助于学生更好地掌握观察和分析的技巧，从而提升学生的实践技能。在学生行动的过程中，进行探究式教学，教师提出问题，驱动学生去寻找答案，在活动过程中，教师对学生进行指导，帮助学生完成实践操作，收集数据，得出结论，最后完成知识的构建。在学生进行生物鉴别的时候进行启发引导，引导学生从被动接受知识到主动探索知识，从而激发他们学习的积极性和主动性。

1.2.2 教学设计案例

1.2.2.1 无脊椎动物

案例一　岩岸海滨无脊椎动物采集与识别

课时：2 小时。

时间：根据当地潮汐表选择落潮时间。

实习地点：老龙头。

教学目标

【知识目标】熟悉岩岸环境的特点及岩岸环境下的海滨无脊椎动物常见种类，掌握岩岸海滨无脊椎动物采集方法和识别特征，学会描述岩岸海滨无脊椎动物基本特征，了解岩岸测量高、中、低潮线的基本办法，理解其在海洋生态研究中的重要意义。

【能力目标】培养学生岩岸海滨无脊椎动物识别能力和初步探究岩岸生态环境与海滨无脊椎动物之间关系的能力，培养学生在野外环境下团队协作的能力、解决问题以及自我保护的能力。

【发展目标】为岩岸海滨无脊椎动物及其生态学教学积累知识，启蒙其生态学科学研究思想。

教学准备

【学生准备】通过网络，查询当地潮汐表，了解实习点天气情况、地形和潮汐情况，如实习期间的潮汐变化规律，包括涨落潮时间、潮差大小等信息。通过预习了解该实习点可能出现的物种类别；预习教材，学习岩岸海滨环境基本特点及岩岸海滨无脊椎动物基本类型和相应采集办法等背景知识；准备记录本、笔、防晒用具、采集袋、锤子、凿子、锥子、塑料桶或盆等必需工具。选择适当衣物，做好个人防护。

【教师准备】熟悉本节课教学流程，了解实习地点路线特点，为可能出现的突发状况做好预案及掌握相关物种知识，准备胶鞋、手套、相机等工具以及紧急外伤处理医药包。

教学过程

1. 集合，分组，清点人数，步行或乘车前往实习点。

2. 到达实习地点后，分组集中讲解：介绍实习地点基本环境及行走路线，发布实习任务。

识别岩岸海滨无脊椎动物常见物种，如菲律宾蛤仔、扁玉螺、短滨螺和牡蛎等；探究岩岸海滨无脊椎动物空间分布规律；采集和识别岩岸海滨无脊椎动物常见物种。

3. 教师带领学生采集和识别海滨无脊椎动物，实地示范岩岸海滨无脊椎动物的采集技巧及工具的使用方法。对固着、吸附于岩石上的动物，如藤壶和牡蛎等，需用铁铲撬开或者用锤子击落，操作时尽量保持动物体的完整以获取完整的标本。对于吸附在岩石上的帽贝类，如矮拟帽贝、菊花螺等，采集时需出其不意，迅速用力使之脱离岩面，否则不易取下。对于穴居生活的无脊椎动物，如蝤虫、沙蚕等，采样时宜在两管口间划一直线，以铁铲在线的一侧挖掘，挖到一定深度才可看到完整的管穴。

4. 如遇大块礁石，教师带领学生观察岩石确定高、中、低潮线，并依次自上向下观察岩岸海滨无脊椎动物垂直分布规律。

5. 分散学生自由观察采集本实习点海滨无脊椎动物，教师随时解答疑问，协助学生完成岩岸海滨无脊椎动物的采集与鉴定。

6. 集合学生，汇总采集到的无脊椎动物标本，教师集中讲解各种类标本的识别特征与方法，拍照上传教学平台，方便学生课后复习巩固。

7. 清点人数，带回驻地，确保无人员遗漏。

案例二　砾石、沙滩和泥沙岸海滨无脊椎动物采集与识别

课时：2 小时。

时间：根据当地潮汐表选择落潮时间。

实习地点：白鹭岛。

教学目标

【知识目标】熟悉砾石、沙滩和泥沙岸环境的特点及其环境下的海滨无脊椎动物常见种类，掌握砾石、沙滩和泥沙岸海滨无脊椎动物采集方法和识别特征，学会描述其基本特征。

【能力目标】培养砾石、沙滩和泥沙岸海滨无脊椎动物识别能力。

【发展目标】为砾石、沙滩和泥沙岸海滨无脊椎动物及其生态学教学积累知识，启蒙其生态学科学研究思想。

教学准备

【学生准备】通过网络查询当地潮汐表，了解实习点天气情况、地形和潮汐情况，如实习期间的潮汐变化规律，包括涨落潮时间、潮差大小等信息。熟悉该实习点可能出现的物种类别，并选择适当衣物；预习教材，学习砾石、沙滩和泥沙岸海滨环境基本特点及其环境下海滨无脊椎动物基本类型和相应采集办法等背景知识；准备记录本、笔、防晒用具、采集袋、铲子、挖沙器、小锹、盐、小耙子、小桶、沙滩鞋、手套等工具。

【教师准备】熟悉本节课教学流程，了解实习地点路线特点，预备可能出现的突发状况及物种知识，准备沙滩鞋、手套、相机、皮尺、探针等工具以及紧急外伤处理医药包。

教学过程

1. 集合，分组清点人数，步行或乘车前往实习点。

2. 到达实习地点后，分组集中讲解：介绍实习地点基本环境及行走路线，发布实习任务。

识别砾石、沙滩和泥沙海滨无脊椎动物常见物种，如菲律宾蛤仔、扁玉螺、石鳖、沙蟹、海星和海胆等；观察埋栖动物巢洞；采集砾石、沙滩和泥沙海滨无脊椎动物常见物种。

3. 教师带领学生沿海岸行走，示范砾石、沙滩和泥沙海滨动物的采集及采集工具的使用，如：挖蛏子时，寻找竹蛏洞穴，竹蛏会在泥沙表面留下呼吸孔，找到小孔，在洞口撒盐，用小型的铲子或者挖沙器铲出标本；识别扁玉螺洞穴鼓包，用铲子快速且小心地将泥沙挖开，防止损害扁玉螺的壳体，也避免扁玉螺受到惊吓向洞穴深处逃窜；用小耙子耙动沙滩表面，找出菲律宾蛤仔的洞口，耙出菲律宾蛤仔；戴手套捡拾托氏蜎螺、短滨螺和滩栖螺等。

4. 带领学生进行砾石、沙滩和泥沙岸海滨环境下无脊椎动物巢洞观察：描述洞口形状，特征，用皮尺测量洞口大小，用探针探测洞深，随后用小锹快速挖出无脊椎动物，进行识别，并描绘其识别特征。讲解利用巢穴洞口识别海滨无脊椎动物的一般方法。

5. 学生分散自由观察、采集本实习点海滨无脊椎动物，教师随时解答疑问，帮助学生完成岩岸海滨无脊椎动物的鉴定与采集工作。

6. 分组集合学生，汇总采集到的无脊椎动物标本，教师集中讲解各种类标本识别特征与方法，拍照上传教学平台，方便学生课后复习。

7. 清点人数，带回驻地，确保人员无遗漏。

案例三　河口海滨无脊椎动物采集与识别

课时：2 小时。

时间：根据当地潮汐表选择落潮时间。

实习地点：止锚湾。

教学目标

【知识目标】熟悉河口环境的特点，了解岩岸环境下的海滨无脊椎动物常见种类，掌握河口海滨无脊椎动物采集方法和识别特征，学会描述河口海滨无脊椎动物基本特征，了解其生态习性。

【能力目标】培养河口海滨无脊椎动物识别能力，提升学生野外调查、数据收集与整理分析的能力。

【发展目标】为河口海滨无脊椎动物及其生态学教学积累知识，启蒙学生生态学科学研究思想，培养其科学素养。

教学准备

【学生准备】通过网络查询当地潮汐表，了解实习点天气情况、地形和潮汐情况，如实习期间的潮汐变化规律，包括涨落潮时间、潮差大小等信息。熟悉该实习点可能出现的物种类别，并选择适当衣物；预习教材，学习河口海滨环境基本特点及河口海滨无脊椎动物基本类型和相应采集办法等背景知识；准备记录本、笔、防晒用具、采集袋、铲子、挖沙器、小锹、沙滩鞋、手套等工具。

【教师准备】熟悉本节课教学流程，了解实习地点路线特点，对可能出现的突发状况做好预案，预习相关物种知识，准备沙滩鞋、手套、相机、皮尺、探针、盐度计等工具以及紧急外伤处理医药包。

教学过程

1. 集合、分组清点人数，步行或乘车有序前往实习点。

2. 到达实习地点后，分组集中讲解：介绍实习地点基本环境及行走路线，发布实习任务：

识别河口海滨无脊椎动物常见物种，如海螺、螃蟹、水母等；探究河口不同盐度梯度海滨无脊椎动物空间分布；采集河口海滨无脊椎动物常见物种。

3. 教师带领学生顺河口方向，依次用盐度计精准测量海水盐度，按照科学合理的间距设置多个盐度梯度。随后沿着设定好的盐度梯度行走，逐步采集无脊椎动物标本，并识别物种，描述记录其特征。统计不同盐度梯度中的物种种类，深入分析海水盐度变化对无脊椎动物分布与群落结构的影响。

4. 教师演示螃蟹的捕捉办法：戴上手套，用抄网迅速从螃蟹侧后方抄起，强调动作要快、准、稳，避免惊扰螃蟹使其逃窜；或者从后方横向抓取，提醒学生要把握好时机与力度；或者使用长柄钳从岩缝中夹取螃蟹，告知学生如何精准控制长柄钳，以顺利夹取螃蟹而不损坏标本。在此过程中不断提醒学生避开蟹钳，防止夹伤。随后教师带领学生观察滩栖螺群栖生活方式，讲解其生态意义与行为特点。

5. 学生自由观察、采集本实习点海滨无脊椎动物，教师随时解答疑问，并及时纠正学生在采集与识别过程中的错误操作，帮助学生完成河口海滨无脊椎动物的鉴定与采集任务。

6. 分组集合学生，汇总采集到的无脊椎动物标本，教师集中讲解标本各种类识别特征与方法，拍照上传教学平台，方便学生课后复习巩固。

7. 清点人数，带回驻地，确保无人员遗漏。

案例四　海葵动物标本制作

课时：2 小时。

时间：实习期间。

实习地点：驻地。

教学目标

【知识目标】了解海葵的基本识别特征，包括形态结构、触手的功能、生活习性等，并学会描述其基本特征；掌握海葵标本制作的基本原理和方法，熟悉标本制作涉及的化学试剂的特性与作用。

【能力目标】掌握海葵制作的步骤、方法，能够独立完成海葵动物标本的制作流程。

【发展目标】认识标本在科学研究中的重要作用，培养学生对动物学的兴趣，激发学生进一步探索生物世界的热情，启蒙学生勇于实践、严谨细致的科学探究精神。

教学准备

【学生准备】学生提前预习海葵的基本生物学知识，理解标本制作的重点和目的，准备好笔记本和笔，记录制作步骤、要点或观察到的现象等，带好实验手套和相关装备，防止在操作过程中接触到有害化学试剂。

【教师准备】教师要熟悉海葵标本制作的流程，予以学生适当的指导；准备好足够数量的海葵用于学生的标本制作；为学生准备好解剖工具和化学药品，包括镊子、剪刀、解剖盘、解剖针、酒精、薄荷脑、烧杯、硫酸镁饱和溶液、福尔马林液等以及急诊处理医药包。

教学过程

1. 人集合齐后，教师统一进行知识讲解，包括海葵身体结构、各部分的功能、海葵标本制作的过程及意义等内容。

2. 介绍工具的使用方法、药品的作用以及安全注意事项。

3. 教师为学生示范演示标本制作步骤：

将采集到的海葵放入盛新鲜海水的大烧杯中，使海葵向上的口盘距水表面约 5 cm 以上，将烧杯静置在不易震动的地方，待海葵触手全部伸出，开始麻醉。在水面上轻撒一层薄荷脑，同时用滴管向海葵触手基部滴数滴硫酸镁饱和溶液，每隔 5~10 分钟滴一次，逐渐加量，经麻醉 2~3 个小时后，用镊子触动海葵触手至不再收缩时为止。如果个体大的海葵，麻醉时间则须延长。向水中加入福尔马林液，浓度达 7%，3~5 小时后取出海葵，整形后放入 5% 福尔马林液或 7% 的酒精溶液中保存。还可以采用氯化锰麻醉，一般用 0.05%~0.2% 的氯化锰水溶液，逐渐加入海葵身体能充分伸展的烧杯中，麻醉1小时左右，触动海葵触手不再收缩后，用滴管将福尔马林溶液直接滴到海葵的口道部，至浓度达7%时固定3~4小时，整形后转入5%福尔马林液中保存。

4. 学生分成小组，每组发一套解剖工具，在教师的巡视指导下，按照教师演示的步骤，分组合作完成海葵标本制作。

5. 教师组织学生清理台面，整理工具和材料。

6. 教师对各小组完成的标本进行评价，从标本的完整性、美观性、操作步骤正确性等方面进行打分，针对存在的问题提出改进建议。

7. 将学生制作好的海葵标本进行展览。

1.2.2.2 脊椎动物

案例一　熟悉脊椎动物实习点生境与常见物种

课时：3小时。

时间：早晨4:30。

实习地点：东北师范大学研学基地。

教学目标

【知识目标】熟悉实习点各生态环境类型，对各森林、湿地、灌丛、农田及居民点中的常见脊椎动物物种，形成感性认识，熟知其形态特征、生活习性、分布范围等基础知识。

【能力目标】初步形成辨识各生境、区分各大类别脊椎动物的能力。

【发展目标】为学生后续的生物学教学、科研工作积累知识，奠定生态学教学、科研基础。

教学准备

【学生准备】通过网络查找资料，了解当地天气情况，选择适当衣物；预习教材，大致了解实习点物种类别、各生境基本特点等背景知识；准备记录本、笔、防晒用具、防蚊虫药品、望远镜等工具。

【教师准备】熟悉本节课教学流程，了解实习地点路线特点，对可能出现的突发状况做好预案，预习相关物种知识，准备野外录音装备和紧急外伤处理医药包。

教学过程

1. 集合，分组，清点人数，步行或乘车有序前往实习点。

2. 出发前进行分组讲解：结合生境介绍实习地点基本情况，如地理位置：地处东北平原腹地，地形平坦开阔，周边有较多自然生态区域与城市公园等适宜鸟类栖息之地。气候条件：属于温带季风气候。夏季温暖多雨，为鸟类提供丰富食物资源与适宜繁殖环境；冬季寒冷干燥，部分鸟类南迁越冬。植被类型：有杨树、柳树等高大乔木，是多种鸟类筑巢与栖息场所；还有灌木丛如丁香、刺玫等，为鸟类提供隐蔽场所与食物来源；草本植物如狗尾草、车前草等生长茂盛，是一些食草鸟类的食物来源。水域情况：附近有河流、湖泊、池塘等水域。水域中有丰富水生植物，是水鸟栖息觅食的重要场所。

本实习地点及其沿途包括森林、湿地、灌丛、农田、居民点多种生态类型，教师介绍大体路线，步行至实习点，在行进过程中，概括各生态类型基本特点，每个生境列举一到两个常见属种，如灌丛中常见属种为黄鼬；农田常见的是小家鼠。同时简述常见脊椎动物识别办法，例如，通过观察动物的体型大小、毛色分布、耳朵形状、尾巴长度等，可以初步判断其种类。除此之外，了解动物的活动时间、食物偏好、繁殖习性等特征，也有助于识别和区分不同的动物种类。需要注意的是，由于动物具有机警性，极易受到惊吓，教师需强调观鸟时应保持肃静。

3. 步行至实习点，在不同典型生态驻足停留，带领学生观察不同生境中植被类型及其特点、脊椎动物属种。在观察时，教师先示范观察确定物种，再指导学生进行观察，同时描述该物种的形态特征和识别方法。随后在不同生境分别进行分散自由观察，教师随时解答学生疑问。

4. 集合学生，由学生向教师汇报观察到的物种属种和不同生境的特点，老师指出其错误，解答相关疑问，并对本实习点的生境特点和遇到的物种类型做出总结。

5. 清点人数，带回驻地，确保无人员遗漏。

案例二　森林脊椎动物观察与识别

课时: 3 小时。

时间: 早晨 4:30。

实习地点: 大龙湾及其沿岸森林。

教学目标

【知识目标】熟悉森林生态环境的基本特征，掌握常见森林脊椎动物识别特征及方法，学会描述森林脊椎动物形态特征，了解森林鸟类巢穴及巢树观测办法。

【能力目标】培养森林脊椎动物与环境初步研究、常见森林脊椎动物物种识别的能力，

【发展目标】为森林脊椎动物及其生态学教学积累知识，启蒙森林脊椎动物及其生态学科学研究思想。

教学准备

【学生准备】通过网络查找资料，了解实习点天气情况和环境，熟悉该实习点可能出现的物种类别，并选择适当衣物；预习教材，温习森林生态环境基本特点及植被类型、森林脊椎动物基本类型等背景知识；准备记录本、笔、防晒用具、防蚊虫药品、望远镜、手套等工具。

【教师准备】熟悉本节课教学流程，了解实习地点路线特点，对可能出现的突发状况做好预案，预习相关物种知识，准备皮尺、测高仪、脚蹬、野外录音装备、手套等工具以及紧急外伤处理医药包。

教学过程

1. 集合，分组清点人数，步行或乘车有序前往实习点。

2. 出发前进行分组讲解：介绍实习地点基本环境及行走路线，概括森林生态环境重要特点，简单介绍森林脊椎动物常见类型，如鸟类中的中华秋沙鸭、鸳鸯、普通翠鸟、喜鹊和非鸟类脊椎动物如

狍子、松鼠、林蛙等，并引出本次实习使用的识别方法，如形态特征（体型和身体的大小、嘴的形态、羽的颜色等）、行为特征（飞翔和停落的姿态、叫声等）和栖息环境条件等。最后对学生提出要求：在本次实习中，需注意观察脊椎动物与森林环境的相互关系，提出问题。由于动物具有机警性，教师强调学生在观鸟时需保持肃静。

3. 分组出发，步行至实习点，教师带领学生观察森林生态环境特点及森林植被类型，观察识别脊椎动物物种，具体讲解物种识别特征及识别办法，示范描述物种特征，再指导学生进行观察并记录。

4. 如遇鸟巢，带领学生观察鸟巢形状（圆形、椭圆形、洋梨形等）、类型（开放巢、洞巢）、巢材（框架材料、填充材料、基底材料），测量巢（洞）口直径、巢（洞）深、巢（洞）高、洞口深、洞口朝向等指标，并观测巢树树种、胸径（离地面 1.3 米处的树干直径）、高度等。在此鼓励学生就森林生态与脊椎动物的关系进行思考，引导其提出科学问题，令学生带着问题分散自由观察，随时解答学生疑问。

5. 集合学生，由学生向教师汇报观察到的物种属种和森林生境的特点，分享收获，老师指出其错误，解答相关疑问，并对本实习点的生境特点和遇到的物种类型做出总结，强调使用的识别方法。

6. 清点人数，带回驻地，确保人员无遗漏。

案例三　农田、灌丛及居民点的脊椎动物观察与识别

课时：3 小时。

时间：早晨 4:30。

实习地点：金川镇。

教学目标

【知识目标】认识农田、灌丛及居民点等有人类影响的生态环境特点，掌握受人类活动影响的脊椎动物识别特征及方法，并学会描述其形态特征，了解受人类行为影响的脊椎动物行为观察办法。

【能力目标】培养脊椎动物与人类活动关系初步研究与常见农

田、灌丛及居民点脊椎动物物种识别的能力。

【发展目标】为农田、灌丛及居民点脊椎动物及其生态学教学积累知识，启蒙脊椎动物与人类相互关系的科学研究思想。

教学准备

【学生准备】通过网络查找资料，了解实习点天气情况和环境，熟悉该实习点可能出现的物种类别，并选择适当衣物；预习教材，温习农田、灌丛及居民点等受人类影响环境基本特点及其影响下的脊椎动物基本类型等背景知识；准备记录本、笔、防晒用具、防蚊虫药品、望远镜、手套等工具以及紧急外伤处理医药包。

【教师准备】熟悉本节课教学流程，了解实习地点路线特点，预备可能出现的突发状况及物种知识，准备花生、鼠笼、野外录音装备、手套等工具。

教学过程

1. 集合，分组，清点人数。步行或乘车有序前往实习点。

2. 出发前进行分组讲解：介绍实习地点基本环境及行走路线，概括农田、灌丛及居民点环境基本特点，简单介绍其生境中的脊椎动物常见类型，如农田中常见的脊椎动物有田鼠、家鼠等小型哺乳类；灌丛中脊椎动物与农田相似，但有更多的鸟类和昆虫；居民点中常见啮齿类、鸟类、两栖类和爬行类等。并介绍本次实习使用的识别方法，如：在农田中，可以通过观察常见的小型哺乳动物的活动痕迹、足迹、洞穴和粪便来识别它们；灌丛中鸟类的识别可以通过观察它们的叫声、飞行模式、栖息习性和食物来源等特征来进行；居民点的动物种类与农田、灌丛相比，与人类的关系更为密切，动物的识别可以通过观察它们的活动时间、栖息地点和食物来源等来进行。最后对学生提出要求：在本次实习中，需注意观察人类活动与脊椎动物的相互关系，并提出问题。由于动物具有机警性，教师强调学生在观鸟时需保持肃静。

3. 分组出发，步行至实习点，教师带领学生观察农田、灌丛及居民点生态环境特点，识别脊椎动物物种，详细讲解物种识别特征及识别办法，示范描述物种特征，再指导学生进行观察，帮助学生完成物种识别并记录。

4. 教师带领学生测量鸟类警戒距离，深入统计鸟类食物选择情况，观察鸟类栖息地与人类建筑物之间的关系，引导学生就人与脊椎动物之间的关系进行思考，鼓励学生提出科学问题后，让学生带着问题分散进行自由观察，过程中随时为学生答疑解惑。

5. 教师带领学生在农田布设捕鼠笼，向学生讲解相对密度调查法在鼠害调查中的实际应用，在捕获鼠类后，教师指导学生对其进行分类鉴定，认真描绘并记录其形态特征。

6. 各小组同学依次向教师汇报观察到的物种属种和森林生境的特点，分享自己对人与脊椎动物关系的深度思考，并交流本次课程的个人收获与感悟，教师指出学生在观察过程中的认知错误，解答相关疑问，最后对本实习点的生境特点和物种类型做出总结。

7. 清点人数，带回驻地，确保无人员遗漏。

案例四　湿地脊椎动物观察与识别

课时：3 小时。

时间：早晨 4:30。

实习地点：大龙湾。

教学目标

【知识目标】熟悉湿地生态环境的基本特征，掌握水鸟、两栖和爬行动物等常见湿地脊椎动物的识别特征及方法，学会描述湿地栖息地的脊椎动物形态特征，了解水鸟行为观察的基本办法。

【能力目标】培养湿地鸟类初步研究及水鸟、两栖和爬行动物等常见湿地脊椎动物物种识别的能力。

【发展目标】为水鸟、两栖动物和爬行动物等常见湿地脊椎动物及其生态学教学积累知识，启蒙生态学科学研究思想。

教学准备

【学生准备】通过网络查找资料，了解实习点天气情况和环境，熟悉该实习点可能出现的物种类别，并选择适当衣物；预习教材，温习湿地生态环境基本特点与植被类型及水鸟、两栖和爬行动物等常见湿地脊椎动物基本类型等背景知识；准备记录本、笔、防晒用具、防蚊虫药品、望远镜、雨鞋、手套等工具以及紧急外伤处理医药包。

【教师准备】熟悉本节课教学流程，了解实习地点路线特点，对可能出现的突发状况做好预案，预习相关物种知识，准备皮尺、小型网兜、观鸟镜、手套、罗盘、记录本、笔等工具。

教学过程

1. 集合，清点人数，分组步行或乘车有序前往实习点。

2. 到达实习点后，进行分组讲解：介绍实习地点基本环境及行走路线，概括湿地生态环境重要特点，简单介绍湿地脊椎动物常见类型，如鸟类（绿头鸭、白眉鸭、苍鹭、鸿雁、普通秋沙鸭）、两栖类（东北雨蛙、中华蟾蜍、花背蟾蜍）、爬行类（鳖、赤链蛇）等。并引出本次实习使用的识别方法，如通过观察形态特征、体型大小、身体颜色等对动物种类进行初步的判断，还可以通过观察动物的繁殖行为、觅食行为、栖息环境偏好等行为习性进行进一步的判断。最后对学生强调：在本次实习中，需注意学习掌握水鸟类行为观测基本指标及办法，提出自己的问题。由于动物具有机警性，教师强调学生在观鸟时需保持肃静。

3. 教师带领学生观察湿地生态环境特点及植被类型，示范利用观鸟镜观察湿地鸟类（尤其是水鸟类）的游泳和飞行姿态与潜水、停歇等行为及过程。期间介绍动物行为观测的基本办法，如瞬时扫描法（在观察湿地脊椎动物的行为时，每隔固定的较短的时间间隔，就对观察区域内所有目标动物的行为进行一次快速的记录，捕捉动物瞬间的行为状态）、全事件观察法（观察并记录目标动物的完整行为事件，从行为的开始到结束的整个过程），并带领学生对特定种类的典型行为事件个体数进行统计，解释水鸟常见行为模式。具体讲解物种识别特征及识别办法，描述物种特征，再指导学生进行观察并记录，帮助学生完成物种鉴定。

4. 教师在湿地内捕捉小型两栖和爬行动物，如利用小型陷阱、手工网兜等工具进行捕捉，讲解其鉴定特征，包括外形结构、皮肤纹理、颜色等，以及行为习惯，例如觅食方式、栖息偏好、昼夜活动规律等，帮助学生完成两栖和爬行动物的鉴定。

5. 令学生自由观察，随时解答学生疑问。

6. 由学生向教师汇报观察到的物种属种和湿地生境的特点，分享实习收获，老师指出其错误，解答相关疑问，并对本实习点的生境特点、遇到的物种类型做出总结，强调水鸟类行为事件的基本观测办法。

7. 清点人数，带回驻地，确保人员无遗漏。

1.2.2.3 动物学及动物生态学科研小课题

共用教学设计元素

课时：3 小时。

时间：实习期间每日下午。

实习地点：根据课题研究需要确定。

教学目标

【能力目标】培养学生运用知识的能力和初步科研的能力，通过实际操作和数据分析，提升学生解决实际问题的能力。

【发展目标】引导学生深入了解动物学以及生态学领域的研究方法与思维模式，为学生从事动物学及动物生态学科学研究奠定基础，激发学生对自然界的探索精神。

教学准备

【学生准备】自由分组，确定研究课题，选择指导老师，提前学习相关理论知识，围绕所选课题整理相关的资料和所需研究工具，草拟研究方案初稿。

【教师准备】确定指导对象，针对指导对象相应的研究课题，指出其中存在的问题，给予有针对性和建设性的修改建议，助力学生完善研究方案，确保课题研究的可行性与科学性。

案例一　编制藤壶静态生命表

教学过程

学生以小组为单位汇报编制藤壶静态生命表的研究方案，教师指出问题，确定最终研究方案：

1. 寻找藤壶礁石：学生需在特定的沿海区域寻找有藤壶附着的礁石，记录其地理位置、周边环境等信息。在此过程中，学生学习描述和记录自然环境特征的方法。

2. 藤壶大小分级与生命表编制：挑选 2~3 种藤壶物种按大小进行分级，根据大小级别确定龄级，按照龄级统计不同种的藤壶个体数，进而编制藤壶静态生命表。

3. 种群参数分析与适应性探究：根据编制的静态生命表，运用相关生态学公式与模型分析种群参数，对比不同藤壶种群静态生命表，探究不同藤壶物种对生态环境的适应程度。

4. 提交报告与点评：学生完成研究后，提交研究报告，教师点评研究报告，根据学生的研究方法和结果提出深入的意见，解答疑问。

案例二　森林鸟类多样性调查

教学过程

学生汇报该研究方案，教师指出其问题，确定最终研究方案：

1. 在大龙湾沿岸森林选择两种林型作为调查地点，这两种林型的选择有助于对比不同森林环境下鸟类的多样性。

2. 确定不同调查地点的行进路线，采用路线调查法，即以一定速度行进，通过听鸟鸣，观察鸟的形态，确定路线两侧的鸟类属种，并统计、记录其数量。

3. 根据观察记录，制作该调查点属种组成名录，进行多样性指数计算。常见的多样性指数如物种丰富度，即在一个特定区域所发现的物种数目。通过多样性指数可以量化鸟类多样性的程度，为后续的分析提供依据。

4. 将不同林型调查得到的数据进行对比，对比不同林型鸟类群落差异性。

5. 学生提交研究报告，报告内容应包括调查方法、数据结果、结论分析等。教师点评研究报告，解答疑问。

1.3 活动设计

1.3.1 秦皇岛角山长城爱国主义教育

活动名称：角山长城红色文化宣传之旅。

活动地点：秦皇岛角山长城。

活动群体：参加野外实习的大学生。

活动目标

学生通过亲身攀登角山长城，直观感受其地势特点与建筑布局，深入理解长城在历史上的军事防御等作用。全面了解角山长城相关爱国主义文化，知晓革命先辈事迹，深刻领悟爱国精神内涵。精心制作并积极宣发爱国主义宣传材料，采用丰富形式向游客传播角山长城爱国主义文化，提升大众对爱国主义文化的认知度与关注度。

活动准备

制作海报的画纸、彩笔，制作宣传手册的纸张、装订工具，剪窗花的彩纸、剪刀，自制知识问答小卡片，长城主题书签、红色文化徽章等小礼品，记录用笔记本、笔。

活动内容

1. 集合出发（8:00—9:00）：在指定地点签到，确保人员到齐，乘坐大巴车前往角山长城。途中，带队教师介绍活动流程、安全注意事项和角山长城的大致情况，组织学生简单交流对长城的认知。

2. 现场讲解（9:00—9:30）：到达角山长城景区口，由提前找好的景区工作人员或者导游等专业讲解员现场讲解，介绍角山长城的历史背景、建筑特色和重要的红色历史，让学生对活动目的有初步了解。

3. 实地探寻（9:30—11:30）：学生分组，每组 5~6 个人，在教师和景区工作人员的引导下，沿着长城实地考察，角山长城的敌台、战台、城台、关隘等在历史上都具有非常重要的历史意义，当大家走到这些位置时，教师应该讲解其军事意义或重要作用，比如在山海关保卫战中，抗日军队如何利用这些建筑进行防御、传递情报，以及长城在战斗中的关键作用，让学生对长城有更加全面的认识。小组进行交流讨论，记录组员的发现和感受。

4. 休息交流（11:30—13:00）：在景区的休息区休息，学生自带午餐，同时可以交流分享上午考察的收获和疑问以及对爱国主义历史的理解。

5. 红色调研（13:00—14:00）：六百多年间，角山长城见证了沧桑的历史，它脚下的北营子村静静守护，也同步经历了时代变迁。学生们深入走访北营子村的老人，收集与角山长城及抗日战争相关的故事，比如村民在战争期间为抗日军队送情报、提供物资等事迹，让学生近距离感受历史，进行实地爱国主义教育。带着这些故事的记忆，分析红色精神的内涵，为接下来的爱国主义宣传材料制作确定主题和思路。

6. 制作宣传材料（14:00—16:30）：针对不同的游客，要进行不同形式的宣传。针对青少年游客，采用生动有趣的漫画形式制作宣传海报；针对中年游客，发放自制的宣传手册；对于老年游客，可以发放自己剪的红色窗花，图案可以是英勇的战士形象、军民鱼水情等。讨论宣传活动的互动环节设计，如设置爱国主义知识问答，准备小礼品（如长城主题书签、红色文化徽章），以吸引游客参与。

7. 宣传实施（16:30—18:00）：学生们进入角山长城景区门口，主动与游客交流。遇到小朋友时，送上漫画，并结合漫画内容，用生动有趣的语言讲述角山长城的抗日小故事；碰到老年人，递上剪好的窗花，一边展示一边讲解窗花中蕴含的红色元素，比如五角星代表着革命的星星之火；面对中年人，则发放宣传手册，详细介绍手册中的内容，从长城的历史意义聊到爱国主义传承，引导他们深入了解角山长城爱国主义文化。

在与游客交流过程中，随机进行“爱国主义知识小问答”，比如，游客答对就送上长城纪念徽章、爱国主义书签等小礼品，答错则耐心讲解正确答案，加深游客对爱国主义历史的印象。

8. 小组集合（18:00—18:30）：对宣传活动的效果进行总结。分析宣传过程中遇到的问题，如部分游客对宣传形式不感兴趣、互动环节参与度不高等。思考改进措施，为后续类似活动积累经验。老师对各小组的表现进行简要点评，肯定大家的努力和成果，鼓励大家继续探索更好的爱国主义宣传方式。

1.3.2 海洋生物保护宣传教育

活动主题：蓝色使命——海洋守护者在行动。

活动地点：秦皇岛海滨。

活动群体：参与野外实习的大学生。

活动目标

参与者能近距离、直观地认识海洋生物的多样形态，探索各类海洋生物的独特生存环境，理解海洋生态系统的微妙平衡，从而拓宽对海洋生态知识的认知边界。在活动过程中传授手工制作的技巧，提升了学生们的动手实践能力和创意表达能力，也增强他们对海洋保护事业的参与感，形成尊重自然、保护海洋的价值观。活动也引导参与者把个人行动与集体行动相结合，促使他们积极投身海洋保护社会实践，以实际行动减少海洋污染，为可持续海洋资源管理贡献力量。

活动准备

放大镜、空白小册子、彩笔、纸张、制作标本的简单工具（镊子、胶水等）、画笔、贴纸、美工刀、颜料、固体胶、扫帚、簸箕、垃圾桶、布袋、铲子和镊子、马甲、小奖品等。

活动内容

环节 1：贝壳收集与标本识别小册子制作。

集合、分组（9:00—9:20）：全体学生在指定场地准时集合。老师先简单介绍本次活动的流程和注意事项，接着为学生们讲解贝壳的种类以及在海洋生态系统中的作用等基础知识，通过展示一些提前准备好的贝壳标本，让学生对贝壳有初步的认识。

捡贝壳活动（9:20—10:20）：学生们在老师和志愿者的带领下前往海边开始捡贝壳。在捡贝壳过程中，老师和志愿者引导学生仔细观察贝壳的形状、颜色、纹理等特征，鼓励学生思考不同贝壳的特点和所属种类。提醒学生注意安全，不要离开指定区域。同时，告知学生尽量收集完整、有特色的贝壳，为后续制作标本识别小册子做准备。

制作动物标本识别手册（10:20—10:50）：回到活动场地，学生们分组就坐。老师为每个小组发放空白小册子、彩笔、纸张和制作标本的工具。首先，老师示范如何将捡到的贝壳制作成简单的标本粘贴在小册子上，然后在旁边用彩笔写下贝壳的名称（如果知道的话）、特征描述、发现地点等信息。学生们按照示范，将自己捡到的贝壳制作成标本，并拍照，制作动物标本识别手册，小组成员之间可以互相交流讨论，补充完善信息。

活动总结（10:50—11:00）：每个小组派一名代表上台展示本小组制作的动物标本识别手册，分享在捡贝壳和制作小册子过程中的有趣发现和收获。老师对活动进行总结，再次强调贝壳的相关知识，鼓励学生在日常生活中继续保持对大自然的好奇心和探索精神。

清理场地（11:00后）：活动结束后，全体人员共同清理活动场地，保持场地整洁。

环节2：海洋保护主题海报设计。

集合、分组（14:00—14:15）：准时集合，主持人通过一个有趣的海洋保护相关的快问快答小游戏开场，比如提问“海洋中最大的动物是什么？”等，快速调动大家的积极性，营造轻松活跃的氛围。随后志愿者阐述海洋保护的重要性，讲解本次海报设计的主题要求与注意事项。

构思交流（14:15—14:30）：在讲解结束后，让大家自由交流 5 分钟，分享自己脑海中关于海洋保护海报的创意构思，之后进行分组，每组推选一名代表，用 3~5 分钟时间向大家介绍小组讨论出的初步创意思路，其他小组可以提出建议和疑问。

海报设计（14:30—15:40）：学生们正式分组开展海报设计工作。教师在一旁悉心指导，协助各小组合理分工。在设计过程中，各小组可以展示自己当前的设计进度，互相学习借鉴，交流遇到的问题及解决方法。

优秀作品展示（15:40—16:00）：收取学生们的作品进行展示。每位小组成员用1~2分钟介绍自己小组海报的设计理念、警示信息、保护倡议以及创意插画的含义等。介绍结束后，宣布获奖小组，优秀作品供大家轮流欣赏品评，共同学习。

清理场地（16 点后）：活动结束后，大家齐心协力做好场地清洁工作，保持环境整洁。

环节 3：海滩清洁行动。

集合、分组（16:30—16:45）：准时集合，志愿者借助地图介绍海滩区域的范围，使用明显标识将沙滩划分出若干区域。随后强调安全事项和注意要点，接着按照学生人数和实际情况进行分组，每组推选一名组长负责组织和协调。

清理垃圾并记录垃圾种类和数量（16:45—18:00）：学生们穿上马甲，领取清洁工具和记录表格，正式开始海滩清洁活动。在清理过程中，引导学生们仔细收集各类垃圾，如塑料瓶、包装袋、烟头、废弃渔具等，并按照可回收物、有害垃圾、其他垃圾进行初步分类。各小组组长负责记录清理的垃圾种类和数量，鼓励学生们分享自己对海洋污染的认识和感受，增进彼此的情感交流。

成果验收（18:00—18:20）：老师们对各小组的清洁工作成果进行验收，检查负责区域是否清理干净，垃圾分类是否准确。验收结束后，开展垃圾分类教育，通过生动的案例和图片，详细讲解不同垃圾的处理方式，强化学生们的环保意识。

活动总结（18:20—18:40）：评选出表现突出的团队和个人，为他们颁发相应的小礼品。同时对本次活动进行全面总结，回顾活动过程中的亮点和不足，进一步加深学生们对海洋保护和环保行动的理解和认识。

整理工具（18:40后）：活动结束后，统一收取清洁工具，仔细清点数量并放回原处。

1.3.3 大龙湾抗联路红色教育

活动名称：追寻红色足迹，感悟生命力量。

活动地点：吉林省三角龙湾抗联路及周边自然区域。

活动群体：参与野外动物实习的大学生。

活动目标

让学生在野外实地观察中，识别多种当地动植物，了解其生态习性和生存环境，巩固课堂所学的生物学知识，提升野外观察、记录和分析生物现象的能力。通过小组合作完成各项任务，培养学生的团队协作能力、沟通能力和解决问题的能力，学会运用科学的研究方法探索生物世界。作为教学活动的补充，在自然环境中引导学生感受生命的顽强与美好，培养学生对大自然的敬畏之心和保护生物多样性的意识。同时，结合当地红色历史，传承红色精神，激发学生的爱国情怀和社会责任感，弥补传统教学中实践体验和情感价值观培养的不足。

活动准备

足量的望远镜、昆虫网、动物识别手册、急救包、自备饮用水、食物、遮阳帽、雨具、旗帜、活动记录表格、笔、地图等。指导教师提前一周在课堂上讲解简单的野外生物识别基础知识，介绍本次活动涉及的生物种类和观察要点。

活动内容

1. 集合与分组（8:00—9:00）：吃完早饭后，在指定地点集合，教师强调活动纪律和安全注意事项。将学生分成十个小组，每组推选一名组长，负责小组活动的组织协调，每两组配备一名专业生物老师，负责生物知识讲解和指导，邀请当地红色文化讲解员 2 名，负责抗联路历史讲解。随后徒步前往三角龙湾景区，途中简要介绍当天活动流程和红色历史背景知识。

2. 重走抗联路（9:00—11:00）：进入三角龙湾遗址后，按照“一园一馆一墙一广场”（即金川抗联烈士陵园、辉南抗联红色文化体验馆、不忘初心宣誓墙、金伯阳纪念广场）的顺序，对抗联路上的景点进行参观，由当地讲解员讲述抗联战士在此战斗的英勇事迹，学生自由参观遗址，体会革命先辈的艰辛。

3. 午餐休息（11:00—13:00）：在三角龙湾抗联路附近的餐厅，为学生们准备具有当地特色的“红色美食”。这些美食以粗粮为主，如窝窝头、玉米粥、野菜团子等，让学生们体验抗联时期艰苦的生活条件，感受今天幸福生活的来之不易。学生们分享自己在上午观察和听故事过程中的收获与感受，各小组之间交流讨论。

4. 抗联路生态观察（13:00—14:00）：在生物老师带领下，沿着抗联路周边的自然小径开展动植物观察活动。老师现场讲解沿途遇到动物的特征、习性和生态作用，学生分组观察并记录，每组推选代表分享观察发现。

5. 手工艺品制作（14:00—15:00）：回到生物观察区域，采集部分动物标本，指导学生制作简单的生物工艺品。学生们在制作过程中进一步了解生物的结构特点，同时锻炼动手能力。

6. 红色知识竞赛（15:00—16:00）：组织学生们来到景区内的空旷场地，开展红色知识竞赛。竞赛内容涵盖三角龙湾抗联路的历史、抗联战士的英雄事迹、抗联精神的内涵等方面。竞赛分为必答题、抢答题和风险题三个环节，各小组通过抽签决定答题顺序。对表现优秀的小组颁发奖品，鼓励学生们深入学习红色文化知识。

7. 活动总结（17:00—18:00）：集合全体学生，每个小组派代表总结汇报当天的活动成果，包括观察到的生物种类、对红色精神的理解感悟等。教师进行点评和总结，再次强调生物多样性保护和红色精神传承的重要性。组织学生填写调查问卷，对此次实习进行真实反馈。

1.3.4 鸟类保护宣传教育

活动名称：东北师范大学研学基地鸟类保护活动。

活动主题：飞羽寻踪，守护鸟语家园。

活动地点：东北师范大学研学基地。

活动群体：参与野外实习大学生。

活动目标

学生能准确识别基地常见鸟类，了解其形态特征、生活习性和迁徙规律。熟练运用望远镜、鸟类图鉴等工具进行鸟类观察与记录。通过实地观察、小组讨论和数据整理分析，培养学生的观察能力和团队协作能力，通过创作科普作品，提升信息整合与传播能力。作为教学活动的有力补充，本次活动旨在让学生走出课堂，亲身感受鸟类的魅力，增强对大自然的热爱之情。树立保护鸟类、维护生态平衡的意识，培养学生的社会责任感和使命感，弥补课堂教学中实践体验和情感教育的不足。

活动准备

望远镜、鸟类图鉴、观察记录表、笔；急救包、雨伞、食物和水；遮阳帽、防晒霜、防蚊液；木板、树枝、颜料、彩纸等。

活动内容

1. 集合、分组（8:00—8:30）：学生在东北师范大学研学基地门口集合、签到。老师进行开场致辞，简要介绍本次活动的目的、流程和注意事项。通过“鸟类知识小问答”游戏，快速将学生分成若干小组，每组 8~10 人，选举组长，明确小组分工。

2. 前往观察点（8:30—9:30）：各小组在老师或研究生助理的带领下，前往基地内的鸟类观察点。在途中，老师介绍基地的基本情况、常见鸟类的分布区域以及观察方法和安全注意事项。到达观察点后，老师再次强调观察的注意事项，如保持安静、不要随意惊扰鸟类。

3. 鸟类观察记录（9:30—10:30）：学生使用望远镜进行鸟类观察，根据鸟类图鉴识别所观察的鸟类，并将鸟类的种类、数量、行为（觅食、筑巢、求偶）、栖息环境（水域、树林、草地）等信息详细记录在观察记录表上。在观察过程中，小组内成员相互交流讨论，分享自己的观察发现。每隔20分钟，小组内成员交换观察任务，如记录者变为观察者，观察者变为数据分析者，让每个学生都能体验不同的工作。指导老师在各观察点巡回指导，解答学生的疑问，纠正学生的错误操作。

4. 科普创作（10:30—11:30）：开展“我为鸟儿代言”科普创作活动，学生根据之前的观察和分析结果，以小组为单位制作科普海报、短视频或宣传手册。科普内容围绕基地鸟类的特点、鸟类保护的重要性等。

5. 午餐休息（11:30—13:00）：返回基地内的休息区，进行午餐和休息。学生们在休息时间交流上午的观察心得，整理观察记录。

6. 鸟类声音识别挑战（13:00—14:30）：提前在基地不同区域隐藏若干播放鸟类叫声的设备，设定好不同的播放时间。

13:00—13:20：老师现场教授学生一些常见鸟类的声音识别技巧，接着介绍活动规则，告知学生在基地规定范围内寻找播放鸟类叫声的设备，识别叫声对应的鸟类种类，并用录音设备录制下来。

13:20—14:00：学生分组行动，小组成员分工合作，根据声音线索寻找设备，根据老师所教方法识别鸟类，并记录相关信息。

14:00—14:30：各小组返回集合点，分享学习收获，老师进行点评与总结，评选出识别鸟类最多、录制声音最清晰的小组，并给予奖励。

7. 创意鸟巢制作（14:30—16:00）：

14:30—15:30 进行“创意鸟巢制作”活动。小组根据观察到的鸟类习性，用准备好的材料设计制作鸟巢。讨论不同鸟巢的适用鸟类，并将其标注在鸟巢上。

15:30—16:00 开展“鸟巢创意大赛”，评选出最具创意、最实用的鸟巢。最后将制作好的鸟巢悬挂在合适位置，悬挂时注意不破坏原有生态。记录悬挂位置和周边环境，以便后续观察。

8. 爱鸟宣传活动（16:00—17:00）：进行“鸟类保护宣传手工创作”活动。学生以小组为单位，制作鸟类保护宣传海报、立体贺卡等手工制品，融入观察到的鸟类元素和鸟类保护知识。

9. 活动总结（17:00—18:00）：小组展示手工制作的作品，分享活动收获。老师对本次活动进行全面总结，回顾活动的主要内容和成果，对学生在活动中的表现进行评价和鼓励。为表现优秀的小组和个人颁发“鸟类保护小卫士”荣誉证书。学生分享自己在本次活动中的收获和体会，如对鸟类的新认识、团队协作的经验、对生态保护的新思考。最后师生合影留念，结束活动。

2 野外实习标本采集、处理及其识别方法

2.1 标本的采集、处理和保存

2.1.1 无脊椎动物标本的采集和处理

2.1.1.1 处理无脊椎动物标本所需药品

酒精 用 70% 酒精保存已麻醉好或已固定好的动物标本。如长久保存的标本应定期更换酒精，以保持 70% 的浓度。常用酒精浓度多为 95%，由于酒精浓度过高会使标本组织大量失水而变硬、变脆，因此，必须稀释成 70% 浓度才能用于处理标本。将 95% 酒精 75 ml 加上 25 ml 的蒸馏水或凉开水即可。市售酒精中通常有 1% 的游离酸，对长久保存的石灰质贝壳及甲壳动物不利；使用时，可加入少许碳酸钠（苏打）中和游离酸。15% 的福尔马林溶液用于标本处理，5% 的福尔马林溶液用于标本保存。用市售的福尔马林（含 40% 甲醛）配制。用甲醛液固定、浸制的动物标本放入酒精中保存时，应先用水冲洗，除去甲醛液中的游离酸，然后移入。操作时勿用手直接接触，避免伤手。甲醛保存标本成本较低，用量少，能保存标本的颜色，但具有石灰质的贝壳和有骨骼的动物，宜用酒精浸制保存。采用甲醛保存，应加入少许硼砂以减少标本受损的程度。制作干制标本（如海星类等）应先用淡水洗净后晒干，或用甲醛浸泡后晒干。

甲醛-酒精混合液 这是常用的动物标本保存液。用 2% 甲醛

与 50% 酒精等量混合而成，可使两种药品取长补短，保存标本不涨不缩，并不会破坏标本形态。

酒精-海水混合液 将无水酒精 5 ml 与海水 100 ml 混合，用于多种海滨动物的麻醉。

薄荷脑 一种经济、方便的麻醉剂。视容器及动物的大小而异，将不同量的薄荷脑放入适宜的纱布袋中，便可麻醉动物。此外，它还易于回收。

氯化锰 1%~2% 的氯化锰水溶液对海葵、水母等动物的麻醉有独特的优良效果。硫酸镁（泻盐）、氯仿或乙醚等也可用于标本处理。

2.1.1.2 采集和处理方法

海滨具有岩岸、礁石岸、沙岸、泥沙岸等海岸环境，无脊椎动物分布情况有所不同。相同生境下各类动物的形态、体色、运动和取食等都有区别，在海滨进行动物调查和标本采集时，要注意观察。尤其是对小型动物，更要细心，做好原始记录。下面仅介绍几种典型无脊椎动物的栖息环境、采集和处理方法。

日本矶海绵 退潮后在岩石的侧壁上或积水坑中多见橘黄色的海绵状物体，体质柔软。采集时，用刀片从其基部刮下，用清洁的海水洗去杂质，立即放入 80% 酒精中固定。5 小时后换成 70% 酒精保存。由于海绵骨针是石灰质的，易被福尔马林侵蚀，所以对只作外形观察的标本，可在容器内加 5% 福尔马林液保存。

薮枝螅 分布在退潮后的岩礁岸或沙岸的积水处，动物体附着于水中海藻或贝壳上。采集时将附有薮枝螅的海藻或贝壳放入盛有海水的容器内，静置待其伸展后观察。在驻地将标本放入盛有海水的烧杯内，待它充分伸展后，逐步加入薄荷脑麻醉，2~3 小时后，用解剖针触动虫体和触手直至不产生收缩反应，加入福尔马林溶液将其杀死后，移入 5% 福尔马林液中保存。

海月水母或钩手水母 水母浮游于海面，多数可用筛网捕捉。

海月水母体极易破碎，最好用塑料盆捞采，放入容器内。当退潮时，钩手水母附于海藻上，把海藻放入盛有海水的塑料盆中，水母则浮游于盆内水中，用塑料碗舀出放入盛纳容器内。在返程途中，容器内的海水要经常更换，以免水母因缺氧死亡而解体。将采集到的水母放在盛有新鲜海水的玻璃容器中，静置片刻后，在水面上撒一些薄荷脑，麻醉 3~4 分钟。待水母不运动，触动其触手不收缩时，加入 7% 福尔马林溶液固定，12 小时以后移入 5% 福尔马林液中保存。由于水母死亡后易解体，麻醉时要注意观察，如水母运动停止，触碰不动，马上加固定液。

海葵　海滨常见的绿海葵和条纹海葵等在岩石缝或礁石的水洼中固着生活，有的种类如条纹海葵也固着在贝壳上。必须用铁锤和凿子将海葵与其固着的石块同时采下，注意不要碰伤海葵。躯体为黄棕色的黄海葵固着在泥沙中的小石块或破碎贝壳上，退潮后的滩涂尚有一薄层海水淹没时，在泥沙的表面可见呈葵花状平展的触手。潮水退下后，海葵的触手和身体都缩进沙内，此时滩面只留下圆形的穴孔，用锹挖即可采到，将采到的海葵放入有新鲜海水的容器内。在室内将海葵放入盛新鲜海水的大烧杯中，使海葵向上的口盘距水表面约 5 cm，将烧杯静置在不易震动的地方。待海葵触手全部伸出，开始麻醉。在水面上轻撒一层薄荷脑，同时用滴管向海葵触手基部滴数滴硫酸镁饱和溶液，每隔 5~10 分钟滴一次，逐渐加量，麻醉 2~3 个小时后，用镊子触动海葵触手至不再收缩时为止。如果个体大的海葵，麻醉时间则须延长。向水中加入福尔马林液，浓度达 7%，3~5 小时后取出海葵，整形后放入 5% 福尔马林液或者 7% 的酒精溶液中保存。此外，还可以用氯化锰麻醉，一般用 0.05%~0.2% 的氯化锰水溶液，逐渐加入海葵身体充分伸展的烧杯中，麻醉 1 小时左右，触动海葵触手不再收缩后，用滴管将福尔马林溶液直接滴到海葵的口道部，至福尔马林浓度达 7% 时固定 3~4 小时，整形后转入 5% 福尔马林液中保存。

海仙人掌　生活在沙岸，体呈棒状，黄色或橙色。退潮后海仙人掌顶端露出沙滩表面，可以用锹采挖，也常常可以见到完整的海仙人掌倒伏于滩面。将采集的动物在海水中清洗干净，放入盛有新鲜海水的容器内，待海仙人掌及其水螅体均伸展后观察。回驻地后，在大于海仙人掌 3 倍以上的标本瓶内加入新鲜海水。将海仙人掌柄部近末端穿一条细线，绑在一根横棍上，棍架于瓶口上，使动物体倒挂于标本瓶内，注意动物体不与瓶壁相接触。待水螅体完全伸出后，用薄荷脑麻醉，麻醉 20 小时后固定保存，与海葵处理方法一样。在 5% 福尔马林液中加入少许硼砂保存，或用 75% 酒精保存。

涡虫 多潜伏在岩岸的石块下，退潮后，翻动浸在水中的石块，能看到在石块下匍匐爬行的涡虫。涡虫身体柔软，薄片状，易破损，采集时用毛笔轻轻将涡虫刷进指管等盛有海水的玻璃容器内，小心勿伤其身体。在驻地将涡虫放入盛有新鲜海水的大培养皿中，待它伸展后，加适量薄荷脑，麻醉 3~4 小时。动物进入麻醉状态时，除去薄荷脑和海水，加入 7% 福尔马林液，将其杀死。初杀死的涡虫呈荷叶状，皱褶不平。5~10 分钟后，用毛笔挑出，置于两张滤纸间，放在大培养皿内，上压几片载玻片。或将夹有涡虫的滤纸放在二个载玻片之间，用橡皮筋或线绳勒紧，待涡虫体形舒展之后再加入 7% 的福尔马林液，8 小时后去掉滤纸，将标本移入 5% 福尔马林液中保存。

纽虫 多在泥沙中穴居或在岩礁岸水沟的小石砾间生活。体柔软易断，多呈纽带状，卷成一团，用锹挖泥沙可采到。纽虫有自切现象，最好将采到的纽虫放到单独的容器内，容器内加新鲜海水。将纽虫放入盛有海水的搪瓷盘内，用薄荷脑，硫酸镁或 50% 酒精麻醉。麻醉后的纽虫用 7% 福尔马林溶液或 70% 酒精杀死保存。

沙蚕 沙蚕种类较多，生活习性和生活环境颇不一致。有的栖息在岩石岸的石块下或小石砾间，有的埋在泥沙中，穴居种类在泥沙表面有小圆孔。采集时用锹挖泥沙，翻动石块，便可采到。处理时先将沙蚕放入解剖盘内，加入新鲜海水，待虫体在水内呈生活状态后，用薄荷脑麻醉30分钟，直到虫体完全麻醉后，加入福尔马林液至浓度7%时杀死固定。经过6~8小时再移入5%福尔马林溶液保存。接下来介绍的6种环节动物门物种类的处理方法基本相同。

鳞沙蚕 营海中游泳生活，退潮后潜伏于泥沙滩里，在海藻间的石块下或岩石缝隙间爬行，背面鳞片受损易脱落，采集要小心。

海蛹 退潮后多栖于沙中，或栖于岩石海岸的海藻丛中，可直接采集标本放于盛海水的容器内带回处理。

沙蠋 又名海蚯蚓，穴居。退潮后在泥沙滩上往往有似蚯蚓粪便状泥条堆在一起，即为沙蠋后端的穴孔附近。在后端穴孔周围约100多毫米处可以找到一漏斗形的凹陷，是沙蠋头部穴孔。采集时，选择有泥条状粪便的穴孔，用锹挖掘，即可采得。将采到的标本放入盛海水的容器内，带回处理。

巢沙蚕 多分布在泥沙滩，退潮后在沙滩表面留有管口，直径约5~6 mm，管巢外壁常黏附破碎贝壳、沙粒和海藻等。采集时用锹从管的四周向下挖掘，挖出后从管外用手指轻轻捏动，其中如有虫体，需将管和虫体同时放入盛海水的容器内。

毛翼虫 生活在泥沙内的“U”形管中。退潮后在泥沙滩表面有成对的白色的革质管子，管长500~800 mm，两管口距离不超过400 mm，露于地面，管高为10~20 mm，管径4~5 mm，管内外表面均光滑。向一端管口内吹气，另一端管口喷水，就是一条管子。采集时，在两管口间划一直线，用锹在一侧挖，深度一般不超过500毫米。将挖出的整条“U”形管放于盛海水的容器内，待处理时将管划开，就可得到完整标本。

触手须鳃虫 栖息在浅海泥沙滩中或石块下方，虫体橙黄色，鳃丝红色。可直接采集标本放于盛海水的容器内带回处理。

螠虫 全部为海产底栖动物，分布较广泛，主要在浅海海底泥沙中、岩石缝隙里。单环刺螠生活于泥沙内，在洞口附近有许多细小的泥条。在此处用锹采挖，采到标本后用海水洗去体表泥沙与黏液，放入盛新鲜海水的容器内。麻醉、处死和保存等与环节动物门物种处理的方法相同。

方格星虫　海洋底栖动物，其分布、生活环境及生活方式与蛤虫相似。退潮后，在沙滩表面可见一圈触手，受刺激时则缩入沙中，用锹挖即可采到。用海水将星虫体表的泥沙清洗干净，放入盛新鲜海水的玻璃容器内，待星虫的吻和触手伸出后进行观察。处理方法与环虫相同。

海豆芽　退潮后，在泥沙的滩面上有裂缝状的3个并列小孔，两孔间相距约4 mm。每个孔中有刚毛伸出，如遇刺激则下缩，3个孔连成一条裂缝。采集时，拇指与食指张开，分别伸向3孔的两侧，快速插入泥沙中，捏住两壳。再用小铁铲挖至深150~200 mm，即可得柄部末端有泥团的完整标本。掘泥沙时，应注意小铁铲不要离海豆芽太近，否则易将柄部挖断。采到标本后放入盛有海水的容器中，带回驻地，将海豆芽用海水洗净，放在大培养皿中，加入少量海水，用硫酸镁麻醉3~5小时，或直接用7%福尔马林液杀死。20分钟后取出，将柄部拉直，用纱布包裹，浸入5%福尔马林液中固定、保存。

石鳖　生活的石鳖以发达的足吸附于岩石或石块上。采集时，迅速用手指推动动物的一侧，或用拇指和食指在动物前后两端同时掐夹，使石鳖与岩石面脱离。若采集前触及动物，动物即牢固吸附于岩石上，不易采下。将石鳖放入盛海水的器皿中，待石鳖全部伸展开，恢复正常生活姿态时，徐徐加入薄荷脑或硫酸镁麻醉。3小时后，用7%福尔马林杀死，1小时以后整形。石鳖如呈卷曲状，则将其身体伸直，背面压几片载玻片，固定12小时后，取出移入70%酒精中保存。

海牛　退潮后，在沙滩或岩礁岸石缝间，缓慢爬行于长有海藻的水洼中。将采到的海牛放进盛新鲜海水的容器内，带回处理。将海牛放入盛有新鲜海水的搪瓷盘中，静置，待海牛身体全部伸展，肛门周围的触手也伸出，即行麻醉。一般用薄荷脑和硫酸镁双重麻醉或用氯化锰麻醉处理。首先加适量薄荷脑，15 分钟后加饱和硫酸镁海水溶液数滴，以后陆续滴加适量硫酸镁溶液，2~3 小时后用解剖针触动触角及肛门周围触手，待动物无反应时为止。吸除麻醉液体，加入浓度为 7% 福尔马林液，将其杀死。固定 6 小时后，换用 5% 福尔马林液保存。

玉螺、泥螺及壳蛞蝓等善爬行的螺类 这些螺均爬行于退潮后的滩涂上，其宽大的腹足在泥沙表面拖出一条清晰的痕迹。玉螺的足痕宽而浅，泥螺与壳蛞蝓的足痕较狭。顺足痕追寻，极易采到。

笠贝、帽贝、菊花螺与履螺 笠贝、帽贝和菊花螺附着于岩石、石块或贝壳上生活，履螺则附着于空螺壳口内壁上。采集笠贝和菊花螺时，可用手指快速推下，采前若触动螺体，其腹足会紧附于基质上，不易取下；也可用刀片或薄铁片刮取。履螺可连同空螺壳同时带回，可作为生态标本处理。

其他螺类 退潮后，在岩礁岸存水中的小石块下、海藻密生的海水沟里以及沙滩上，螺类大量地分布，有锈凹螺、单齿螺、丽口螺、螺蝾、蛸螺、蛾螺、金刚螺和骨螺等。在岩礁岸、泥沙滩积水的地方和石块上，往往有滨螺、锈凹螺、滩栖螺、核螺和织纹螺等，极易采到。

岩礁上固着或附着的蛤类 退潮后潮间带的上带，在岩岸的岩石或泥沙滩的石块上可见各种蛤类，有的种类数量众多，遍布礁石。牡蛎以左壳终生固着在岩礁或石块上，可用凿子凿下；贻贝和偏顶蛤等以足丝附着在石隙间或其他固体物上，目标显著，易于采集；布氏蚶也以足丝附着在岩礁岸的有海藻的水沟里，可直接采到；在小石砾间的蛤类（如菲律宾蛤仔）可用铁丝耙子采得。

泥沙滩埋栖生活的蛤类 退潮后，在泥沙滩中埋栖着很多蛤类，其洞口有的明显，有的不明显，分别介绍如下：退潮后，蛤仔在泥沙滩表面有许多小孔洞，如孔洞周围泥沙表面微凹下，多为蛤仔所居，用锹挖极易获得。樱蛤营埋栖生活，生活时以壳的前端向下，后端朝上，水管露出滩面，退潮后在滩面上留有两个小孔，孔的周围受到震动后，即射出细水柱；退潮后，泥沙滩上可见大小相近、紧邻的两个小孔，长约10 mm，受震动后，两个小孔下陷成为一个稍大的椭圆孔，为竹蛏类穴孔，用锹快速挖掘30~50cm即可采到，另外，沿海村民常用经加工的自行车辐条深入洞中钩竹蛏，称作“钓”竹蛏；在泥沙滩和沙滩中营埋栖生活的其他蛤类有腹蛤、布目蛤、中国蛤蜊、菲律宾蛤仔、文蛤、镜蛤、青蛤、钻沙蛤、鸭嘴蛤等。采集时一般用锹挖即可，也可用铁丝耙子采到。

对于以上软体动物，根据对标本要求的不同，处理方法有所区别。

一般实体标本：将采到的螺类或蛤类标本，先用清水洗净，再用10%福尔马林液杀死固定，10小时后移入70%酒精中保存。

解剖标本：用作解剖材料的大型螺类和蛤类，可用凉开水闷死，也可用薄荷脑或硫酸镁麻醉2~3小时，待两瓣壳（瓣鳃类）张开后，在两壳间夹一小木块，再用10%福尔马林液杀死。动物死亡后，向其内脏注入固定液（90%酒精50份、冰醋酸5份、福尔马林5份、蒸馏水40份），保存于70%酒精或5%福尔马林液中。

生态标本：将螺类或蛤类分别装入大广口瓶中，加满海水不留空隙，盖严瓶盖。12~24小时以后，螺类头部与足部伸出壳口，蛤类两壳张开，触动伸出的足部无反应时，用7%福尔马林液固定，24小时后将动物移入70%酒精中保存。

介壳标本：以螺类或双壳类介壳做标本时，可采用制作生态标本的方法，将窒息而死的动物去除肉体部分，壳内外用肥皂水和清水洗净，晒干。

乌贼、章鱼等头足类　退潮后，常分布于岩块下的缝内，或穴居于泥沙中，在泥沙表面的穴孔周围有放射状的痕迹，用锹挖可采到。将采到的标本放入盛有海水的容器内，静置后加硫酸镁麻醉，待触碰动物不动时，用10%福尔马林液杀死。乌贼也可以不用麻醉，直接用福尔马林固定。注意固定前要先将标本放平，将触腕从触腕囊内拉出来，固定后不易拉出。固定12小时后，移入7%福尔马林液保存。

藤壶 固着生活于岩石或贝壳上，潮间带均有分布。在岩石上生活的东方小藤壶，数量极多，采集时，需要用锤子和凿将附着的石块一同打下，连同石块放入盛海水的容器内。一般用清水洗净藤壶，直接放入7%福尔马林溶液中杀死保存。如要制作生态标本，则应将藤壶放入盛有新鲜海水的玻璃容器内，见其蔓足伸出上下活动后，用薄荷脑和硫酸镁进行双重麻醉，4~5小时后，蔓足停止活动时用7%福尔马林液杀死，5小时后保存于70%酒精中。

鼓虾 退潮后，常躲在海藻丛、洞穴中或石块下。夜晚天敌较少时出来活动，在石砾海岸，常以大螯作响，声音清脆。

美人虾 在泥滩中穴居，退潮后在泥沙表面有两个圆形小孔，两小孔相距10 mm以上，穴深约200 mm，用锹挖可采到。

大眼蟹 穴居于泥沙滩，退潮后泥沙表面留有近椭圆形穴孔，面向海潮。经常可以见到出穴的大眼蟹，眼柄竖立，面向海潮瞭望，遇敌害时，急驰入穴。采集时，用锹挖取。

其他甲壳动物 大多数甲壳动物在海水中游泳生活或在海底爬行，如长臂虾、钩虾、日本蟳、拳蟹、关公蟹、近方蟹和红线黎明蟹等。也有的在泥沙中营埋栖生活，如股窗蟹、厚蟹等，采集时可用网捕，也可以直接捕捉。有些种类和其他动物在一起营共生生活，如肥壮巴豆蟹寄生在海老鼠的肠道内。

节肢动物的处理方法基本相同，可直接用80%酒精麻醉杀死，半小时后取出整形，为防止大型蟹附肢脱落，可用纱布包裹，放进70%酒精中保存，或放入酒精甘油混合液中保存（70%酒精80 ml+甘油20 ml）。

海参类 多生活于潮间带或浸水带的浅海中，退潮后，常存留在海藻茂盛的水沟、岩礁间的缝隙中，用手慢慢摸索易采到。棘锚海参在沙滩穴居生活，沙滩上有一个漏斗状穴孔，用锹挖即可。采到的海参要及时放入盛海水的容器内，容器内最好只放海参一种动物，数量也不宜多，采集或携带中切勿给它过度刺激，以免其排出内脏。处理时将海参移入盛新鲜海水的搪瓷盘内，置于阴凉处。待海参触手和管足充分伸展后，再行麻醉。用薄荷脑与硫酸镁两种药物同时处理，投放麻醉药剂的量，视海参个体大小和数目而定。在水面撒一层薄荷脑，5 分钟后再逐渐加入硫酸镁水溶液麻醉。一般需麻醉 4~5 小时，直到刺激海参触手不再收缩时为止。用竹镊子夹住海参围口触手基部，另一只手执海参身体，迅速将其头器放入 50% 冰醋酸中约 30 秒钟，取出后用清水洗去醋酸，立刻放到盛有 10% 福尔马林液的瓷盘内，40 分钟后取出。用注射针管从其肛门注入 90% 酒精（加适量甘油），以防内脏腐烂。再用棉球塞住肛门，以免药液外流。将海参放入瓷盘内，经整形后加入 80% 酒精固定，10 小时后将标本移入 70% 酒精（加少许甘油）保存。

海胆、海星、蛇尾等 退潮后，岩岸具海藻的积水处分布有海星、海燕等，岩石缝隙间和石块下有海胆、蛇尾，沙滩上有海胆、砂海星等。因海盘车、蛇尾的腕易折断，采集时要小心。将采集到的动物放进盛新鲜海水的容器内带回处理，将海星、海燕等放进盛海水的解剖盘内，恢复生活状态后，吸出海水，直接用开水烫死，放在阳光下晒干。或将海星、海燕等放入福尔马林液中浸泡 2 天，取出晒干，可得到保持鲜艳颜色的干制标本。也可将动物放进盛海水的容器内，先用硫酸镁麻醉 2~3 小时，再将 25%~30% 福尔马林溶液注入体腔中后，放入 7% 福尔马林溶液中保存，制成浸制标本。一般小型棘皮动物麻醉后直接杀死保存。

2.1.2 脊椎动物的捕捉及基本参数测量

各类脊椎动物的生活习性和运动能力不同，因而捕捉方法各不相同，本书仅介绍一些常见脊椎动物种类的捕捉方法以供参考。在此提示读者除教育和科研需要外，不要滥捕野生动物，保护野生动物是每个公民的职责和光荣使命，爱护动物就是爱护我们的家园，保护生物多样性就是保护人类赖以生存的资源。

2.1.2.1 圆口纲和鱼类

采集方法有多种，用撒网、挂网及拉网等网具捕捞，或用鱼钩钓取；目前很多渔民采用电网捕捞，虽然是一种有效的办法，但对水生生物资源破坏严重，要慎重使用；也可到市场选购，特殊种类可求助于渔政部门。测量时体重以 g 或 kg、长度以 mm 为单位。鱼体测量项目有全长、体长、体高、头长（吻端到鳃盖骨后缘，不含鳃盖膜的长度）、尾长（肛门至尾鳍基部的长度）、眼径、眼间距、尾柄长（臀鳍基部后端至尾鳍基部的长度）、尾柄高（尾柄最狭处的垂直高度）（图 2-1）。

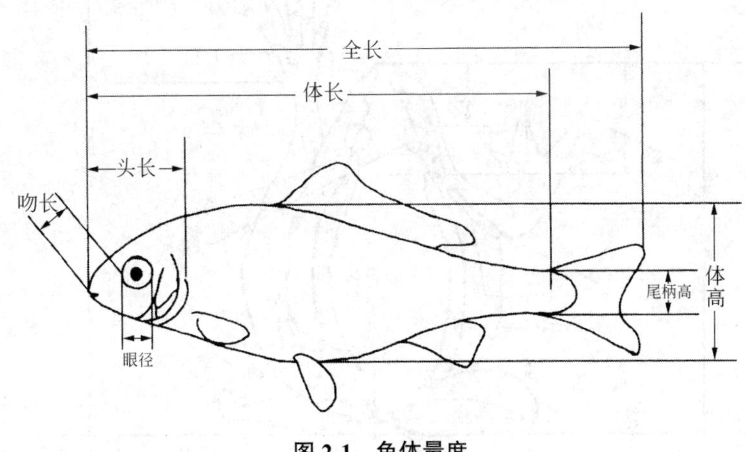

图 2-1 鱼体量度

2.1.2.2 两栖和爬行动物

两栖类 在雨季到来之前，根据两栖类昼伏夜出的习性以及集中到产卵水域活动的特点，对活动跳跃能力强的种类，如黑斑蛙、金线蛙、黑龙江林蛙、中国林蛙等，可在傍晚利用手电照射，直接或利用采集网捕捉，或用诱钓法（像钓鱼一样用蚱蜢之类做诱饵）钓捕；对活动能力弱的种类，如中华大蟾蜍、花背蟾蜍等可用手直接捕捉。将采集到的动物放进密闭容器中，加入乙醚麻醉，当动物深度麻醉或窒息死亡后，取出清洗，放到解剖盘内进行标本的测量

（图 2-2），并把标本的编号、采集日期、采集地点等记录到登记卡上。测量时体重以 g 或 kg、长度以 mm 为单位。测量参数包括体长、头长（吻端至颌关节后缘）、头宽（左、右颌关节间距离）、吻长（吻端至眼前角）、鼻间距、眼间距（上眼睑内缘之间距离）、眼径（眼纵长距）、鼓膜宽（鼓膜最大直径）、前臂及手长、后肢全长、胫长、足长（内蹠突近端至第四趾末端）。对于有尾两栖类还要测量尾长（肛孔后缘至尾端）、尾宽（尾基部最宽处）。

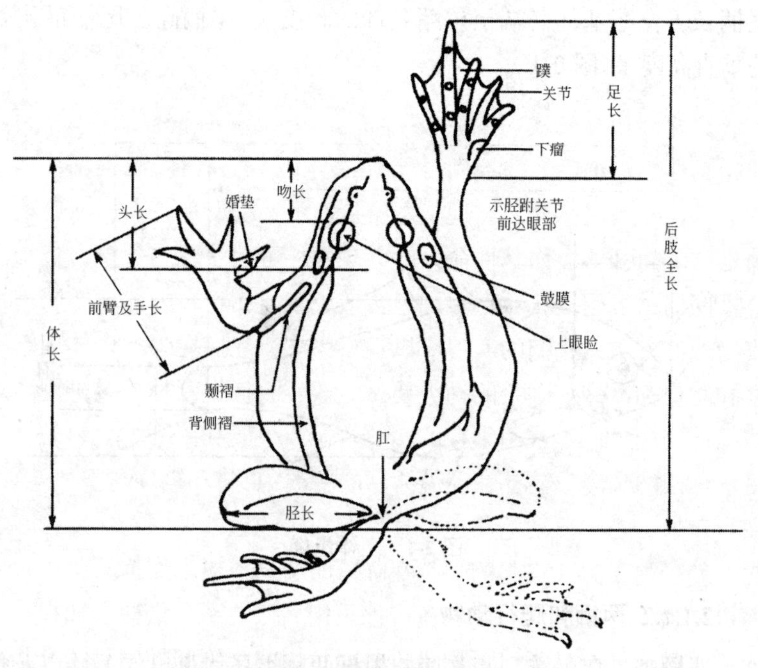

图 2-2　蛙类体尺测量

爬行类　蜥蜴类可用采集网扣捕、软树条扑打等法捕捉。蛇类分布在草丛、石缝或地面凹凸不平处，一般靠近水源的潮湿环境比较常见，捕捉时可先用蛇钩将其钩挑到平坦处捕捉，也可直接用蛇叉或带叉的树棍叉住其颈部，用一只手捏住紧贴头部的后颈，用另一只手抓住尾部后，提起装入采集袋内。注意抓住颈部的手一定要抓牢，防止脱手而被蛇咬伤。此时不知道它是否为毒蛇，所以都要当作毒蛇对待，不能让学生把玩。采集龟类时可将捣碎的带腥味的动物脏器等撒在其活动场所，诱其来食而捉之，或掘穴捕捉。捕捉鳖时，一般在诱捕笼内投放诱饵，黄昏时将诱捕笼沉至水底，第二天清晨起笼捕捉，或利用夏季炎热天气，鳖出水上岸，可顺其爬行足迹寻找捕捉，在平展的泥沙上有隆起的呈新月形或“八”字形的松散新泥沙，就可能是它的隐没之地。

2.1.2.3 鸟类

鸟类种类多、分布广，是最常见的一类陆生脊椎动物，已成为东北高校脊椎动物实习的主要对象。因鸟类具有较强的运动能力，捕捉具有一定难度。捕捉栖于灌丛的小型鸟类，可将黏网张挂在鸟类经常活动的树丛处，在远处用望远镜观察，发现飞鸟撞网要立刻捕捉，时间过长会伤其性命。此方法往往可捕获较多数量，特别是过夜网捕，虽然捕获数量大，但会造成较大伤亡，因此不要采用过夜网捕的方法。我们的实习应以观察为主，除捕捉少量个体用于观察和制作标本外，多余的鸟类要尽快放生。捕捉森林鸟类可用猎枪或高压气枪猎取，或用组接的多节竹竿或金属和碳纤维材料的套杆以增加网的高度。捕捉在溪流活动的鸟类，可将鸟网横跨溪流架设。捕捉草地、农田活动的鸟类可选择有小树的地方设网，然后派人驱赶，使鸟类飞起，飞起的鸟类在降落时会选择树木作为落脚点，因而可增加捕获的机会。此外还可以采用鸟铗、圈套猎捕。捕捉在大面积水域活动的鸟类，可用猎枪、捕鱼用的鱼钩和挂网猎捕。猎获的标本应立刻处死，记下其虹膜颜色，将棉花塞于其口腔内，擦净血液，将鸟头部朝向锥形纸卷尖端包好，带回实验室测量和分类鉴定。测量时体重以 g、长度以 mm 为单位。测量参数包括体重、体长、嘴峰长（上喙先端至嘴基生羽处的距离）、翼长（翼角至最长飞羽先端的距离）、跗蹠长（胫跗关节后部中点至跗蹠与中趾关节前面最下方之整片鳞的下缘）、尾长（尾羽基部至最长尾羽端距离），其他参数如翼展、嘴裂、趾及爪等长度，可根据需要取舍（图 2-3）。

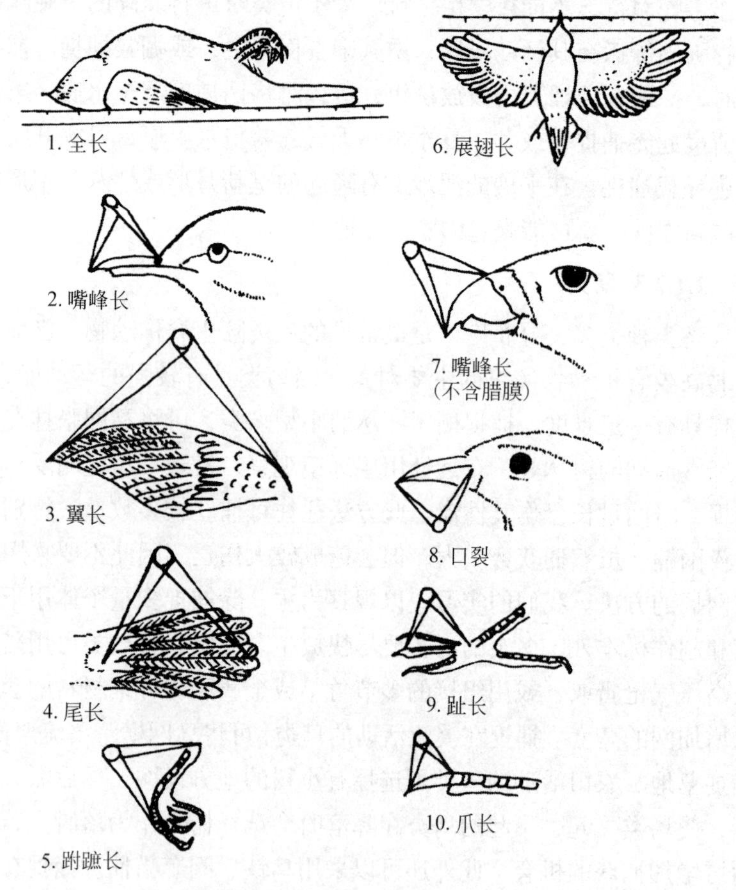

图 2-3　鸟类体尺测量

2.1.3　脊椎动物标本制作方法

脊椎动物标本包括浸制标本和剥制标本两大类。浸制标本可参照无脊椎动物标本的制作方法，结合实际情况处理。剥制标本又包括假剥制和姿态标本两类，现主要以鸟类为例加以介绍，其他类群标本制作可参照鸟类标本的制作方法。

2.1.3.1 假剥制标本

假剥制标本又称研究标本，主要作为教学和研究之用。熟练掌握假剥制标本的制作技术，是制作姿态标本的前提和基础，可看作是鸟类标本制作的入门训练。同时,假剥制标本因其自身的特点(制作简单、便于收藏、适合研究测量)又是重要而常用的一类标本。

标本制作是一项细致的工作，小心认真是前提条件，还需要对用于制作标本的鸟类生活姿态有一定了解。制作过程如下：

材料的选择及去污处理

制作标本的材料要选择羽毛、喙及趾完整，尤其飞羽和尾部的羽毛要无损坏和丢失，羽色艳丽，干净无污物，皮肤无损或轻度损伤者。

选择的材料有活的和死的两种。活体材料需在剥制前 1~2 小时将其处死，待血液凝固后，方可进行剥皮；否则，剥皮时血液极易流出而污染羽毛。处死的方法有窒息法、注射空气法、药物熏死法等。死的材料，其羽毛上经常黏有污物或血液，在剥皮前要用清水将其洗净，然后涂以石膏粉，2~4 小时羽毛干透后，去除石膏粉，就会使羽毛恢复自然状态。清洗污物时，不要用化学药品，也不要来回擦洗，应顺着羽毛的长向清洗，否则容易损伤羽毛。

剥皮

剥皮前除选材、处死、去污、测量以外，还要细致观察鸟的外部形态和了解其内部构造特点，尤其是各部羽毛的自然位置情况、胸部和腿部的肌肉分布及虹膜的颜色等。根据开口位置的不同，剥皮可分为胸开法和腹开法，现以胸开法为例加以说明。

使鸟横着仰卧于桌上,用手或镊子将胸部中央的羽毛分向两侧,露出皮肤，用解剖刀从龙骨突起的前端至末端切一直线开口，注意不要把肌肉切破。将刀口向上，沿皮肤切开处向颈部方向挑割少许，至颈项后端显露为止。在切开的刀口处涂上一些石膏粉，以防血液、脂肪液等污染羽毛，然后将皮肤向两侧分离，直至两侧腋部(图 2-4)。

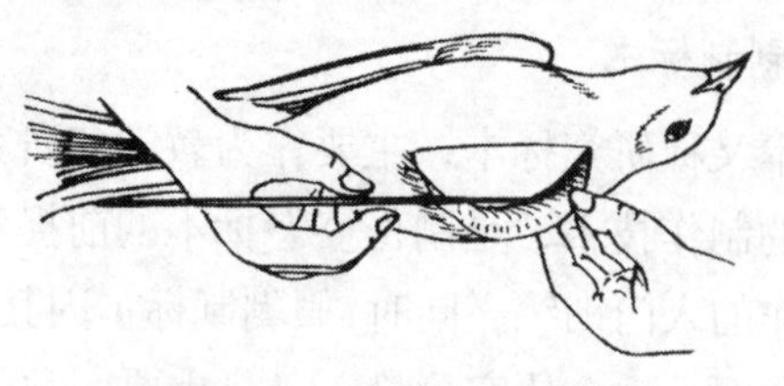

图 2-4　胸两侧皮肤的剥离

右手持鸟体，左手将鸟的头部向胸部推，颈椎便可露出，剪断颈椎、气管和食道(图 2-5)。如果鸟的嗉囊较大,应用线将食道结扎,以免食物溢出。用左手拎起连接在躯体上的颈椎,右手慢慢剥离肩、背和肱部的皮肤（图 2-6)。剥离后，用解剖剪在肱骨的 1/2 处剪断,然后继续向体背和腰部方向剥离（图 2-7)，腰部皮肤很薄，要十分小心。再分离腿部皮肤，使股骨和胫骨全部露出，在二者的关节处剪断（图 2-8)，继续剥离腹部时，注意不要弄破腹腔，剥完腹部后，剪断尾与腹部的连接处（尾综骨)，注意不要伤及尾羽的羽根，以防尾羽脱落（图 2-9)。

图 2-5　颈部的截断位置

图 2-6　肩、背部的剥离

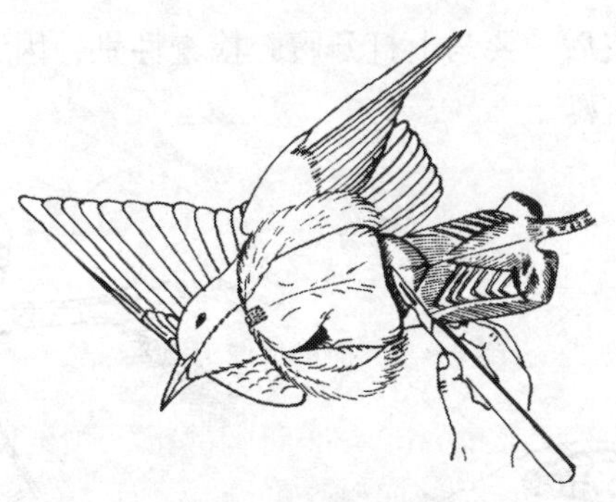

图 2-7 腰部的剥离

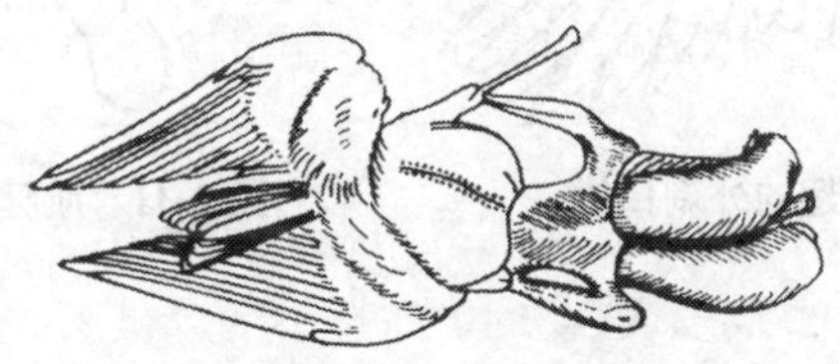

图 2-8 后肢的剥离及截断位置

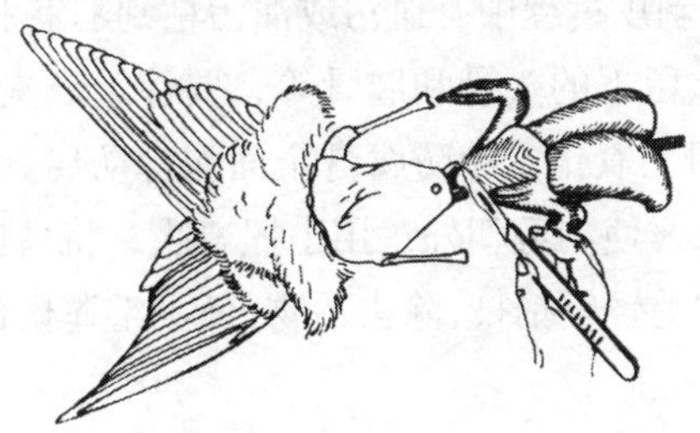

图 2-9 尾部的截断位置

这样，鸟的躯体就可取出，再分离余下的四肢、颈部和头部的皮肤，并剔除肌肉。在枕骨大孔处断开颈椎与头骨的连接后，用镊子清除脑颅内脑液，去除眼球、舌及下颌的肌肉。

制作大型鸟类标本及展翅标本，须在尺骨处的腹面开口剥去肌肉（图 2-10）。有些种类的头骨很大，剥皮时须在颈部背面单独开口，处理后再缝合；有些鸟类的附属结构（如鸡冠、肉垂等）也要开口处理；大、中型鸟类跗蹠部的肌腱也应取出（图 2-11），否则日久会腐烂。剥完皮后，要马上打开腹腔检查性别，因为有些种类很难靠外形来辨别雌雄。

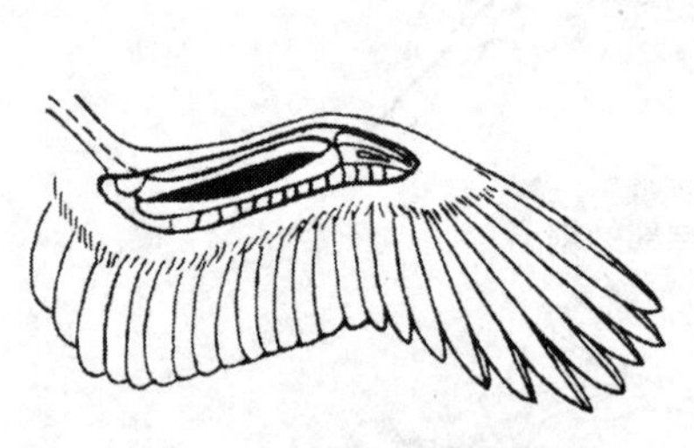

图 2-10　翅的外剥口线

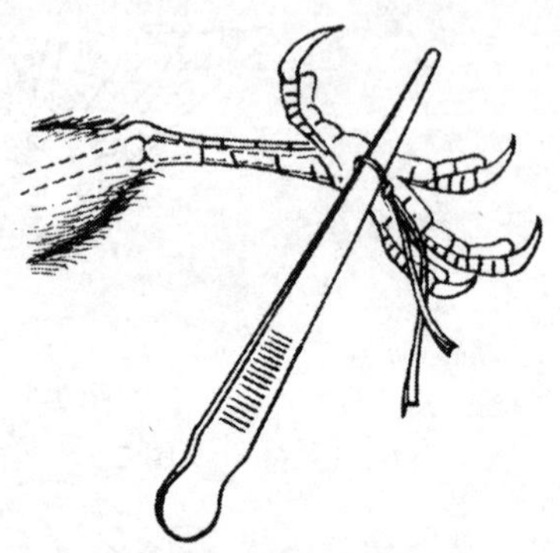

图 2-11　肌腱的取出位置

防腐处理

在涂药之前，要仔细检查皮张，如果发现较大的破洞，应在内侧用线缝合，若剥皮过程中有血污或油污粘到羽毛上，应清洗干净。

鸟类皮张上留下的头骨和肢骨等，要涂上石炭酸–酒精饱和溶液防腐，皮张用三氧化二砷防腐膏全面涂抹防腐。涂完防腐膏后，再将皮肤翻过来，使羽毛朝外，用手捏着喙，将鸟皮拾起，用毛刷从头到尾顺着羽毛轻轻拍打，除去污物，使羽毛蓬松自如，留待填充。

填装

不同类型的标本，填装方法也不同。分假剥制标本（研究标本）的填装和生态标本（姿态标本）的填充，生态标本的填充另作介绍。

将前面已经处理好的鸟皮翻过来，使之内表面向外。先将棉花搓成与眼球大小相等的棉球，塞入眼窝，在胫骨和尺骨上缠以棉花或竹丝，使其粗细和形状与带有肌肉时相同。将前肢和后肢翻过来恢复原状，取一段铁丝或竹条，截取比嘴基至尾基稍长一点的长度，使其一端插入枕骨大孔内，并用棉花固定好，将头翻过来恢复原状，另一端插入余下的尾骨内，它将代替脊柱的作用。然后在铁丝下，即鸟的背部，填入一块棉花，从前端一直到尾基部，其厚度和宽度要适中。再将肱骨拉出，放到背部的棉块上（图 2-12），用棉花从前向后分别将两侧肱骨压住，颈部的填充不要过多，可以继续填充腹部和胸部。胸部的填充要丰满一些，也可以边缝合边向胸部填充。填充好以后要缝合，缝合好的标本要立即进行整形。

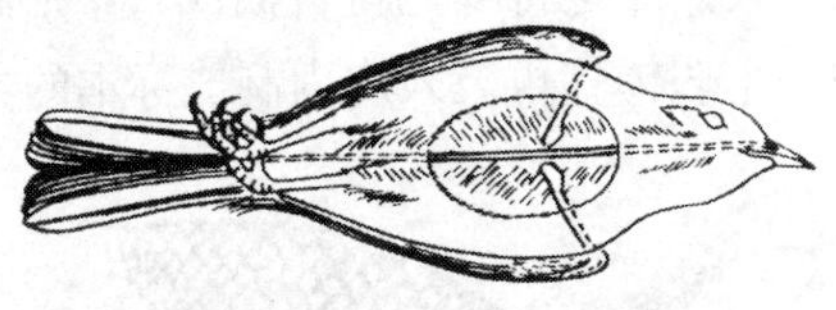

图 2-12 假剥制标本的填充

整形

假剥制标本的整形要简单一些，将羽毛整理成自然状态，颈部要收回，不要太长，胸部突出，腹面向上放着（图 2-13）。整完形后，常用一片脱脂棉包起来后干燥，以防止变形。有些种类有冠羽，其头部要向一侧转动；颈部或腿部特长的种类，可使之向身体方向折回。

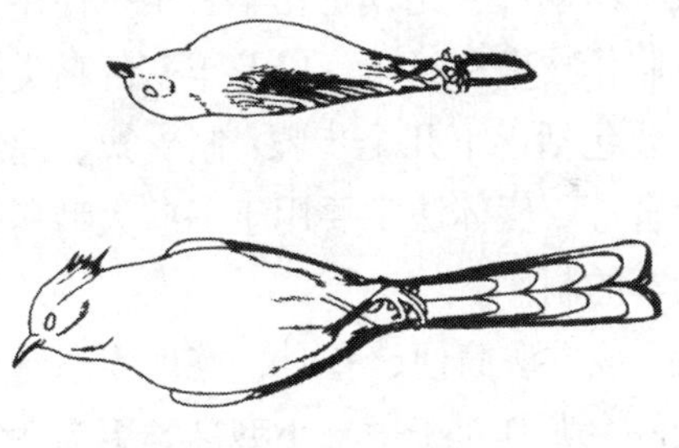

图 2-13 整完形的假剥制标本

标本整形后，标签要用线系在腿上。鸟类标本的干燥应将它放在通风、干燥、无阳光直射处，而且应一边干燥一边整形，整形一般需 2~3 次。

2.1.3.2 姿态标本

姿态标本又称生态标本，供教学和展览使用。这种标本可制成各种生活姿态，因而标本更为美观和生动，要求制作者熟悉用于制作标本的鸟类生活姿态。标本的前期制作过程与假剥制标本相同，这里只介绍填装和整形。

填装

常用的填装方法有两种，即假体法和填充法。

假体法填装：假体法是将填充材料捆成一个形状与鸟体基本相似而比鸟略小的一个假体，再装入皮内制成标本的方法（图 2-14）。

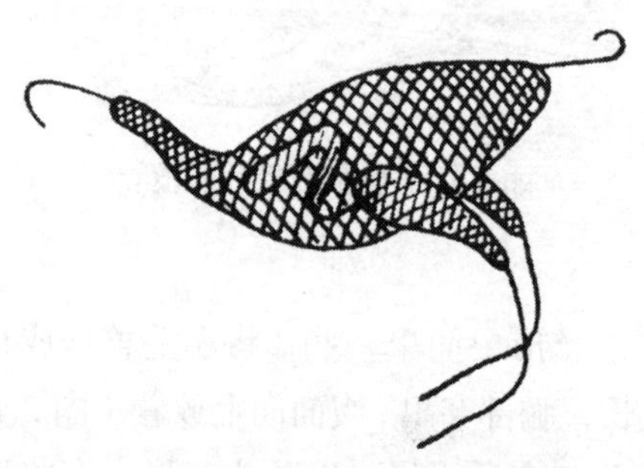

图 2-14 装填用的假体

假体法一般不易掌握，尤其是初学者很少使用，它要求制作者具有熟练的标本制作技术和经验，以及丰富的鸟类生态学和形态学知识。假体法主要包括以下几个步骤：制支架、缠绕捆扎、填入鸟体内、补填、缝合等。假体法主要用于一些大型鸟类，尤其是一些大型的猛禽类标本的制作。

填充法填装：该方法简便、省时，整理姿态时灵活机动，容易掌握，效果也较好。尤其对于中、小型鸟类更为适宜。填充前制作一个铅丝支架代替骨骼而装入体内，再逐步填入填充物、缝合、整形。铅丝支架的制作方法是先量取一段适当粗细的铅丝，其长度为鸟喙到趾端长的 1.3 倍（鸟体仰卧伸直时），另取一段较前者长 6 cm 左右（颈部长的种类要适当延长），按图 2-15 中 A、B、C 顺序绞合，折成铅丝支架，绞合处不要松动。图中 4 代替颈椎插入头部，2 代替躯干椎插入尾部，1、3 代替下肢。安支架时，首先装入后肢支架，使 1、3 从胫跗关节处左内侧插入，由脚底部穿出，同时将 2 插入尾部腹面中央，再将两侧的胫骨固定于铅丝 1、3 上，缠上适当粗细和形状的棉花后，使皮肤还原（图 2-16）。

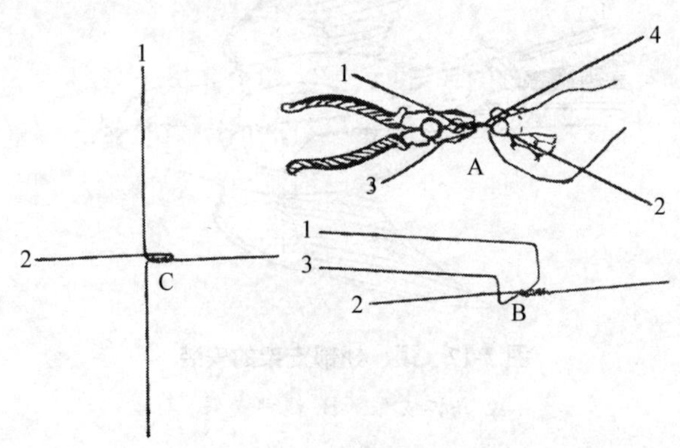

图 2-15　铅丝支架的制作过程

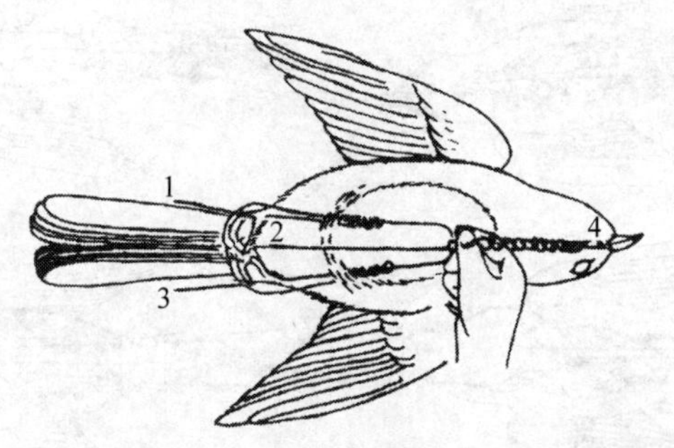

图 2-16　腿、尾支架的安装

尽量使 2、1、3 向后移，使 4 略弯曲后即可插入枕骨大孔内，直至上喙，用棉球将铅丝固定牢固，再将眼部和前肢按假剥制标本的方法填充好后，便可以将头部、颈部的皮还原。如果做展翅标本，翅部也应插入铅丝，以便支撑翅部和整形，并将翅部铅丝与躯体支架固定在一起（图 2-17）。

填充时，把已安装好铅丝支架的鸟皮仰卧于桌上，使头向左，胸腹向上，便可以按假剥制标本的填充方式和顺序进行填充（图 2-18）。

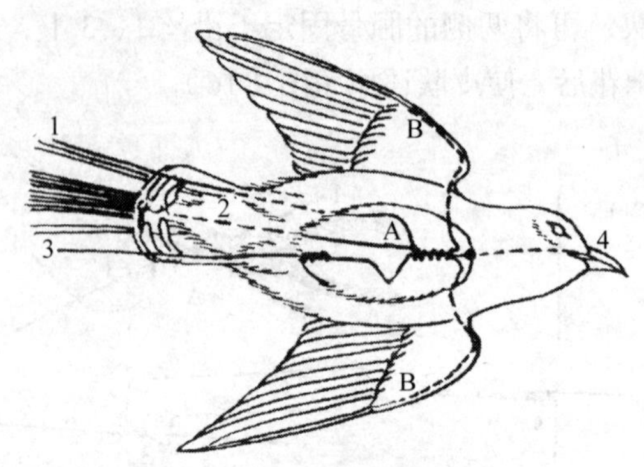

图 2-17　颈、翅部支架的安装

A. 鸟体支架　B. 翅部支架

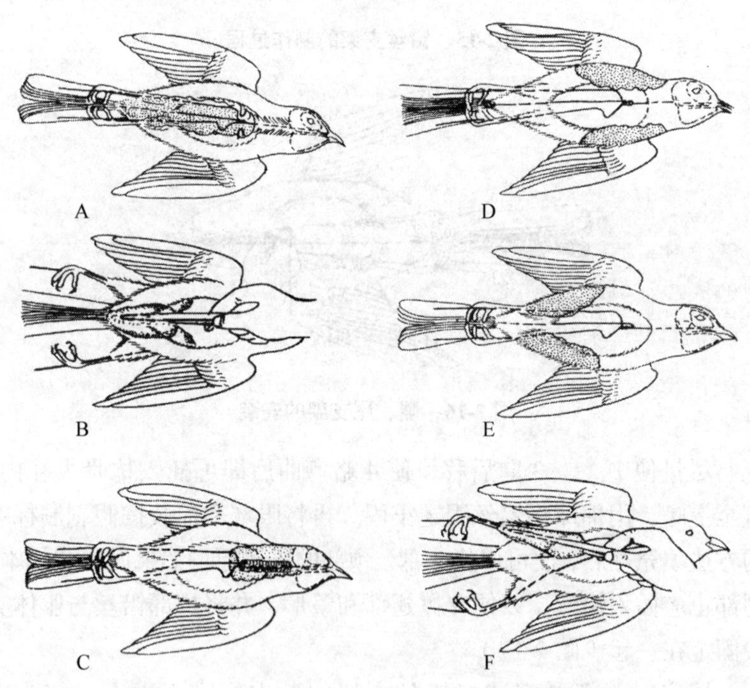

图 2-18　各部位的填充（A-F）

与假剥制标本不同的是，要根据姿态标本的造型要求，决定哪个地方多填或少填，后肢股部的肌肉要显露出来。所以，制作生态标本，其填充和整形往往同时进行。填充完后便可以缝合，一般中小型鸟类用民用缝合针线缝合即可，大型鸟类用医用针线缝合。缝合时应从刀口的前端向后端缝合，从皮的内面扎入，从外表面拔出，顺羽毛的长向牵拉，两侧交叉进行缝合，每针之间的距离一般根据鸟体大小而定，并非越密越好，线不要拉得太紧，最好保留胸腹部裸区的宽度，否则会影响羽毛的自然位置和美观（图 2-19）。

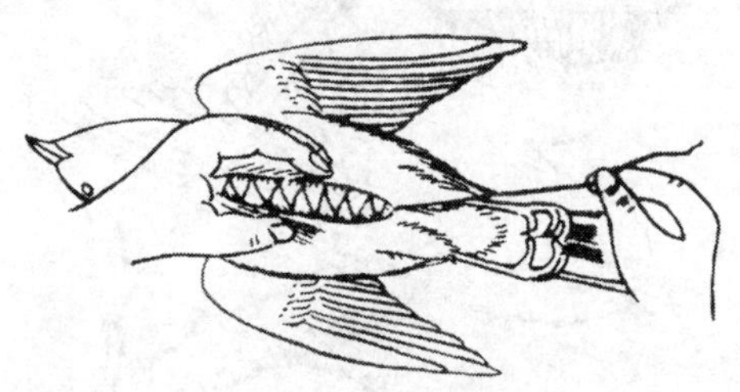

图 2-19　剖口线的缝合

整形

整形就是把已经填充好的标本，整理成某种自然姿态，并把羽毛整理齐，装入义眼等工序后，使其站立在树枝或标本台板上。义眼的大小和颜色要符合实际，树枝的造型要美观，台板的大小要适宜。整形是鸟类剥制标本制作过程中极为重要的一个环节，标本做得是否生动、逼真，和整形工作有着密切的关系（图 2-20）。如果是展翅标本，翅部羽毛需要固定，待干后取下固定件（图 2-21）。在整形过程中，胸、背、后颈的羽毛，由于鸟皮的来回翻动，常使

图 2-20　整形后的姿态标本

羽毛变得膨松，所以整形后应用薄的脱脂棉长片将标本缠绕加以固定，待干后取下固定件。

图 2-21　翅和尾羽的整形

2.2　动物野外观察和识别的一般方法

动物的野外观察和识别是从事生态学、区系分类学研究的基础，通过野外观察、记录、摄影、绘图以及对照有关图鉴和标本，就能利用视觉、听觉得到的信息借助相关仪器设备和分析软件开展相应的野外研究。例如，海滨动物活动在沙滩上留下的踪迹，昆虫的鸣叫声和蛀食植物茎叶的情况，蛙类特殊的鸣叫声，兽类的吼叫、活动发出的声响和行踪等，都可用来迅速确认动物的类群、种名，甚至年龄、性别等有关信息。现以鸟类为例，做简要介绍。

鸟类物种多样性丰富，形态特征在近缘种之间渐变，性别、成体和亚成体之间存在较大差异，识别到种有一定难度。只有亲身到鸟类栖息的环境中去认真观察，结合鸟类的栖息生境、习性和鸟的形态、行为特征进行综合判断，才能提高野外识别鸟种的能力和准确度，逐渐做到在野外区分鸟类生态类群，准确区分形态相似的近缘种。识别鸟类要遵循由简单到复杂、由熟悉到陌生的过程，循序渐进。首先从熟悉的、容易识别的鸟类入手，如与人类生活较为密切的鸟类有麻雀、喜鹊、大山雀、白鹡鸰、金翅雀、北红尾鸲等，在居民点经常可以看到，很容易遇见和识别。初学者就应该从识别这类鸟类开始，逐步积累识别经验，然后再把识别的鸟类种类扩展，在识别的过程中，把陌生鸟类与熟悉的鸟类作比较，既能增加识别的准确性，又有利于记忆。认识的鸟类种数越多，识别新种类就越容易，识别的准确性也越高。

2.2.1 形态特征识别

鸟类形态特征包括体形、嘴形、趾形、翅形、尾形、羽色等，在野外识别过程中迅速抓住容易观察到的特征最为重要。

2.2.1.1 体型和身体大小

识别依据包括体长、体重、形体特征等，如身体大小与麻雀相似的有家燕、大山雀、燕雀、金翅雀、朱雀、北红尾鸲、鹀类、鹨类等；与八哥相似的有灰椋鸟、斑鸫、黄鹂、戴胜、灰伯劳、灰背鸫、三宝鸟等；与喜鹊相似的有乌鸦、灰喜鹊、松鸦、山斑鸠、雀鹰、红隼和杜鹃等；与苍鹰相似的有凤头蜂鹰、白尾鹞、毛脚鵟、灰脸鵟鹰等；与鸡相似的有环颈雉、花尾榛鸡、斑翅山鹑、白骨顶等；与白鹭体形相似的有多种鹭类、燕鸻、鹬类等。身体各部分的相对比例，如鹬类的喙和头部，鹰隼和鸭雁类的头、体、尾的比例都可作为识别特征；环颈雉、杜鹃、白鹡鸰、喜鹊、灰喜鹊、寿带等均为长尾者；飞翔和静栖时鸟体各部的相对位置也不同。

2.2.1.2 嘴的形态

鸟类嘴形的特征与食性相适应，也是分类和识别的重要依据。嘴长而直的有鹤、鹳、鹭、沙锥、啄木鸟、翠鸟等；嘴长向下弯曲的如戴胜、杓鹬等；向上弯曲的如反嘴鹬；嘴强壮锥形的如锡嘴雀、蜡嘴雀、松雀、朱雀、鸦雀等；嘴形尖扁而阔的如夜鹰、鹟类等；

嘴形扁而长的如鸭雁类；嘴锐利带钩的如鹰、隼、雕、鸮、鹗、伯劳等；嘴型纤细的如柳莺、山雀和鹡鸰等。

2.2.1.3 后肢的形态和颜色

后肢的形态和颜色也可为野外识别提供依据，如后肢长短、相对于身体摆放位置和趾型等。后肢长的涉禽如鹭类、苇鳽、鹤类、鸻鹬类等的喙和颈也长；啄木鸟、夜鹰、杜鹃等攀禽的后肢短。飞翔时，鹤的后肢直伸向体后方；鹭的后肢伸向后下方；雁鸭类贴附于腹下。鹤与鹳后肢外形相似，但鹳具强大并与前趾位于同一水平面的后趾，适应于栖树，但鹤后趾退化且与前趾不在同一平面上，不能栖树。雁鸭类的足为蹼足，前三趾由蹼相连，且色彩多鲜艳。鸟类脚的颜色多变可作为分类识别的重要依据。

2.2.1.4 翅型和翅斑

鸟类的翅型有尖形、圆形、方形等类型。有些难以接近的飞翔中的鸟类，依据翅型特征可以初步分类和识别，如雁鸭类翼镜的有无、大小、形态和颜色各不相同。鹰类的翅通常短而宽，多是圆形，隼类的翅尖长，并且鹰隼类翼下斑纹明显不同。结合其他形态特征和季节分布规律，能将高空飞翔的猛禽区分开来。如红隼飞行中整翼内侧呈现灰白色，而红脚隼翼尖为黑色，通过该特征可以快速识别；普通鵟、大鵟和毛脚鵟翼内侧皆有清晰腕斑，可通过尾下端斑予以区别：普通鵟无端斑，毛脚鵟有深色次端斑而末端白，深色型大鵟有深色端斑（浅色型大鵟无端斑，但翅窗较大）。

2.2.1.5 尾型和斑纹

鸟尾有多种形态，可分为平尾、圆尾、凸尾、尖尾、凹尾、叉尾等诸多类型，对野外识别有重要作用，以至于有时凭一枚尾羽即能分辨到种。䴙䴘、鹌鹑、翠鸟、鹪鹩等的尾极不发达；雉、白腹锦鸡、红腹锦鸡、红嘴蓝鹊、寿带等的尾极长。鸥类多平尾，燕鸥为叉形尾；黑卷尾和发冠卷尾体色、体型和尾型（叉尾）相似，但外侧尾羽，前者只向外侧卷曲，后者向外背方弯曲；斑鸠尾端具弧形白带斑；

鸫科、鹡鸰科和鹟科鸟类两侧尾羽多白色或具白斑，便于野外观察识别。

翅型和尾型综合考虑对识别鸟类十分重要，如圆形翅的鹰类具叉形尾，是鸢的特征。家燕和雨燕的翅为尖形，但前者翅具明显的翼角，尾狭、深叉状；后者翼角不显，翅长镰刀状，尾阔、浅叉状。具有燕子样的翼角、有浅叉状尾的鸟类是沙燕或岩燕的特征。

2.2.1.6 羽色

羽色为显著的识别特征，但光照度、逆光、云雾、观察距离等会干扰对鸟类羽色的观察。云雾遮挡影响观察效果；晨昏、阴天或密林深处，光照度不够不易辨色；乌鸦、卷尾等单一黑色鸟类，近距离看羽毛闪着蓝、紫、绿等金属光泽；在强光下，中远距离（几十米）观察时，产生强烈白色反光效果，头或翅角有大型白斑块，容易产生错觉；逆光分辨不出鸟体颜色，应尽量顺光观察。在观察体色时，首先要注意鸟全身以什么颜色为主，然后快速准确地注意某一部位的颜色，并抓住最突出的几点特征，要特别注意头顶、眉纹、贯眼纹、眼周、翅斑、腰羽、尾端等处的羽色。因此，野外观察时，要注意上述情况的干扰，减少和避免不良环境带来的错觉。

天鹅、白鹭等几乎全为白色；鸬鹚、乌鸫、黑卷尾、灰椋鸟、乌鸦、红骨顶等几乎全为黑色；丹顶鹤、白鹳、黑鹳、凤头潜鸭、白翅浮鸥、斑啄木鸟、鹊鹞、喜鹊、家燕及白鹡鸰等黑白两种羽色相间。灰鹤、杜鹃、斑鸠及灰喜鹊、普通鳾等以灰色为主。白头鹤、白枕鹤、苍鹭、夜鹭、银鸥、红嘴鸥、燕鸥、白额燕鸥、灰山椒鸟等灰白羽色相嵌。普通翠鸟、红嘴蓝鹊、蓝歌鸲、蓝矶鸫、三宝鸟、蓝点颏等以蓝色为主。绿啄木鸟、凤头麦鸡、绣眼及柳莺等以绿色为主。黄斑苇鳽、大麻鳽、黄鹂、黄鹡鸰、金翅雀、黄雀、黄胸鹀等以黄色为主。池鹭、朱雀（雄）、北朱雀（雄）、红交嘴雀（雄）、松雀、红隼、红尾伯劳等以红色或锈红色为主。斑鸠、雁、鸭、鹰、隼、鸥、鹬、鸦以及云雀、画眉、苇莺等以褐色或棕色为主。

2.2.2 行为特征识别

鸟类行为不仅有类群的特异性，也有种的特征性行为，据此结合栖息环境即可进行野外鉴定。

2.2.2.1 飞翔及停落姿态

鸟类的飞行动作、停落姿态因种而异。除飞行曲线和体态外，振翅的频率、节奏、幅度等也是野外鉴别的主要特征。伯劳、翠鸟、鸭类、喜鹊、乌鸦等飞行平稳，路线近乎于一条直线；鹡鸰、鹀、燕雀及啄木鸟等飞行曲线呈波浪状、飞行有节奏，频次固定，啄木鸟飞行笨拙，有前纵感，绿啄木鸟为大波浪式，斑啄木鸟为小波浪式；燕子、雨燕等飞行迅速轻盈且常改变方向；百灵与云雀等垂直起飞与降落，在空中盘绕上升，并能悬停；灰山椒鸟、卷尾等常固定栖于枝头，当昆虫飞过便起飞兜圈捕捉后返回原处；鹰、隼、鹞、雕、山鸦等善于利用上升气流翱翔盘旋寻觅猎物，可长时间滑翔；鹤和鹭飞行时，振翅的程度以及颈和足的伸直和弯曲明显不同；天鹅、雁类及鹤等常列队飞行，根据列队类型可鉴定鸟群。隼和杜鹃体形、羽色相似，但停落在树枝上时隼的站姿笔直，杜鹃身体平俯。䴓、啄木鸟等攀缘鸟类中，䴓特有的动作是在树干上采用头朝下的攀缘姿势；啄木鸟在树干盘旋向上跳攀。山鹡鸰常顺着水平粗树枝行走，尾不停地左右摆动，动作慢而清楚，腰部好像也在扭动；北红尾鸲经常伏在树枝上，尾上下抖动，幅度小频率高；鹡鸰类多善于地面行走，尾上下摆动，幅度大，频率低；伯劳停落时常抖动尾羽，多上下摆动尾，动作慢而清楚，有时用尾羽做画圈样摇动；河乌、鹪鹩、秧鸡等常在山溪旁昂头翘尾站立。水禽在水面停落时，可根据体形大小、上体露出水面的情况，如头颈的长短，头颈、尾部与水面的角度等姿态区分种类。一般来说，越善于潜水的鸟，后肢越靠后，停落水面时身体后部露出水面部分越少，如鸬鹚、䴙䴘和天鹅、鸥及雁鸭类有明显的区别。

2.2.2.2 根据叫声识别鸟类

鸟类的集群、报警、个体识别、占区、求偶炫耀、交配等行为都伴有特定的鸣声，并存在种的特异性，许多行为过程是通过鸣叫行为完成的。特殊的鸣叫声给野外识别带来许多方便，但每种鸟类的鸣声常不是一种谱调，并存在性别、季节等差异，繁殖季节鸣声婉转响亮，雄鸟鸣声比雌鸟复杂多变。有些鸟类模仿其他鸟类，学得惟妙惟肖足以达到以假乱真的程度，又给鸟类野外识别带来极大的困难；此外，环境反射效果、风向的影响使有些声音无法听清。因此，需经过长期的训练和实践，才能熟悉鸟鸣的音频高低、节律和音色特点等，有时需尽力接近并看清观察对象，才能弄清楚确切的种类。

鸟类发声大致可分为 2 类：机械声和鸣声。机械声，如啄树声、翅及尾羽震动发声等。鸣声包括鸣叫和鸣啭。鸣叫，如领域防御、取食、集群、进攻、惊恐等行为模式伴随的叫声，非繁殖期鸣叫简单，繁殖期叫声响亮而复杂。鸣啭，如雌雄鸟的主歌、次歌和信号歌等。有的婉转多变，鸣啭韵律丰富，悠扬悦耳。例如，百灵、云雀、黄鹂、红歌鸲、蓝歌鸲、灰背鸫、白眉姬鹟、北红尾鸲、蜡嘴雀、朱雀及各种鹀类等多数雀形目鸟类，黄鹂还能发出如猫叫的声音。有的音节重复，清脆单调，如灰喜鹊、煤山雀等重复 1 个音节。白鹡鸰、山鹡鸰、黑卷尾等重复 2 个音节。戴胜、大山雀等重复 3 个音节。四声杜鹃等重复 4 个音节。有的尖细颤抖，多为小型鸟类飞翔时发出的叫声，叫声颤抖尖细拖长，如绣眼鸟、翠鸟等。有的粗厉嘶哑，鸣声单调、嘈杂、刺耳，如芦莺、绿啄木鸟、三宝鸟和伯劳等。

2.2.3 其他特征识别

鸟类的分布与栖息环境息息相关。为了降低野外工作的难度，增加识别判断的准确性，应先根据环境条件和行为特点判断主要的鸟类类群，如海洋鸟类、森林鸟类、草原鸟类、灌丛鸟类、水域鸟类、善飞鸟类、地栖鸟类等。然后根据上述野外识别的主要方法和原则进行观察，在野外仔细观察、记录，记录到的特征结合查阅本地鸟类调查报告，必要时可采集标本，并查阅鸟类分类检索表，对照彩色图谱，对比收藏标本，就能准确地识别、鉴定野外鸟类。

3　主要生境类型和代表动物

3.1　无脊椎动物部分

3.1.1　岩岸

包括以大块岩石或礁石为主构成的海岸基质。固着生活的动物和岩石缝隙间生活的动物，经常面临海浪的冲击，进化中形成坚实的外壳，或身体多为扁形，紧紧固着在岩石上生活。固着种类包括各种海绵、薮枝螅、绿海葵、条纹海葵、藤壶、牡蛎、酸浆贝、红条毛腹石鳖、函馆锉石鳖、朝鲜鳞带石鳖、皱纹盘鲍、嫁䗩、史氏背尖贝、拟帽贝、日本菊花螺、贻贝、偏顶蛤等。岩石的缝隙、孔穴是良好的隐蔽所，生活的动物有平角涡虫、厚涡虫、单齿螺、短滨螺、锈凹螺、丽口螺、海岸水虱、海盘车、海燕、海胆及各种蟹类等。

3.1.2　砾石岸

主要以砾石泥沙为基质，其间多为匍匐爬行种类、钻沙埋居种类，如石鳖、矮拟帽贝、寇氏拟帽贝、寄居蟹、菲律宾蛤仔、海绵、条纹海葵、黄海葵、涡虫、牡蛎、近方蟹等。

3.1.3　沙岸、泥沙岸

沙岸是指细沙构成的海岸，泥沙岸是沙多泥少或泥沙各半的海滩。泥沙中隐居生活的种类有海葵、海仙人掌、沙蚕、星虫、中国蛤蜊、四角蛤蜊、泥蚶、毛蚶、青蛤、镜蛤、樱蛤、文蛤、西施舌、竹蛏、海胆、海豆芽、海老鼠等，退潮后泥沙中的孔穴中还藏有虾蛄、哈氏美人虾等穴居游泳动物。沙面爬行的动物有泥螺、纵肋织纹螺、红带织纹螺、滩栖螺、托氏蜎螺、豆形拳蟹、关公蟹、近方蟹、寄居蟹、海盘车等。

3.1.4 河口

指河流的入海口，由河流开始采集水样，逐渐到海，水样盐度逐渐加大，分布的物种也在不断变化。以秦皇岛石河河口为例，依次可见滩栖螺、条纹海葵、绒毛近方蟹、天津厚蟹、牡蛎、寄居蟹、菲律宾蛤仔、沙蚕、渤海鸭嘴蛤、沙栖蛤、橄榄血蛤、痕掌沙蟹、宽身大眼蟹、霍氏三强蟹、托氏蜎螺、扁玉螺、中国蛤蜊、文蛤、毛蚶、凸镜蛤、九州长斧蛤、日本蟳等。

此外，在各种生境中还广泛分布着营游泳生活和漂浮生活的动物，代表性的有虾蛄、红线黎明蟹、日本蟳、短脊鼓虾、哈氏美人虾、夜光虫、海月水母、钩手水母、甲形海洋水母、海蜇、乌贼、短蛸等。

3.2 脊椎动物部分

3.2.1 森林

森林是北方生物多样性最为丰富的生境类型，分布着丰富的脊椎动物物种，并拥有较多的个体数量。代表种类：森林溪流中的中华秋沙鸭、绿鹭、斑嘴鸭、鸳鸯、褐河乌、矶鹬、白鹡鸰、灰鹡鸰、普通翠鸟等；天然林中的大杜鹃、小杜鹃、四声杜鹃、中杜鹃、三宝鸟、戴胜、黑枕黄鹂、短翅树莺、巨嘴柳莺、黄腰柳莺、淡脚柳莺、红胁绣眼鸟、红胁蓝尾鸲、蓝歌鸲、北红尾鸲、大山雀、沼泽山雀、煤山雀、褐头山雀、松鸦、喜鹊、红隼、红脚隼、燕隼、乌鸦、灰背鸫、白腹鸫、蓝矶鸫、蓝头矶鸫、金翅雀、灰椋鸟、白眉[姬]鹟、白腹蓝[姬]鹟、乌鹟、北灰鹟、红喉[姬]鹟、鸲[姬]鹟、红尾伯劳、虎纹伯劳、黑尾蜡嘴雀、太平鸟、小太平鸟、灰腹灰雀、红腹灰雀、白腰朱顶雀、北朱雀、交嘴雀、普通朱雀、绿啄木鸟、大斑啄木鸟、小斑啄木鸟、白背啄木鸟、树鹨、普通䴓、黑头䴓、三趾啄木鸟、白腰雨燕、领岩鹨、斑翅山鹑、棕眉山岩鹨及多种鹀类等；人工林中的黑头蜡嘴雀、黑尾蜡嘴雀、红尾伯劳、牛头伯劳、红隼、燕隼、红脚隼、普通鵟、喜鹊、灰喜鹊、山斑鸠、黑枕黄鹂、攀雀、山鹛、白腰朱顶雀、灰头鹀、三道眉草鹀、柳莺等。

森林中常见的其他脊椎动物有狍子、野猪、赤狐、黄鼬、东北兔、松鼠、花鼠、大林姬鼠、黑线姬鼠、仓鼠、棕黑锦蛇、虎斑游蛇、黄脊游蛇、乌苏里蝮、丽斑麻蜥、中国林蛙、黑龙江林蛙、无斑雨蛙等。目前，陆栖脊椎动物，除鸟类外，其他脊椎动物种类和数量很少，所以在其他生境中就不再叙述。

3.2.2 草原荒漠

该类生境主要分布在吉林省西部，在我国动物地理区划上属蒙新区东部草原亚区，该生境开阔、地势平坦，缺少木本植物，加之昼夜温差大，降水量少并多风，因此分布在该生境中的鸟类较少。代表性的种类有大鸨、普通燕鸻、短趾沙百灵、蒙古百灵、云雀、铁爪鹀、毛腿沙鸡、栗斑腹鹀、凤头麦鸡、大杜鹃、金雕、草原雕等。

3.2.3 农田草地

分布于该生境中的鸟类因农作物的类型以及农田边缘的树木和草地的有无、多寡的变化而不同。常见种类有灰椋鸟、喜鹊、黑喉石䳭、白鹡鸰、灰鹡鸰、田鹨、红尾伯劳、云雀、鹌鹑、斑翅山鹑、环颈雉、麻雀、家燕、金腰燕、黑眉苇莺、芦莺、乌鸦、山斑鸠、戴胜、麦鸡等。

3.2.4 居民点

此生境由于人类活动影响较大，而且缺乏各种鸟类的营巢条件，因此分布于居民点的鸟类种类相当单纯，但数量较大，主要是一些以人类住宅和其他建筑物为营巢环境，或从人类废弃物中获得食物的种类，如 [树] 麻雀、家燕、金腰燕、长耳鸮、纵纹腹小鸮等。在山区居民点，也常见灰鹡鸰、白鹡鸰、大山雀、北红尾鸲、红隼等在房檐和墙壁缝中营巢。在房前屋后的树上和草丛中，有时也分布有乌鸦、喜鹊、红尾伯劳、攀雀、红脚隼、红隼、长耳鸮等鸟类。有时也见沼泽山雀、银喉长尾山雀、普通䴓、金翅雀、灰椋鸟、黑尾蜡嘴雀、锡嘴雀、黄雀、白腰朱顶雀、太平鸟等到居民点活动或取食。

3.2.5 溪流、水域和沼泽

主要指江河、湖泊、水库、溪流、沼泽湿地等一切有水的环境，不管分布面积的大小，这类环境分布比较广泛，其中分布的鸟类种类和数量也较大。常见种类有小䴙䴘、绿头鸭、斑嘴鸭、鸳鸯、普通秋沙鸭、凤头潜鸭、鸿雁、豆雁、须浮鸥、普通燕鸥、普通翠鸟、褐河乌、白鹡鸰、灰鹡鸰、黄鹡鸰、水鹨、矶鹬、林鹬、白腰草鹬、白腰勺鹬、鸻鹬、金眶鸻、绿鹭、苍鹭、草鹭、夜鹭、白骨顶、黑水鸡、凤头麦鸡、丹顶鹤、蓑羽鹤、东方白鹳、大苇莺、黑眉苇莺、白尾鹞、黄胸鹀、赤胸鹀、芦鹀、苇鹀、环颈雉等。其中丹顶鹤、东方白鹳、蓑羽鹤等仅在向海、莫莫格等自然保护区常见。

3.2.6 林缘灌丛

指森林边缘或森林植被被砍伐后萌生的次生杨桦林和灌丛，由于相邻林木茂密，林下植物丰富，灌木杂草丛生，四周环境开阔，透光度好，因而分布的鸟类种类和数量都比较多，充分体现了群落的边缘效应。常见种类有短翅树莺、巨嘴柳莺、红尾伯劳、灰头鹀、小鹀、黄喉鹀、黄眉鹀、三道眉草鹀、黑头蜡嘴雀、大山雀、红胁蓝尾鸲、红喉歌鸲、蓝喉歌鸲、蓝歌鸲、红尾歌鸲、蚁䴕、沙锥、斑鸫、戴胜、灰喜鹊、棕头鸦雀等。

4 海滨无脊椎动物实习

4.1 东北高校的主要实习地点介绍

4.1.1 大连海滨

大连毗邻黄海、渤海，生境多样，物种丰富，为无脊椎动物实习的理想场所。黄海多岩石海岸，渤海多沙滩和泥沙滩。港湾曲折蜿蜒，波微浪轻，适于动物栖息和繁殖，海产无脊椎动物的种类和数量都很丰富。主要采集点介绍如下：

石槽村 位于老虎滩东南岩石海岸，退潮后露出石滩与水沟，海藻丛生，刺参、海燕和海胆等棘皮动物栖息于海藻基部。在水沟石块下有涡虫爬行，各种螺类和蛤类十分丰富。

老虎滩 位于大连火车站东南，为著名的旅游景点，渔港南部防波堤的外侧和西南方为岩石岸，退潮后，潮间带海藻间有各种螺、蛤类和棘皮动物；在防波堤外侧的岩滩处有较罕见的钻岩蛤。

傅家庄 位于疗养院南面海滨，海水浴场在西南方，退潮后，在潮间带露出大块岩石，在岩石下方有大量刺参。西南角为岩滩，其中有各种螺类和蛤类。东南角悬崖下的石滩上，丛生海藻，在海藻间有大量腔肠动物，如钩手水母、喇叭水母、十字水母等。在悬崖上有各种螺类。

黑石礁 位于黑石礁车站的西南方。退潮后礁石林立，在石隙间积水处，栖息着各种无脊椎动物，如水螅、纽虫、扁虫、环虫、各种螺蛤及虾蟹等。退潮后，在混有砾石的泥滩上留有大量小孔穴，里面躲藏着许多虾蛄，可以用小毛刷钓取。

双台沟 位于渤海东南岸，旅顺北路汽车站的北侧。退潮后，潮间带的上带为泥沙滩，下带为沙滩。滩涂表面有爬行的螺类、蟹类和棘皮动物；海水中有游泳的甲型海洋水母、钩手水母；泥沙中埋栖的有蛤类、环虫和甲壳动物。

4.1.2 秦皇岛海滨

秦皇岛市位于河北省东北部，南临渤海湾，具有较长的海岸线。秦皇岛市的气候类型属于暖温带半湿润大陆性季风气候。秦皇岛市位于燕山山脉东段丘陵地区与山前平原地带，地势北高南低，形成北部山区、低山丘陵区、山间盆地区、冲积平原区、沿海区这样的地形格局。沿海实习地点具有地势平坦、生境多样、种类丰富、单种密度大的特点，加之交通便利，为海滨动物实习的理想场所。同时，河口湿地还有种类和数量皆丰的两栖类和鸟类等脊椎动物，更适合仅安排一次动物学野外实习的学校选择作为实习场所。主要采集点有：

山海关老龙头 位于山海关城南 5 公里的临海高地上，自身形成半岛并伸入渤海之中，是长城入海处，也是长城的尾点。此处地势多起伏，具有较大面积的岩岸，退潮后露出岩石滩和沙滩，海藻丰富。常见无脊椎动物有海盘车、日本蟳、肉球近方蟹、海岸水虱以及各种螺类和蛤类。

山海关石河河口 位于山海关以西滨海大道南侧，为石河入海处。采集可由石河大桥处开始，沿石河至入海口处动物分布呈现较明显的规律，依次可见滩栖螺、条纹海葵、绒毛近方蟹、沙蚕、牡蛎、菲律宾蛤仔、沙栖蛤、渤海鸭嘴蛤、红线黎明蟹、痕掌沙蟹、宽身大眼蟹、青蛤、橄榄血蛤等无脊椎动物种类。此环境随水体盐度的变化，动物种类和数量也呈现明显的规律变化，无论是采集标本，还是开展研究，这里都是理想的场所。

北戴河鸽子窝 位于北戴河海滨风景区东部，海岸由部分岩岸和较大面积的沙岸构成，底质类型多有变化，包括岩岸、礁石岸、沙岸、泥沙岸。其中包括较大面积的河口生境，为动物学野外实习的理想场所。采集可从鸽子窝公园处的礁石岸开始，沿海岸向东采集，依次可见海燕、罗氏海盘车、海星、海胆、刺海参、蛇尾等多种棘皮动物及海月水母、钩手水母、海仙人掌等腔肠动物，沙滩中还可采到腕足动物海豆芽、螺蛤类及各种环虫。

4.2 涉及的海洋知识

4.2.1 我国海域

我国海疆非常辽阔，位于太平洋西部、亚洲大陆的东部，是太平洋的一部分。按地理位置和自然条件的不同，可划分为黄海、渤海、东海和南海。

渤海 为我国北方的一个内海。面积大约为 7.7 万平方千米，水浅，平均深度仅 18 米，最大深度 70 米。以渤海海峡（由山东蓬莱角到辽东半岛尖端老铁山一线）与黄海分界。

黄海 出了渤海海峡便进入黄海，它以长江口到济州岛一线与东海分界。中间以山东半岛东端到朝鲜长山串一线为界，又把黄海划分为南北两部分，分别称为南黄海和北黄海。黄海总面积大约 38 万平方千米，平均深度 44 米，最大深度在济州岛以北，可超过 140 米。

东海 由黄海再向东南，过了长江口就是一望无际的东海了。东海南至台湾海峡，东面通过琉球群岛与太平洋海水连成一片。面积达 77 万平方千米，平均深度为 370 米，最大深度在八重山群岛以北，为 2719 米。

南海 处于中国大陆以南，它的北界是台湾海峡，西面是印度支那半岛，东面和南面通过巴士海峡、苏禄海和爪哇海连着大洋。面积辽阔，大约为 350 万平方千米，等于渤海、黄海、东海总面积的 3 倍。平均深度 1212 米，最大深度在菲律宾附近，达 5559 米。

通常所说的北方沿海，即指渤海和黄海。

4.2.2 潮汐活动规律

潮汐 就是海水的一种有规律的、周期性的升降（或涨落）运动。凡是到过海边的人都会发现，有时候海水涨到了岸边，一望无际的海面上，滚动着万顷波涛，船只往来如梭，大轮船昂然驶进海港；有时候海水却退到了离岸很远的地方，大片的泥滩、沙滩或岩石露出水面，男女老幼卷着裤腿在海滩上忙碌着，有的挖蚬子，有的拣海螺，有的捉螃蟹。海水周期性的涨落就是众所周知的潮汐现象。下面介绍一些与海滨动物采集有关的潮汐知识。

（1）涨潮：从某个时刻开始，海水水位（也称潮位）不断地向上涨，这个过程称为“涨潮”。

（2）高潮：海水上涨到了最高限度，就是“高潮”。

（3）平潮（满潮）：高潮的时候，在一个短时间内，出现海水不涨也不落的现象，称为“平潮”（平潮的时间，各个地方长短不一，由几分钟到几十分钟，以至几小时不等。）

（4）高潮时：平潮的中间时刻，称作“高潮时”。

（5）高潮高：高潮时的潮高，叫作“高潮高”，以平潮时刻的潮位高度表示。

（6）落潮：平潮过后，海水慢慢地下落，后来愈落愈快，这个过程称为“落潮”。

（7）低潮：海水下落到了最低限度，就是“低潮”。

（8）停潮：低潮的时候，与高潮的情况类同，在一个短时间内，海水出现暂时不落也不涨的现象，叫作“停潮”。

（9）低潮时：停潮的中间时刻，称为“低潮时”。

（10）低潮高：低潮时的潮高，叫作“低潮高”，以停潮时刻的潮位高度表示。

（11）落潮时：从高潮时到低潮时的时间间隔，叫“落潮时”。

（12）涨潮时：从低潮时到高潮时的时间间隔，叫“涨潮时”。

（13）潮差：高潮与低潮的潮位高度之差，称为“潮差”。

潮汐的产生 根据长时期大量的观测，人们发现潮汐的涨落现象平均以 24 小时 50 分钟为一个周期。这与产生潮汐的原因有直接的关系。潮汐是由于月亮和太阳对地球相互吸引而产生的。因为月亮离地球近，所以月亮的吸引力是产生潮汐的主要力量。在地球自转的同时，月亮也在绕地球公转，地球自转一周需 24 小时，月亮公转一周需 27.3 天，即每 24 小时转过约 13°，所以当地球在公转轨道上自转一周后，还需多转 13° ，才能在原来某一点上对着月亮。地球自转 13° 大约需要 50 分钟，如果你留心观察也会发现，每天晚上月亮出现的时刻，总是比前一天大约落后 50 分钟。所以，地球上某一地区的涨落潮时间，每天总是比前一天推迟大约 50 分钟。以上是潮汐产生的一般原理，而实际过程要比这复杂得多。

潮汐的类型 主要根据潮汐涨落时间间隔的不同，可以把潮汐分为若干个类型——规则的或不规则的，半日的、全日的或由气候特点形成的混合潮等。我国黄、渤海地区以半日潮为主，即半天（12 小时又 25 分钟）出现一次高潮和一次低潮。如大连、塘沽、烟台、青岛、连云港等。南海一些区域（如北部湾、海南岛、西沙群岛等地）为全日潮，即一天（24 小时又 50 分钟）内出现一次高潮和一次低潮。还有些地区为混合潮，即有些日子出现两次潮，有些日子出现一次潮，如河北省的秦皇岛、北戴河，山东省的高角。

潮汐的大小 潮水的涨落大小可用潮差表示。潮差每天在变化，一般有半个月的周期，即半个月有一次大潮、一次小潮，而一个月将出现两次大潮和两次小潮。大潮与小潮的潮差不同，高度可差到几米。沿海渔民都知道，潮汐的变化与“月相”有密切关系。新月（农历的月初时）和满月（农历的月半时）时潮水涨得特别高，落得特别低，即朔望大潮，就是通常所说的“初一十五涨大潮”，是出海捕鱼的好时机；而在上弦（阴历初七、八）和下弦（阴历二十二、二十三）时，潮水涨得不高，落得也不低，称为小潮，此时不利于赶海和捕鱼。但因海水黏滞性和海底地形高低的不同、海水深浅不一等因素的影响，使得海水在水平引潮力作用下，流动时遇到很大的摩擦力，所以大潮发生时间往往不在朔望（农历初一和十五），而大都发生在初二、三和十七、十八（或更迟）。同理，小潮发生时间也会推迟两三天。潮汐的大小，除每天有少许差异和一个月有大、小各两次潮外，在全年内，不同月份和不同季节也有差异。在冬至前后，因地球离太阳较近，所以潮汐较大；夏至前后，地球离太阳较远，潮汐也较小。

我们到海滨采集标本的时间是低潮时，在露出的大片海滩上或礁石上进行，因此，只有选择最有利的季节和最有利的日期（即大潮时间，潮水退得越低越好），才能使采集工作收到满意的效果。

潮汐的计算 潮汐的规律是完全可以掌握的，并且我们按着它的规律，可以推算出什么时候涨潮，什么时候落潮。掌握采集地点潮水涨落的时间，是我们顺利完成海滨动物采集任务的前提条件之一。虽然我们已经知道潮水每天都在有规律地涨落，但沿海各地潮水涨落的时间各有不同。因此，我们必须掌握采集地点潮水涨落的时间。否则，当你兴致勃勃地到海滨采集时，可能正是满潮。面对一望无际的大海，就只能望洋兴叹了！

这里介绍两个常用的简单公式：

农历上半月某一天的高潮时:（农历日数 −1）×0.8 + 高潮间隙常数

农历下半月某一天的高潮时:（农历日数 −16）×0.8 + 高潮间隙常数

“高潮间隙常数”或称平均高潮间隙，简称潮汐常数，即某海岸或港口农历初一和十六的第一次高潮时（一定的港口，这一常数是固定的，可以从中央气象局编的“潮汐表”中查得）。

为了更准确地预报潮汐，尤其到那些潮汐不规则的地区或港口去采集时，最好能到有关部门参看一下潮汐表。在潮汐表上就可以准确地查到我国主要港口任意一天的潮时和潮高。

4.2.3 潮间带的划分

大潮的涨潮线和大潮的退潮线之间的区域为潮间带。大潮涨潮线与小潮涨潮线之间为上带；小潮涨潮线与小潮退潮线之间为中带；小潮退潮线与大潮退潮线之间为下带。

上带每月只在两次大潮时被海水淹没，其余时间均露于空气中，与陆地环境相近似，因此这里的动物在形态上均有保护性的结构，如硬壳等，并具有较强的耐缺水能力。中带每天有两次被海水淹没，受海浪影响较大，动物种类多：有的生活在岩礁上；有的穴居于泥沙中，或匍匐于泥沙表面；也有的附着在水中植物上。下带每月在两次大潮时才能露于空气中，其余时间均为海水淹没，所以这一区域基本上是海洋环境，动物种类和数量最多，是海滨底栖动物实习的好地方。

在海滨进行无脊椎动物实习时，最好选择大潮期低潮时，此时潮间带的下带露于空气中，这里动物种类多，数量也多，采集时会收到良好的效果。

4.3 北方海滨常见无脊椎动物

4.3.1 多孔动物门（Porifera）

海绵的水沟系模式图见图 s-1。

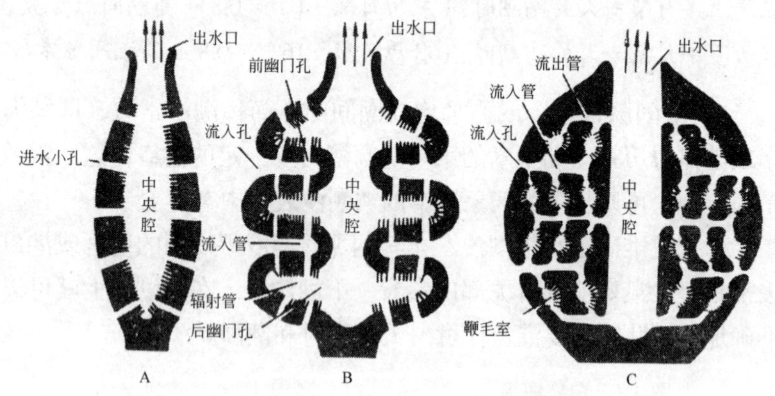

图 s-1 海绵的水沟系（仿赵汝翼）

A. 单沟型；B. 双沟型；C. 复沟型

白枝海绵（*Leucosolenia* sp.）（图 4-1）

体柔软，形态不规则，呈分枝状或网状。每个分枝呈圆筒形，长约 15~30 毫米。出水口直径约 1 毫米，内通中央腔。体表具许多进水小孔。体壁内具钙质单轴骨针，生活时呈淡黄褐色。固着于潮间带岩岸海水中的藻类、岩石或贝壳上，常与筒螅等杂生在一起。群体连成一片，易于识别。在我国目前仅见于黄海，如在大连的黑石礁、小平岛等地即可采到。

日本矶海绵（*Reniera japonica*）（图 4-2）

群体呈不规则的山形，故又称山形海绵。身体柔软，表面有许多管状或丘形突起。突起的顶端有 1 孔，形如火山口，为出水口，口直径约 0.8~2 毫米。各出水口间的距离为 8~31 毫米不等。流入孔很细密。体高为 13~75 毫米。体表大骨针为杆状，两端尖或圆，或一端尖一端圆。生活时为赤橙色或橙黄色，颇为鲜艳。

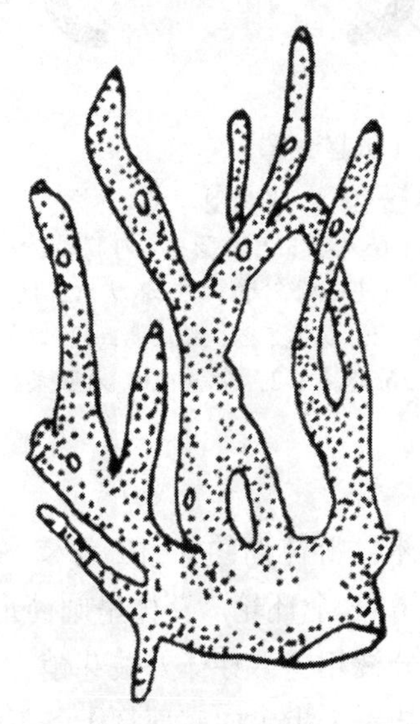

图 4-1 白枝海绵

（仿赵汝翼）

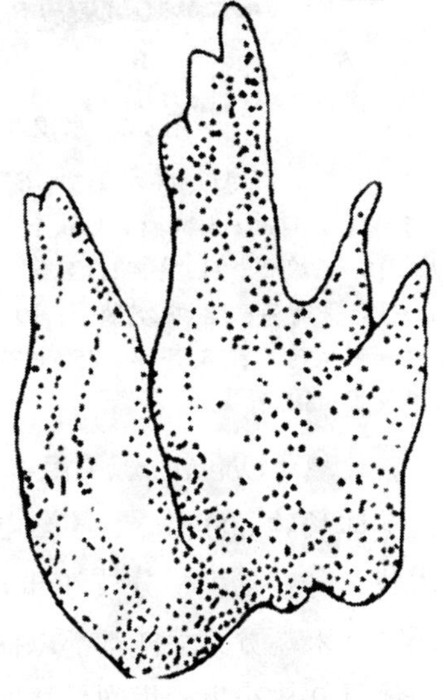

图 4-2 日本矶海绵

（仿赵汝翼）

生活于低潮线附近的岩礁上。在大连、旅顺、锦西、兴城、秦皇岛、北戴河、烟台、青岛等地均可采到。

4.3.2 腔肠动物门（Coelenterate）

4.3.2.1 水螅纲（Hydrozoa）

水螅纲的结构模式图见图 s-2。

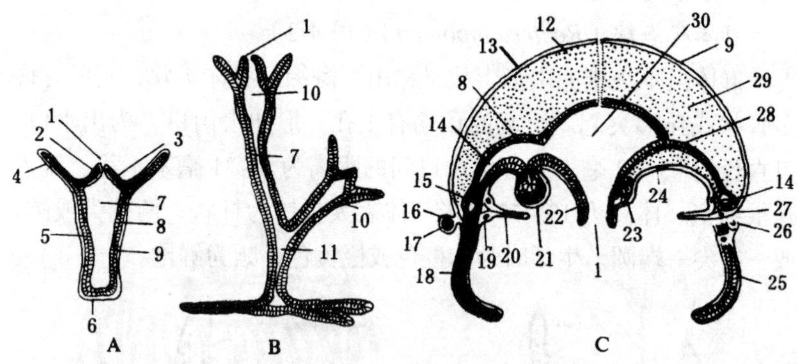

图 s-2 水螅纲模式图（仿赵汝翼）

A. 单体水螅型；B. 群体水螅型；C. 水母型

1. 口；2. 口丘；3. 口盘；4. 触手；5. 柱部；6. 足盘；7. 腔肠；8. 内胚层；9. 外胚层；10. 水螅体；11. 共肉；12. 伞；13. 外伞；14. 放射管；15. 环状管；16. 平衡器；17. 平衡石；18. 中空触手；19. 神经环；20. 缘膜；21. 生殖巢；22. 口柄；23. 口柄上生殖巢；24. 下伞；25. 中实触手；26. 眼点；27. 伞缘；28. 内胚层板；29. 中胶层；30. 胃

薮枝螅（*Obelia sp.*）（图 4-3）

芽体长约 600 微米，宽约 220 微米。群体高约 6~10 毫米，呈灌木状，分枝稀少，分枝基部上方具 6~8 个环轮。芽体呈圆筒形，基部窄，末端宽。芽体基部以横隔与分枝相连，芽体外被芽鞘。芽鞘边缘具 9 枚小齿，齿间呈浅凹形，从每个齿尖向基部具 1 条不明显的纵行条纹。

生活于低潮区以下浅海一带，以螅根固着于岩石、贝壳或其他固体物上。分布于辽宁的大连（老虎滩码头、石槽村）。

钩手水母（*Gonionemus depressum*）（图 4-4）

伞直径约 14 毫米，高约 7 毫米，体呈透明的半球形。上伞隆起，下伞内凹，中央具短而粗的口柄，口柄末端具 4 片三角形口唇，中间具口，内通胃腔。从胃腔向外围伸出 4 条辐管，与伞缘环管相通。伞的边缘具长短不等的触手约 40~50 条，每条触手近末端具附着细胞，此处略弯曲。生殖腺发达，位于辐管下方。缘膜发达。生活时伞呈乳白色，口柄、生殖腺及触手基部为淡褐色，口瓣为乳白色。

栖息于岩岸海藻间，在我国北方，每年 7 月中下旬大量出现。可见于辽宁的大连（傅家庄、石槽村）与河北秦皇岛的鸽子窝等地。

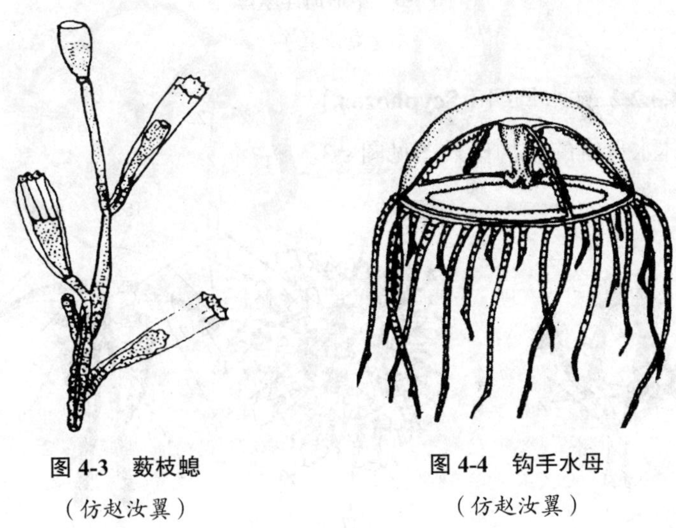

图 4-3　薮枝螅
（仿赵汝翼）

图 4-4　钩手水母
（仿赵汝翼）

甲形海洋水母（*Oceania armata*）（图 4-5）

伞直径约 6 毫米，伞高约 7 毫米，呈倒置水桶形。伞顶部中胶层较厚，平而窄，边缘中胶层渐薄且宽大。下伞中央具短粗的口柄，末端具 4 个片状口唇，中央具口，内通胃腔。胃腔通连 4 条窄的辐管，与伞缘环管相通。伞缘具许多触手，能收缩成螺旋形，伸展成细丝状，密集排列。触手基部内侧具眼点。生殖腺位于口柄内。缘膜发达。

生活时口柄鲜红色，口唇紫红色，触手基部红色，眼点深红色。每年 7 月下旬至 8 月上旬，在大连沿海大批出现。

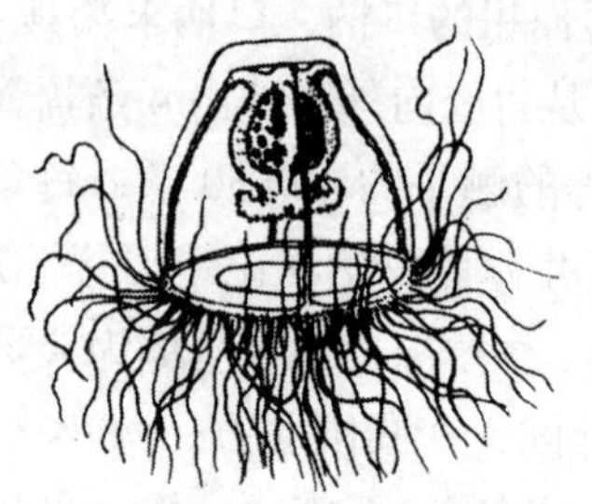

图 4-5　甲形海洋水母

（仿赵汝翼）

4.3.2.2 钵水母纲（Scyphozoa）

钵水母纲的结构模式图见图 s-3。

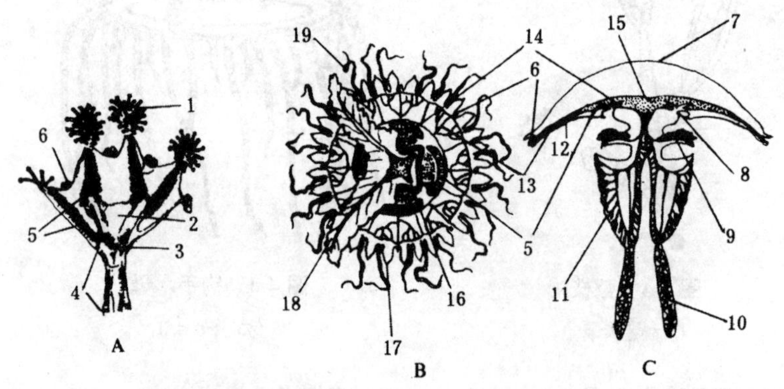

图 s-3　钵水母纲模式图（仿赵汝翼）

A. 十字水母目；B. 旗口亚目；C. 根口亚目

1. 触手群；2. 口柄；3. 胃丝；4. 柄部；5. 生殖腺；6. 感觉器；7. 上伞；8. 生殖腺下腔；9. 肩板；10. 棒状附属器；11. 吸口；12. 下伞；13. 辐管；14. 胃丝；15. 中央胃腔；16. 口；17. 缘瓣；18. 口腕；19. 触手

海蜇（*Rhopilema esculentum*）（图 4-6）

伞直径达 700 毫米，呈半球形。上伞隆起，中胶层发达；下伞较薄，边缘具发达环肌，能收缩产生运动。下伞向内凹陷，中央具

8个肩板及8个口腕。每个口腕又各分为3翼，各肩板及翼的边缘具褶壁及长丝，还有吸口和外界相通。伞的边缘具8个缺刻，每两个缺刻间各有20个缘瓣。生殖腺呈马蹄形，位于间辐处。生活时伞部呈淡蓝色，口腕呈乳白色，生殖腺与附属器呈淡红紫色。

每年8月出现，可见于辽宁的大连老虎滩、河北的北戴河等地。

海月水母（*Aurelia aurita*）（图4-7）

伞直径约为150毫米，最大可达300毫米，呈圆盘状，为大形无缘膜水母。上伞平滑，下伞中央具方形口。从口角伸出4条成褶襞状口腕，为主辐位置；4个马蹄形生殖腺位于口外侧，为间辐位置。其下方各具1生殖腺下腔，与生殖腺并不通连。口向内通胃腔，从胃腔向伞缘分发出16条辐管。其中主辐管和间辐管各4条，均具二次分枝；另外有从辐管8条，位于主辐管和间辐管之间，不分枝。生活时伞为透明的灰白色或淡青色，中胶层较厚，生殖腺呈褐色或紫褐色。

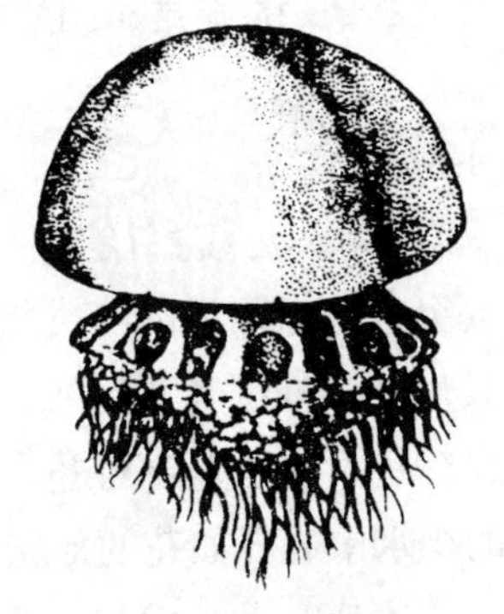

图4-6　海蜇

（仿赵汝翼）

图4-7　海月水母

（仿赵汝翼）

每年7、8月间出现。见于辽宁大连的石槽村、傅家庄和河北秦皇岛的鸽子窝等地。

4.3.2.3 珊瑚纲（Anthozoa）

珊瑚纲结构模式图见图s-4。

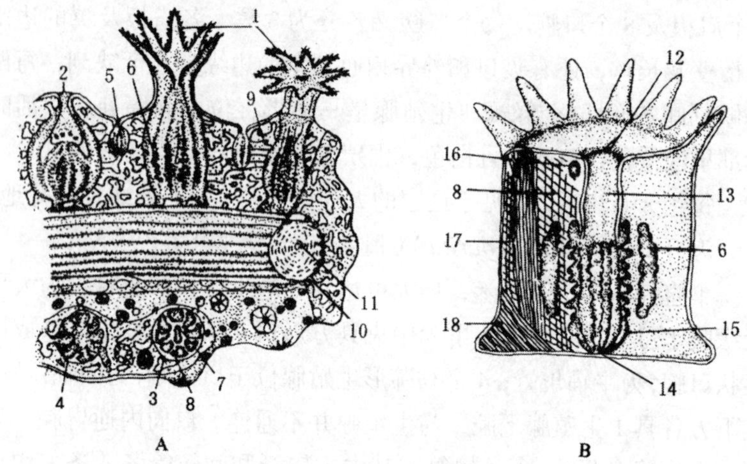

图 s-4　珊瑚纲模式图（仿赵汝翼）

A. 八放珊瑚亚纲；B. 六放珊瑚亚纲

1. 独立个体；2. 独立个体收缩状；3. 胃腔上半部横切；4. 胃腔下半部横切；5. 管状个体；6. 生殖腺；7. 口道沟；8. 隔膜；9. 共肉中的管系；10. 围骨轴的茎管；11. 骨轴；12. 口；13. 口道；14. 基盘；15. 隔膜丝；16. 隔膜孔；17. 肌旗；18. 壁肌

绿海葵（*Sagartia leucolena*）（图 4-8）

体长 20~30 毫米，口盘直径 15~20 毫米，足盘直径 20~25 毫米，呈圆筒形。体壁表面有许多纵行疣突，口盘附近的疣突粗大而显著，朝向足盘疣突渐小。口盘中央具口，口外围具放射线，口盘边缘环生 4 列触手。口缘淡红色，口盘绿色，触手基部红色，末端绿色，体壁为鲜绿色。退潮后在石隙的积水中展开如花的形状。

可见于辽宁大连老虎滩、黑石礁、傅家庄、龙王塘与河北秦皇岛的老龙头、石河河口、鸽子窝等地。

黄海葵（*Anthopleura xanthogrammica*）（图 4-9）

体长 30~50 毫米，口盘直径 30~60 毫米，在自然环境中伸长可达 90 毫米，呈长圆筒形。口为长裂缝状，位于口盘中央。口缘部具辐射条纹，口盘边缘环生 4 列触手。体表平滑，上部较宽，下部较窄，足盘部扩展。生活时口盘为灰褐色，触手为灰褐色具白斑，体表上半部为灰绿色，下半部为黄褐色。

用足盘固着于泥沙中的贝壳或石块上，营埋栖生活。当潮水退落时，触手伸展与泥沙表面平行，呈一圆形痕迹，若受刺激，则缩入沙中。可见于辽宁大连的夏家河子、营城子、双台沟等地。

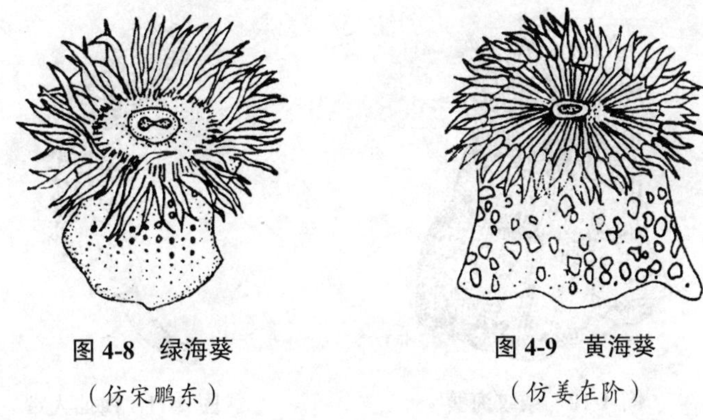

图 4-8 绿海葵
（仿宋鹏东）

图 4-9 黄海葵
（仿姜在阶）

条纹海葵（*Haliplanella luciae*）（图 4-10）

体长 20~30 毫米，口盘直径 15~20 毫米，足盘直径 20~25 毫米，呈小柱状。口为长裂缝状，位于口盘中央。触手短小，环生于口盘边缘。体表光滑，无疣突，具纵行条纹。条纹的数量和颜色随环境不同略有差异，多数为 12 条，呈橙黄色。以足盘固着于岩石或贝壳上。

生活时触手为灰褐色，口盘为褐色，放射条纹为黄色，口缘淡红色，体壁暗绿色，条纹为橙黄色或淡黄色，有的体壁为红褐色，条纹为深红色。可见于辽宁大连的黑石礁及河北秦皇岛的石河河口、鸽子窝等地。

海仙人掌（*Cavernularia obesa*）（图 4-11）

群体长约 150 毫米，直径约 24 毫米，呈棍棒状，全身肉质松软。群体分为干部和柄部，干部表面布满水螅体。在干部内具许多石灰质小骨片，长约 1 毫米，棒形，呈放射状排列。柄部细，无水螅体，体内小骨片呈长椭圆形，长不到 0.5 毫米，近体表处密列。体呈淡黄色，体表易放磷光。

生活于潮间带泥沙滩内，满潮时柄部埋于泥沙中，干部和水螅体在海水中伸展，落潮时群体收缩，仅顶端露于沙面。可见于辽宁大连的夏家河、河北秦皇岛的鸽子窝等地，为我国南、北方沿海泥沙滩中常见种。

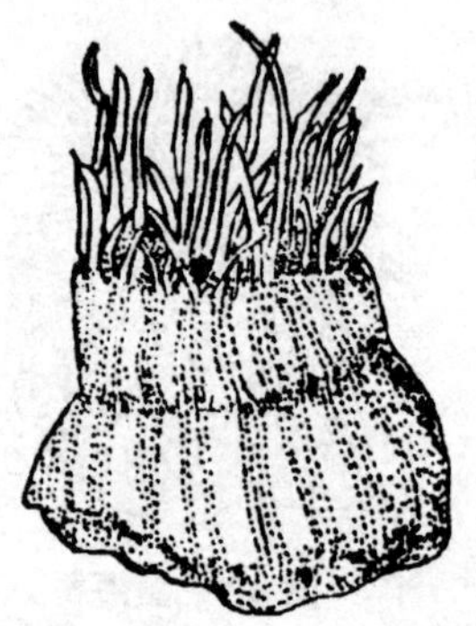

图 4-10　条纹海葵

（仿宋鹏东）

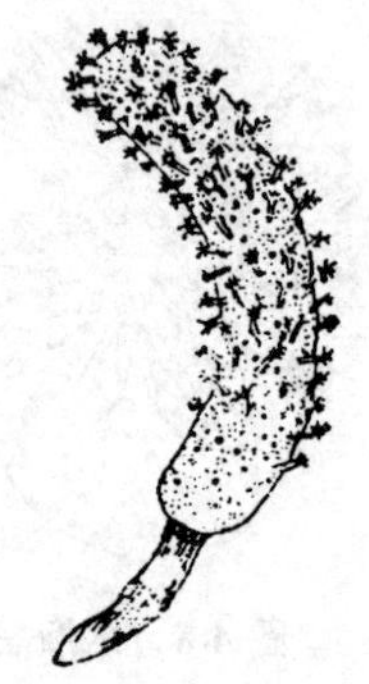

图 4-11　海仙人掌

（仿赵汝翼）

4.3.3　扁形动物门（Platyhelminthes）

涡虫纲（Turbellaria）

平角涡虫（*Planocera reticulata*）（图 4-12）

体扁平，略呈卵圆形，前端稍宽，后端较狭。体长一般约 30 毫米，宽约 18 毫米。在身体背面近前端约 1/4 处，有 1 对细圆锥状的触角，于触角基部周围各环绕着 1 丛黑色的眼点。口位于腹面中央，口的后方有前后相邻的 2 个生殖孔，雄孔在前，雌孔在后。生活标本体背面为灰褐色，周围的颜色较深，其色素颗粒常集结成网状，中央部狭长区域和腹面的颜色较淡。

生活于潮间带岩岸，在石块下匍匐爬行。可见于大连、秦皇岛海滨。

厚涡虫（*Pseudostyloclrus obscurus*）（图 4-13）

体呈扁平的椭圆形，较肥厚。体长一般为 30 毫米，宽 22 毫米。其后端稍向内凹入呈缺刻状。触角及眼点均不甚明显。口位于腹面近中央处，咽头呈褶襞状。雄、雌生殖孔前后密接排列，位置靠近身体后端。体背面为灰褐色或黄褐色，中部颜色较深；腹面为淡黄褐色。

多生活于泥沙岸，退潮后，在泥沙表面匍匐爬行。在大连即可采到。

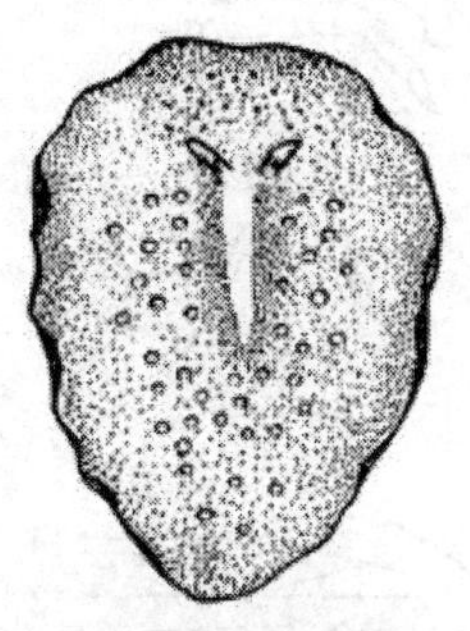

图 4-12 平角涡虫

（仿赵汝翼）

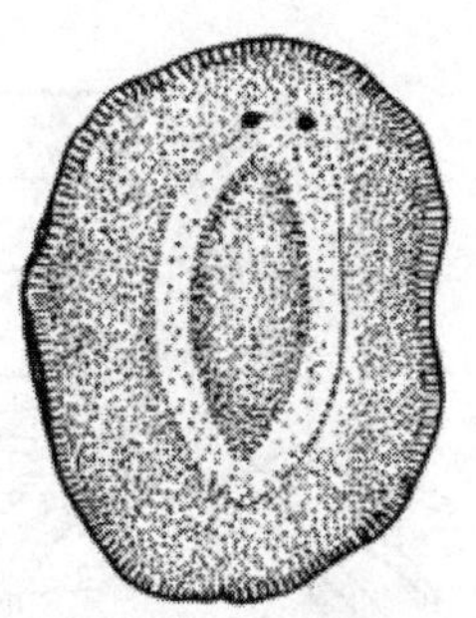

图 4-13 厚涡虫

（仿赵汝翼）

薄涡虫（腹背平涡虫）（*Notoplana humilis*）（图 4-14）

体扁而长，前端呈圆形，后端略尖。体长一般约 22 毫米，宽约 8 毫米。在身体背面近前端约 4 毫米处，有两丛黑色眼点。触角微小不明显。口位于腹面中央，稍偏近前方。在口的后方有前后相邻的 2 个生殖孔，雄孔在前，雌孔在后。体背面为灰褐色，中央部分狭长区域颜色较淡，周围的灰褐色颗粒密接成网状；腹面颜色较淡。

生活于潮间带岩岸，在石块下匍匐爬行，为习见种类。在辽宁大连、河北秦皇岛等地均可采到。

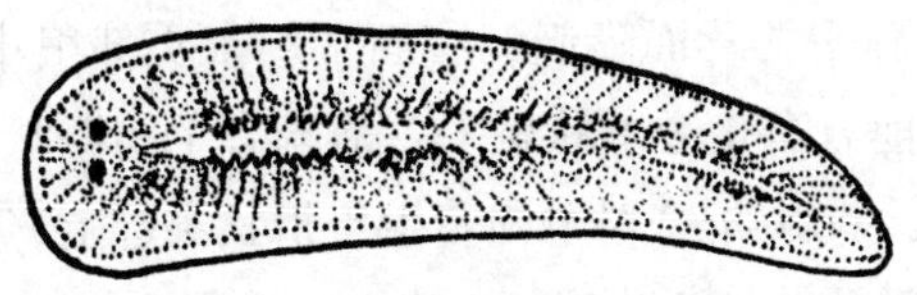

图 4-14　薄涡虫

（仿赵汝翼）

4.3.4 环节动物门（Annelida）

多毛纲动物结构模式图见图 s-5。

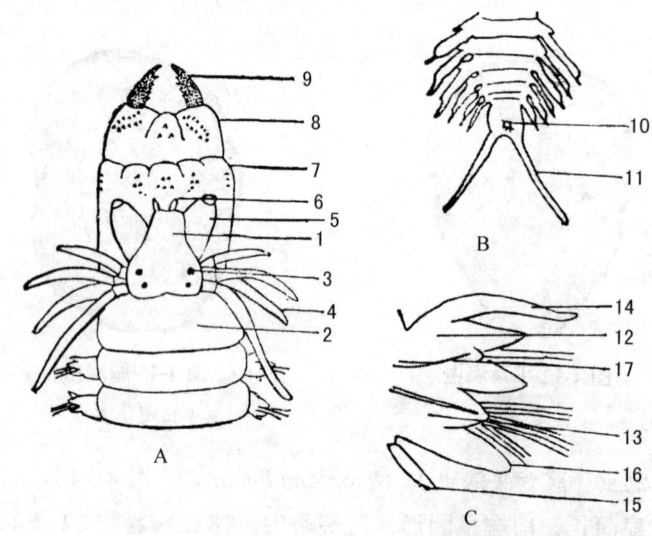

图 s-5 沙蚕模式图（仿宋鹏东）

A. 头部背面；B. 尾部；C. 疣足

1. 口前叶；2. 围口节；3. 眼；4. 围口触手；5. 触须；6. 口前触手；7. 口环；8. 颚环；9. 大颚；10. 肛门；11. 肛须；12. 背足肢；13. 腹足肢；14. 背须；15. 腹须；16. 足叶；17. 足刺

多毛纲（Polychaeta）

澳洲鳞沙蚕（*Aphrodita australis*）（图 4-15）

体长 50~80 毫米，宽 30~40 毫米，体宽而扁，呈椭圆形，后端稍尖，背腹扁平，背面隆起，腹面平坦。头部很小，近似圆形。有 2 对眼，眼前方有 1 个丝状触手，前端有 1 纺锤状额尖，额尖下方有 1 对粗而长的触角。2 对触须着生于指状突起上,尖端着生刚毛。疣足分成背、腹两叶，背叶较短，着生两种刚毛：一种为细密茸状，覆盖着身体背面；一种是金黄色的刺状刚毛，由身体背面伸出。腹叶刚毛短粗呈棘状。背部细茸状刚毛下有 15 对膜状鳞片，不生鳞片的体节具细长的背须。整个体表常有泥沙附着。

本种栖于低潮线以下，在风暴后的潮间带常可采到。我国黄海、渤海均有分布。

日本角沙蚕（*Goniada japonica*）（图 4-16）

体长可达 160 毫米(不含吻)。头长，圆锥状，具 9 个明显的环轮。2 对触手，腹面 1 对稍长。吻长大，前端周围有 18 个圆形软乳突，吻表面覆有斜截形小乳突。吻两侧具 13~22 个“V”形小片。体前区有 70~80 个体节的疣足，为单叉型，体后部的疣足为双叉型。2 个细长的前唇和 1 个较短的后唇。腹刚毛复杂，背刚毛简单。

身体红褐色，前部色浅，后部色深。栖于潮间带中、低潮区泥沙滩及海韭菜滩的上方。可见于辽宁大连的星海公园、小平岛等地。

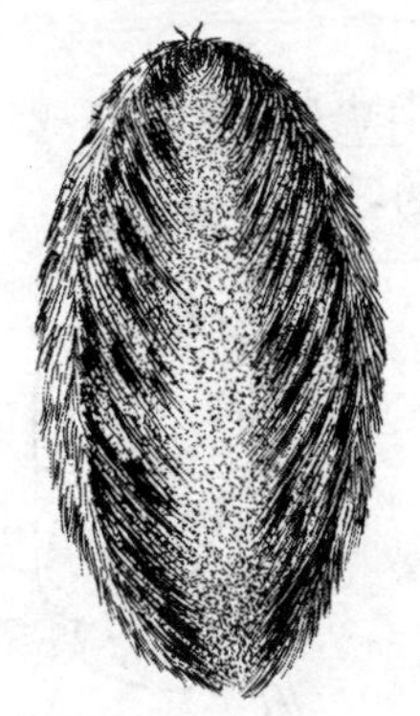

图 4-15　澳洲鳞沙蚕

（仿赵汝翼）

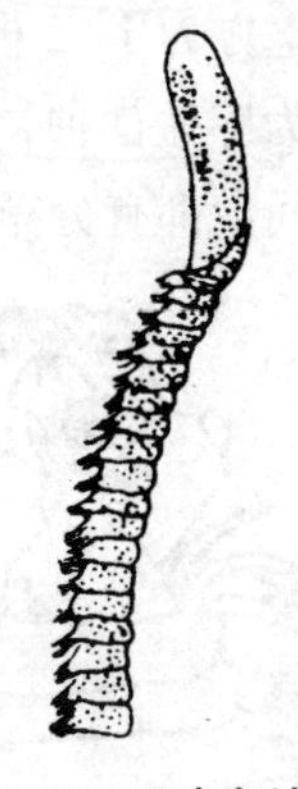

图 4-16　日本角沙蚕

（仿宋鹏东）

宽叶沙蚕（*Nereis grubei*）（图 4-17）

体长 40~65 毫米，宽 3.5~5 毫米。口前叶呈梨形，前窄后宽。口前触手短于触须，围口触手最长可达第 2~3 体节。体前部疣足的背、腹须均为须状，上、下背舌叶和腹叶均为钝圆锥状。体中部疣足的背、腹舌叶较体前部细，上背舌叶略比下背舌叶长。体后部疣足的上背舌叶膨大，背面隆起，呈叶状。体前部疣足的背刚毛均为等齿刺状，体中、后部的等齿刺状背刚毛被 2、3 根等齿镰刀形刚毛所代替。

栖于岩岸潮间带中、低潮区的褶牡蛎带和海藻群落中，是我国黄海、渤海的常见种类。辽宁大连、河北北戴河等地都有分布。

日本刺沙蚕（*Neanthes japonica*）（图 4-18）

体长一般 110~120 毫米，宽 7~9 毫米，大的个体长可达 190 毫米，宽 10 毫米。具 100~120 个体节。口前叶宽度大于长度，触手短小，2 对眼呈倒梯形排列。最长触须后伸可达第二至四体节。前 2 对疣足为单叶型，具 3 个背舌叶。体前部和中部疣足的上背舌叶宽大，呈叶片状；背须短，不超过疣足。所有的背刚毛均为等齿刺状。体前部和中部疣足的腹刚毛足刺上方为等齿刺状和异齿镰刀形，足刺下方为等齿、异齿刺状刚毛和异齿镰刀形刚毛，体后部腹刚毛足刺上方为 1~2 根简单型刚毛。

本种为广盐性种，可生活在海水、半盐水和淡水水域。在各种岸相的潮间带都有分布，是长江口以北的习见种。

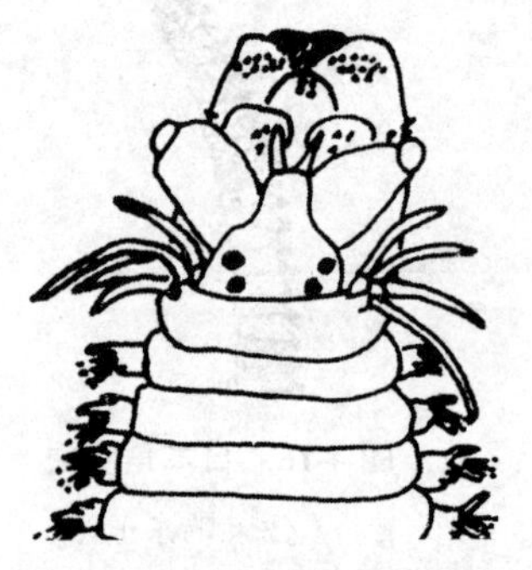

图 4-17　宽叶沙蚕
（仿赵汝翼）

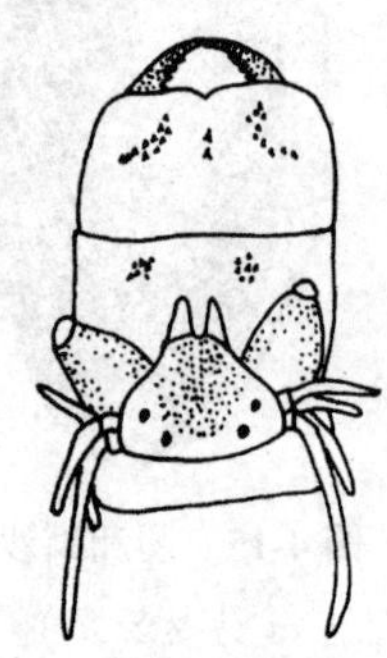

图 4-18　日本刺沙蚕
（仿赵汝翼）

巢沙蚕（*Dopatra neapolitana*）（图 4-19）

身体粗大，一般体长可达 250 毫米，宽 11 毫米，大的个体可达 300 毫米。约 300 个体节。头部具 5 个细长的口前触手，基部具环纹，有 1 对短的触须，在触须与口前触手间有 1 对小的副触手。疣足小，具刺状刚毛、梳状刚毛和钩状刚毛。

巢沙蚕在潮间带中、低潮区的沙滩或泥滩上营管栖生活。栖管为牛皮纸样的膜质，表面黏附沙石粒、贝壳碎片和海藻碎片等。栖管垂直埋于泥沙中，管口露出地面20毫米左右，极易识别。我国沿海均有分布，可见于辽宁大连、河北秦皇岛等地。

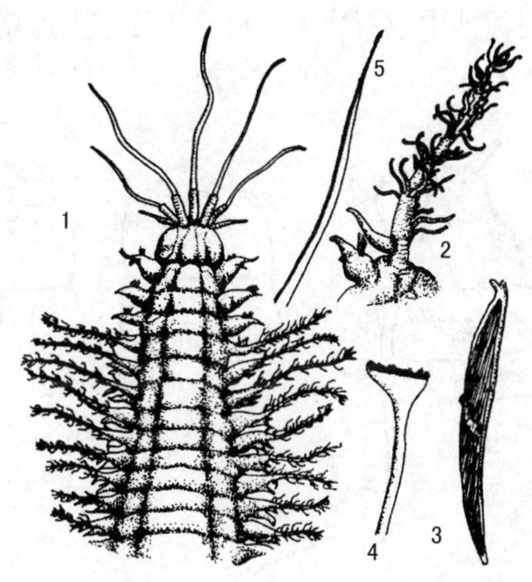

图 4-19　巢沙蚕

（仿赵汝翼）

1. 体前部背面观；2. 具鳃的疣足；3. 钩状刚毛；4. 梳状刚毛；5. 毛状刚毛

红角沙蚕（*Certaonereis erythraeensis*）（图 4-20）

体长最大可达115毫米，宽4毫米，具215个体节。口前叶梨形，触手短指状，触角粗短。最长触须可伸达第6、7体节。吻上仅颚环具齿。前2对疣足为单叶型，背、腹须指状，较背、腹舌叶稍短。体中部及后部疣足为双叶型，背、腹须及背、腹舌叶多呈指状。背刚毛均为等齿刺状刚毛。体前部腹刚毛为等齿、异齿刺状和异齿镰刀形。第18至20体节具伪复型刚毛，第21、22体节以后变为钩状刚毛。

典型潮间带种，为泥沙滩潮带中潮区的优势种之一。可见于辽宁大连及河北北戴河等地。

触手须鳃虫（*Cirriformia tentaculata*）（图 4-21）

又名海丝蚓，体长60~180毫米，宽4~6毫米，约有300个体节。体呈黄色，鳃丝鲜红色。头部圆锥形，口前叶锥形，围口节有3圈环轮。无触手和眼点。两束触丝集中生于第6/7体节。疣足退化，除前3体节外，背、腹叶生有毛状刚毛，后部疣足有钩状刚毛。疣足背叶生有丝状鳃，从第1节延续至体后。尾部较尖，肛门在背面。

生活于浅海泥沙中或石块下。可见于辽宁大连夏家河子、龙王塘及河北秦皇岛石河河口、鸽子窝等地。

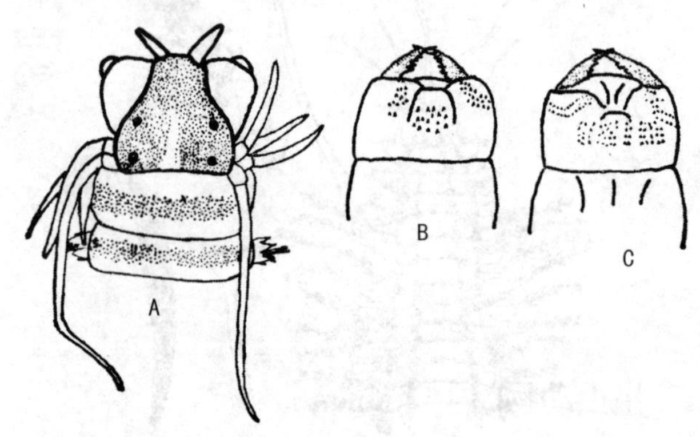

图 4-20　红角沙蚕

（仿宋鹏东）

A. 体前端（背面观）; B. 吻的背面观; C. 吻的腹面观

柄袋沙蠋（*Arenicola brasiliensis*）（图 4-22）

又称海蚯蚓，体呈前粗后细的圆柱形，形似蚯蚓。体长120~150毫米，体宽13~l8毫米。生活时体色鲜艳，因环境不同而有差异，为暗绿色或棕褐色。头部不明显，口前叶三叶状，无触手。有能伸缩的肉质吻，吻上无颚。自第5体节开始，共有17个刚毛节。第7~17节，每节的疣足有1对鲜红色的羽状鳃，共11对。从第3刚毛节开始，每节都有5个环纹，5节以前的刚毛节，环纹数目依次减少。疣足退化，可分二肢。背肢为圆锥状突起，有一束刺状刚毛。腹肢退化，有一行粗而短的钩状刚毛。身体后段很小，环纹不易分清，疣足和刚毛均不显著。

生活于潮间带泥沙中，穴居，穴呈“U”形。分布于辽宁大连夏家河子、双台沟及河北秦皇岛石河河口、鸽子窝等地。

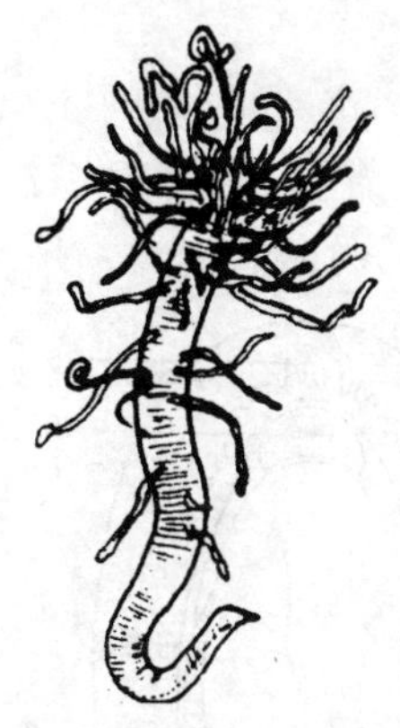

图 4-21　触手须鳃虫

（仿宋鹏东）

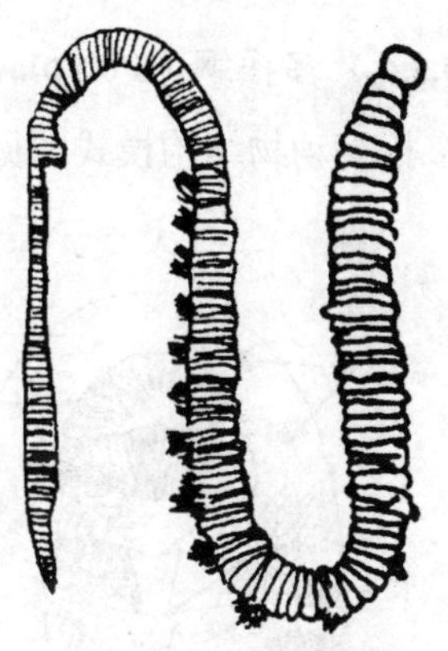

图 4-22　柄袋沙蠋

（仿宋鹏东）

4.3.5　星虫动物门（Sipunculida）

方格星虫（*Sipunculus nudus*）（图 4-23）

体呈圆筒状，长短因收缩而不同，多在 100~220 毫米之间，直径 10~15 毫米。吻长 20~35 毫米，无环纹，具三角形鳞状皮肤乳头，吻末端有叶状触手。吻后整个体表具肌肉纵横交错形成的方格纹。体前端背面有 1 缝状的横孔，即肛门，肛门前方腹面两侧有 2 个肾孔，两肾孔间相隔 7 条纵纹。

为我国南北沿海潮间带习见种。在泥沙岸、沙岸都可采到。穴孔常为一圆孔，或略凹陷，洞穴垂直深度 500~800 毫米，呈倾斜的“S”形。

图 4-23　方格星虫

（仿赵汝翼）

4.3.6 软体动物门（Mollusca）

4.3.6.1 多板纲（Polyplacophora）

多板纲动物结构模式图见图 s-6。

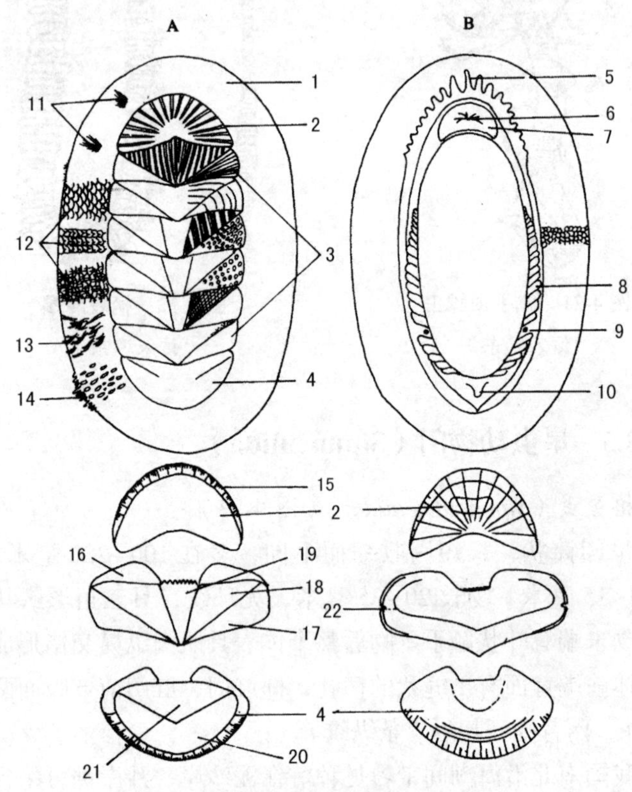

图 s-6　多板纲外形模式图（仿赵汝翼）

A. 背面；B. 腹面

1. 环带；2. 头板；3. 中间板；4. 尾板；5. 触手状突起；6. 口；7. 唇瓣；8. 鳃；9. 肾孔；10. 肛门；11. 针束；12. 鳞片；13. 毛；14. 棘；15. 嵌入片；16. 缝合片；17. 翼部；18. 肋部；19. 峰部；20. 后区；21. 中央区；22. 齿裂

红条毛肤石鳖（*Acanthochiton rubrolineatus*）（图 4-24）

身体为长椭圆形，体长 27~33 毫米，体宽 16~21 毫米。壳板小，极凸，其宽度仅为体宽的 1/4 左右。身体颜色变化大，多为灰绿色或青灰色，壳板为暗绿色，棘丛为鲜绿色。头板半圆形，中部具1弧形刻纹，将壳板分成前、后两个部分，壳顶部分较光滑，边缘部分有低平的粒状突起，嵌入片有齿裂5个；中间板峰部具细的纵肋，峰部和肋部间具1前宽后窄的浅色带，肋部和翼部界线不明显，刻纹蛇皮状，嵌入片的翼部位置具1个齿裂；尾板小，椭圆形，表面具粒状突起，嵌入片后区两侧各具1齿裂。环带宽，密生绒毛和棒状棘，沿壳板周围具18丛针束，鲜绿色。

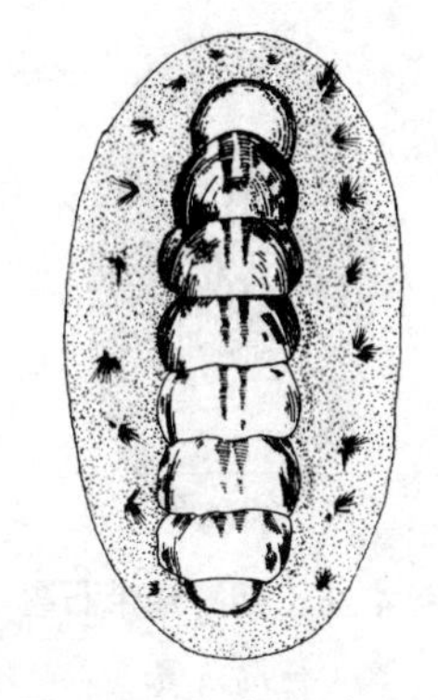

图 4-24　红条毛肤石鳖

（仿赵汝翼）

生活于潮间带中、低潮区至数米深的浅海，爬行于岩礁和石块上或海藻丛中。分布很广，为我国沿海习见种类。

函馆锉石鳖（*Ischnochiton hakodadensis*）（图 4-25）

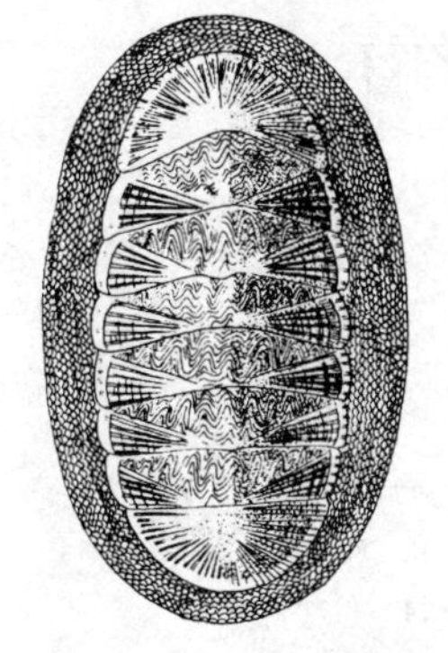

图 4-25　函馆锉石鳖

（仿赵汝翼）

身体椭圆形，体长23~35毫米，体宽14~19毫米。颜色变化很大，多为暗绿色或土黄色，杂有深色斑点。头板放射肋细微，前缘有数条环状纹，嵌入片有齿15~19个；中间板峰部和肋部刻纹相同，均为细网状，两部分之间界线不明显，翼部有5~7条放射肋，嵌入片齿裂2~3个；尾板中央区仅有和中间板峰部相同的细网状刻纹，后区具细密的放射肋及环状纹，嵌入片齿12~20个。环带窄，表面布满鳞片。

栖于潮间带岩礁上或石缝中，以中、低潮区为多，为黄、渤海习见种。

朝鲜鳞带石鳖（*Lepidozona coreanica*）（图 4-26）

身体长椭圆形，体长24~36毫米，体宽16~21毫米。颜色变化很大，多为苍绿色或土褐色。头板呈展开的扇面形，刻纹略呈放

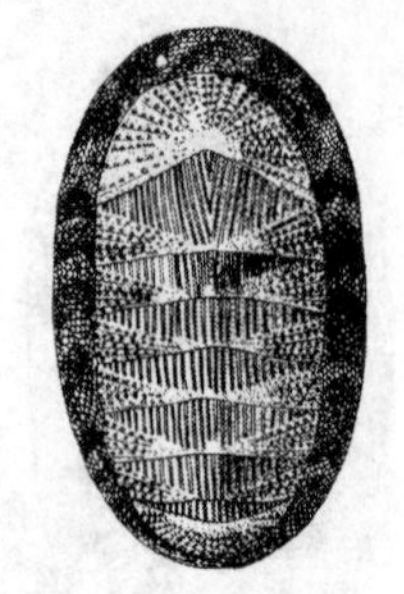
图 4-26　朝鲜鳞带石鳖
（仿赵汝翼）

射状排列，嵌入片具 14 个齿裂；中间板峰部刻纹为纵行条纹，肋部刻纹为等距离垅沟形，垅脊上有小鳞片状突起，翼部刻纹放射状，肋上具颗粒状突起，嵌入片每侧具 1~4 个齿裂；尾板半圆形，中央区刻纹与中间板峰部的刻纹相同，嵌入片具 16 个齿裂。环带窄，密生鳞片，颜色与壳板相似。

栖于潮间带的岩礁上，为我国海滨的习见种。

4.3.6.2 腹足纲（Gastropoda）

腹足纲动物贝壳结构模式图见图 s-7。

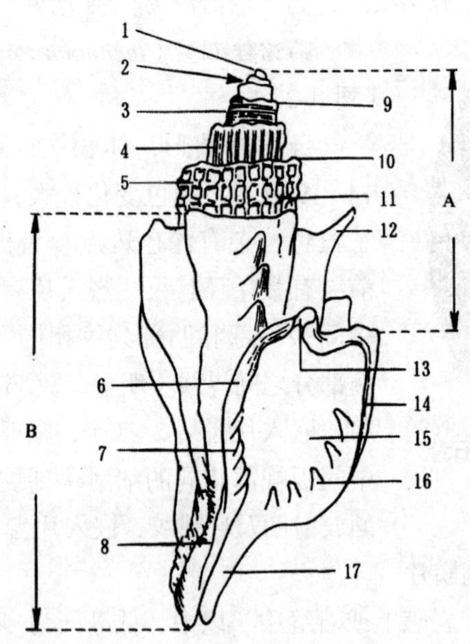

图 s-7　腹足纲贝壳各部分名称（仿赵汝翼）

A. 壳塔；B. 体螺层

1. 壳顶；2. 螺层；3. 螺旋线；4. 纵肋；5. 瘤状结节；6. 内唇；7. 褶襞；8. 脐；9. 缝合线；10. 扇角；11. 螺旋肋；12. 棘状突；13. 后沟；14. 外唇；15. 壳口；16. 齿状突起；17. 前沟（水管沟）

皱纹盘鲍（*Haliotis discus*）（图 4-27）

贝壳呈耳状，一般壳长可达 100 毫米左右。壳长与壳宽之比为 3:2，壳长与壳高之比约为 4:1。螺层 3 层，缝合线浅。壳塔矮小仅呈隆起状。壳顶钝，偏后方，稍高于壳面但略低于贝壳之最高位。体螺层极大。自第二螺层的中部开始至体螺层的边缘有一排突起和水孔，末端 4~5 个开口与外界相通。壳面生长线明显并有许多粗糙而不规则的皱纹。壳表面多为暗绿褐色，内面为银白色，带有青绿色的珍珠光泽。壳口卵圆形，几乎与体螺层等大，外唇薄而简单，边缘锋利；内唇厚而向内卷曲，形成一个上宽下窄、边缘圆滑的遮缘。无厣。

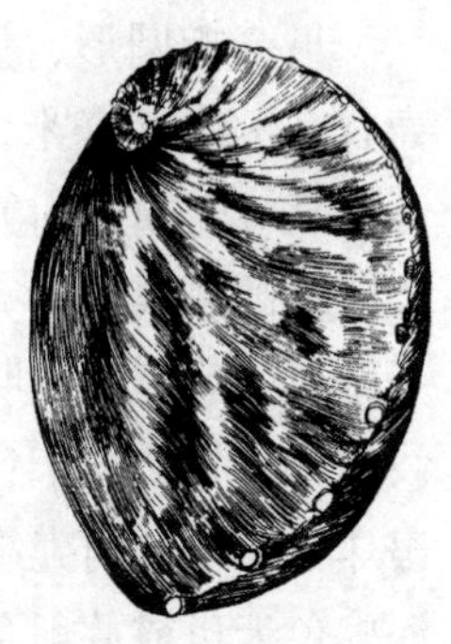

图 4-27　皱纹盘鲍
（仿赵汝翼）

一般生活于潮流畅通、海水透明度高、褐藻繁茂的水域，用腹足吸附在岩礁上。栖息深度多为基准面下 3~15 米处。可见于辽宁大连的石槽村、傅家庄、龙王塘等地。

嫁蝛　（*Cellana toreuma*）（图 4-28）

贝壳呈斗笠状，较低平，周缘呈长卵圆形，前端稍瘦。壳长一般为 10~25 毫米，壳高不足壳长的 1/3。壳质较薄，近于半透明。壳顶近前方，并略向前弯曲，常磨损，自壳顶至前缘的距离为壳长的 1/4。贝壳的最高点向前的斜面较直，向后的斜面稍隆起。壳表面具有许多细小而密集的放射肋，至壳的边缘亦相应具有细齿状缺刻。生长线较细，不甚明显。壳面颜色多变，通常为锈黄色，并布有不规则的紫色或棕色斑带。壳内面银灰色，很光亮，能清楚地透视壳面的色彩，少数珍珠层发达的个体仅在壳缘部能看到壳面的色彩。壳顶至壳缘的中部有 1 圈棕褐色或淡蓝色的肌痕。

多生活于潮间带高、中潮区的岩石上。在我国南、北各地沿海均有分布，为习见种。可见于辽宁大连的石槽村、黑石礁、傅家庄等地。

史氏背尖贝（*Nipponacmea schrenckii*）（图 4-29）

贝壳椭圆形，呈低笠帽状，周缘完整。一般壳高 6~9.5 毫米，壳长 24~29.5 毫米，壳宽 21~26 毫米。壳前部略窄而低，后部较宽而高。壳顶近前方，尖端向下弯曲，略低于贝壳最高位，自壳顶至前缘的距离约为壳长的 1/4 左右。贝壳的最高点向前的斜面明显下凹，向后的斜面明显隆起。壳表面具有细而密集的放射肋和生长线，二者相交织，致外观呈多行细小颗粒状，犹如多条排列整齐的串珠自壳顶伸向壳缘。壳面颜色变化很大，一般为淡黄褐色并杂以深棕色云斑或放射条纹；壳内面为灰蓝色，中央有块白色胼胝，边缘的 1 窄圈为棕色，其上有规则的深棕色放射彩带。

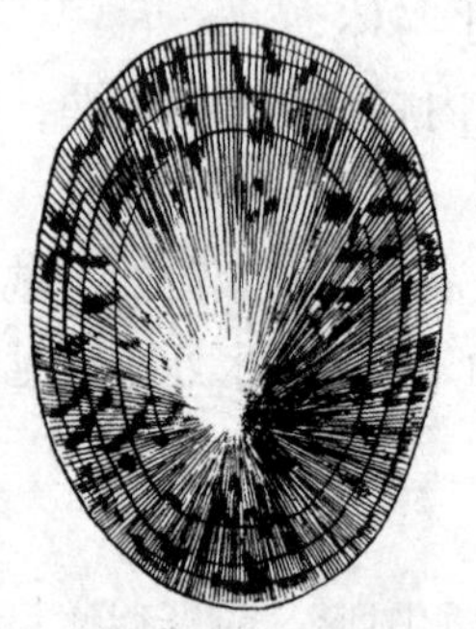

图 4-28　嫁蝛
（仿赵汝翼）

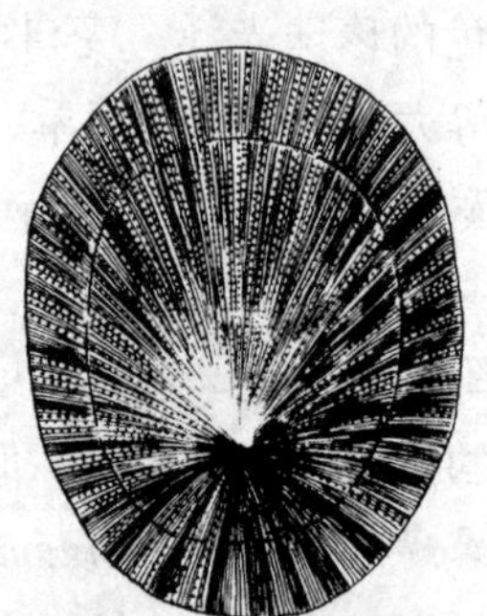

图 4-29　史氏背尖贝
（仿赵汝翼）

生活于潮间带高、中潮区的岩石上。可见于辽宁大连、河北秦皇岛等海域。

寇氏拟帽贝（*Patelloida kolarovai*）（图 4-30）

壳呈笠帽状，周缘为椭圆形。一般壳长为 11 毫米，壳高 5 毫米，壳宽 8 毫米，壳质较薄而易碎。壳顶尖，略向前倾斜，壳顶至前缘的距离约为壳长的 1/4。壳顶之前坡呈凹形，后坡几乎呈直线形。壳表面具有许多细微的放射肋，肋间还有更细微的肋线。同心生长线明显，但生长不均匀，常在壳面形成褶襞。壳表面颜色有变化，通常为棕灰色，杂有分歧式放射的暗褐色带或斑块；壳内面多为灰白色，边缘相间分布着棕或棕褐色斑块，近壳的中部有一个或宽或窄的棕褐色环。

生活于整个潮间带，用腹足吸着在岩礁上或砾石上，往往在潮间带中潮区形成优势种。该种仅分布于我国黄海、渤海，为习见种。可见于辽宁大连、河北秦皇岛等海域。

矮拟帽贝（*Patelloida pygmaea*）（图 4-31）

贝壳呈小笠帽状，周缘完整，呈椭圆形。一般壳长约 16 毫米，壳高约 9 毫米，壳宽约 15 毫米，壳质坚实而厚。壳顶钝而高起，位于壳的近中央部，稍偏前方，常呈破蚀状态。壳顶之前坡直，后坡略呈隆起状。壳表面放射线极细微，只约略可辨，生长线不甚明显，颜色暗淡，常有棕褐色和白色的放射条纹相间排列；壳内面为淡蓝色或灰白色，边缘有 1 圈很窄的褐色与白色相间的镶边。

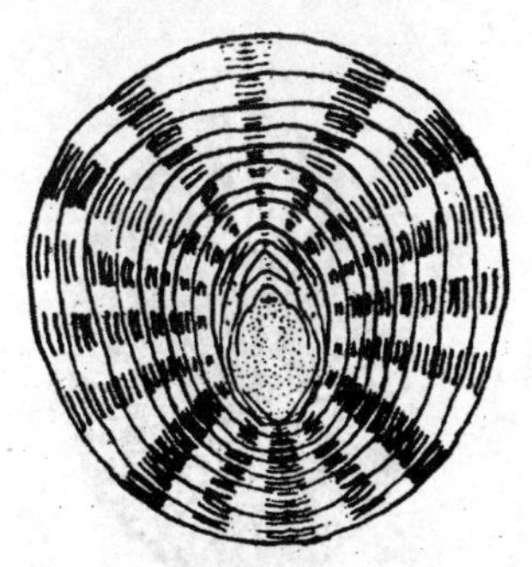

图 4-30　寇氏拟帽贝
（仿范学铭）

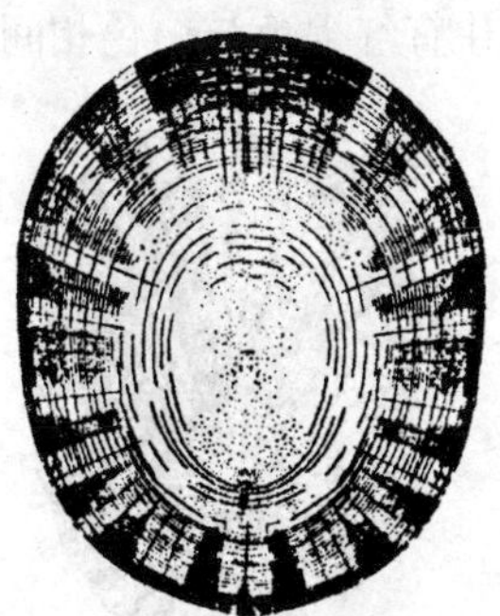

图 4-31　矮拟帽贝
（仿范学铭）

附着在潮间带中、低潮区的岩石或石块上生活，为习见种，可见于大连及秦皇岛沿海。

背肋拟帽贝（*Patelloida dorsuosa*）（图 4-32）

壳呈斗笠状。壳长约 30 毫米，壳宽约 25 毫米，壳高约 20 毫米。壳表面为白色，常被腐蚀而呈各种颜色；壳内面洁白并具珍珠光泽，边缘有很窄一圈灰色。边缘卵圆形，壳质坚实且较厚，壳顶较尖且高，壳前窄后宽，壳顶至前缘的距离约占壳长的 2/5 左右。壳表面有放射状的螺肋，螺肋明显且粗壮，数目约20条，两个螺肋间有细肋。在壳表面可见生长线，但很细小。壳周缘有清楚的齿状缺刻。

生活在潮间带、海藻丛生的岩石间，以小的海带和紫菜为食。可见于大连黑石礁、石槽村等地。

日本菊花螺（*Siphonaria japonica*）（图4-33）

贝壳呈笠帽状，边缘轮廓为卵圆形，较高，壳长14~20毫米，壳宽11.5~16毫米，壳质较薄易破。壳顶位近壳的中央，略呈螺旋形而向前下方倾斜。

壳面自顶端向四周射出数条显著而粗糙的放射肋，在二粗肋之间尚有较细的肋线，同心形的微细生长线清晰可辨，壳缘呈锯齿状。壳内的一侧有1凹沟状的气孔。壳表面为黄褐色，壳顶蓝褐色，放射肋黄色或黄白色；壳内面中央部为黑褐色，边缘凹凸不平，色较淡，并有红褐色与白色相间的放射彩纹。

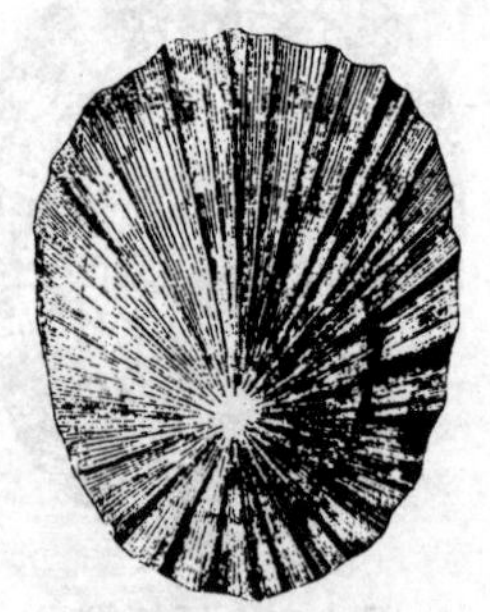

图4-32　背肋拟帽贝

（仿赵汝翼）

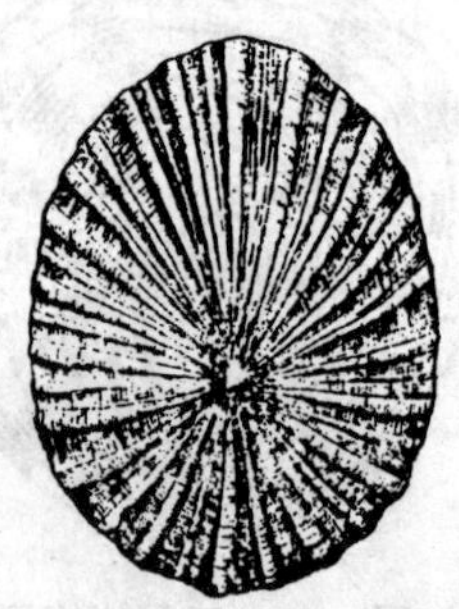

图4-33　日本菊花螺

（仿赵汝翼）

生活在潮间带岩石上。可见于大连石槽村、傅家庄、星海公园等地。

锈凹螺（*Chlorostoma rustica*）（图4-34）

壳为圆锥形，高约17毫米，宽约21毫米，壳质坚实而厚。螺层约5.5层，自上而下逐渐增大。壳面略隆起，缝合线显著，壳顶通常呈破蚀状态，壳底平。壳表面自壳顶向下，各层都有显著的斜行肋线，尤以体螺层显著。生长线细密，与斜的放射肋成十字交叉。壳表面黄褐色；内面灰白并具珍珠光泽。壳口呈马蹄形，外唇简单而薄，具1个褐色与黄色相间的镶边；内唇厚，上方向脐孔伸出1白色遮缘，下方向壳口伸出1~2个白色齿。厣棕红色，具有1银色边缘。脐孔圆形，大而深，周围常有1圈白色带环绕。

生活于潮间带低潮区至潮下带20米深的岩石上，以藻类为食。可见于大连、秦皇岛等海域。

单齿螺（*Monodonta labio*）（图4-35）

壳圆锥形，壳高约21毫米，壳宽约17毫米，壳质坚实而厚。螺层约6层，缝合线浅，不甚明显。壳顶尖，常呈破蚀状态。壳表面除顶端两层外，均具整齐而明显的螺肋，壳塔每层各有5~6条，体螺层有15~17条，这些肋与生长线相互交织成许多方块形颗粒，排列整齐。壳表面多为暗绿色，杂以白色或粉红色或褐色的方斑；壳内面白并具美丽的珍珠光泽。壳口外唇内面有一半环形突起，其上具1列齿；内唇基部有强大的白色齿尖。厣棕褐色，小而薄。无脐孔。

图4-34　锈凹螺

（仿赵汝翼）

图4-35　单齿螺

（仿赵汝翼）

多生活于潮间带中潮区的岩石上或石块下，以海藻为食。可见于辽宁大连、河北秦皇岛等海域。

丽口螺（*Calliostoma unicum*）（图4-36）

壳圆锥形，高约16毫米，宽约17毫米，壳质坚实。螺层约7层，各螺层均具一斜坡状的肩部。缝合线显著，壳顶尖。壳表面具显著的螺旋线和生长线，二者相互交织成细小而多的小颗粒，排列整齐，壳底无颗粒。壳表面赤褐色，布有略呈放射状的紫褐色斑纹，在缝合线上方有1列整齐排列的紫褐色小斑点；壳内面白并带有珍珠光泽。壳口近圆形，外唇简单而薄；内唇具胼胝，脐孔完全被胼胝所填塞，在壳轴处留1弧形凹痕。厣角质。

生活于潮间带中、低潮区至150米深的浅海岩礁或砾石上。常以海藻的幼苗为食。可见于大连沿海。

托氏蝗螺（*Trochus vestiarius*）（图4-37）

壳呈低圆锥形，高约12.5毫米，宽约20.5毫米。螺层7层，壳顶至体螺层成一较平整的斜面，缝合线浅而细。壳底部平坦，与体螺层上部形成一明显的角度。壳表面螺旋线和生长线均较细微，壳面非常平滑而具光泽。壳表面颜色和花纹多变化，具紫色细密的波状花纹，或红色火焰状条纹，缝合线紫色；壳内面银灰有珍珠光泽。壳口近四方形，外唇简单而薄；内唇短而厚，具齿状小结节。厣角质，有10圈同心生长线。脐孔被一白色或棕色的光滑胼胝所掩盖。

生活于潮间带中、低潮区泥沙滩上，为习见种。可见于辽宁大连、河北秦皇岛等海域。

图4-36　丽口螺

（仿赵汝翼）

图4-37　托氏蝗螺

（仿赵汝翼）

短滨螺（*Littorina brevicula*）（图4-38）

贝壳小，近似球状，高约20毫米，宽约19毫米，壳质坚实而厚。螺层约6层，缝合线显著，壳顶尖小。体螺层颇膨大，其上有3~4条较粗的平行螺肋，为本种的重要特征。壳面颜色变化很大；壳内面棕褐色，具光泽。外唇有个褐、白相间的镶边。壳口圆形，后沟缺刻状。外唇厚而简单；内唇厚而宽大，具发达的胼胝，在壳轴处的胼胝稍稍凹陷。厣角质。无脐孔。

生活在潮间带岩礁或砾石，数量很大，为习见种。在各实习点皆很常见。

扁玉螺（*Glossaulax didyma*）（图 4-39）

贝壳呈扁椭圆形，壳高 35~41 毫米，壳宽 48~55 毫米，壳质坚固。螺层约 6 层，缝合线不深，但极显著。壳塔极低平，壳顶呈乳头状，几乎不超出壳的表面，体螺层特宽大。壳表面光滑无肋，只在体螺层上有极细微的螺旋线。生长线显著，在壳塔较细密，在体螺层较粗，有时形成褶襞。壳顶部灰蓝色，壳底近白色，其余壳面淡黄褐色；每一螺层缝合线的下方有 1 条棕色的螺旋彩带。壳口卵圆形，淡褐色，外唇简单而薄；内唇上方紧贴于体螺层中部形成 1 个双瓣形的巧克力色胼胝。厣角质。脐孔极大而深，边缘开张，部分被胼胝所掩盖。

生活在潮间带至 50 米深的细沙质海底。产卵期为 5 月至 10 月，卵群与沙黏合成领状。可见于辽宁大连、河北秦皇岛等海域。

图 4-38 短滨螺

（仿赵汝翼）

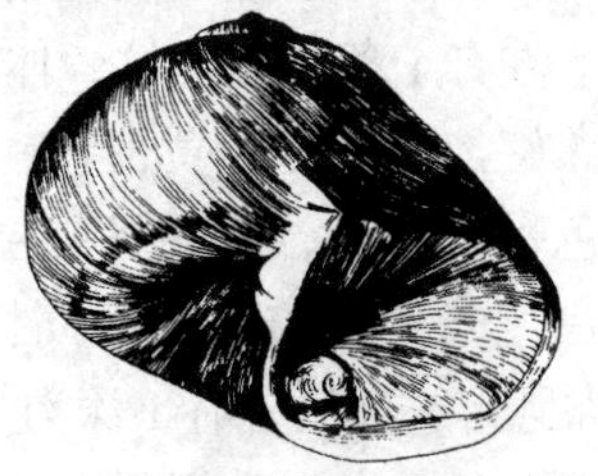

图 4-39 扁玉螺

（仿赵汝翼）

纵肋织纹螺（*Nassarius variciferus*）（图 4-40）

贝壳呈长尖锥形，壳高 23~29 毫米，壳宽 12~14 毫米，壳质坚厚。螺层约 9 层，每螺层上方邻近缝合线处形成一很窄的肩部，致缝合线深而呈沟状。壳顶尖锐而光滑，极少破损。壳面刻有细高的纵肋和细密的螺旋线，二者相互交织成布纹状，但壳顶端有 2~3 级螺层光滑无刻纹。通常在每一螺层上还有 1~2 条粗大的纵肿肋。

图 4-40　纵肋织纹螺
（仿赵汝翼）

体螺层基部的数条螺旋线显著变粗。壳表面黄白色，多数壳均具 2~3 条或更多条褐色的螺旋彩带，壳内面白色。壳口外唇的外侧有厚的镶边，边缘有细齿状缺刻，内侧通常具 6 个齿状突起；内唇紧贴于体螺层及壳轴上，在上部近后沟处有 1 枚发达的纵行齿，在壳轴上有一些粒状褶襞。前沟短而开张且稍向背方卷曲，先端分叉。厣角质，深黄色，薄而透明。

生活在潮间带中、低潮区的沙或泥沙滩上。可见于辽宁大连、河北秦皇岛等海域。

红带织纹螺（*Nassarius succinctus*）（图 4-41）

贝壳略呈纺锤形，壳高 12.6~20.4 毫米，壳宽 8.9~10 毫米，壳质坚厚。螺层约 9 层，缝合线明显。壳顶端数层有明显的纵肋和螺旋线；下部各螺层壳面较光滑，通常只在缝合线下方有 1 条螺旋沟纹，体螺层基部有 10 余条螺旋沟纹。壳表黄白色，体螺层有 3 条红褐色螺旋彩带，其余各螺层有 2 条；壳内面黄白色，具有与壳表面同样的螺旋彩带。壳口卵圆形，前后各有 1 深沟。外唇外侧有 1 强的黄白色唇脊，内侧刻有 6~7 条肋纹，且内下缘还有 1 列细齿；内唇弧形，上部贴于体螺层上，近后沟处有 1 突起，下部边缘具密集的细齿。厣角质。

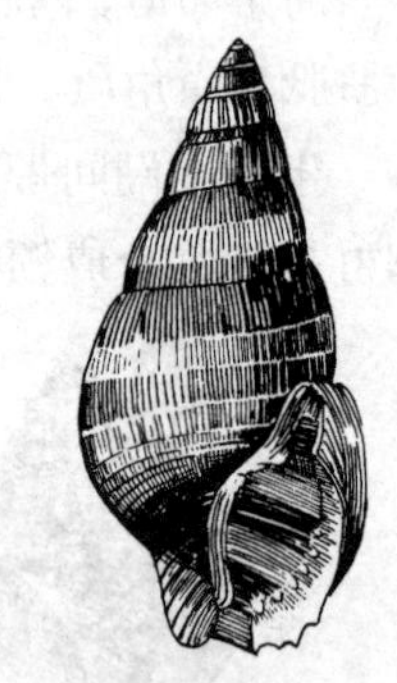
图 4-41　红带织纹螺
（仿赵汝翼）

生活在低潮线附近至数十米深的泥沙质海底。可见于辽宁大连、河北秦皇岛等海域。

泥螺（*Bullacta exarata*）（图 4-42）

体呈长方形，极肥大，不能完全缩入壳内。体长 41~46.5 毫米，体宽 26~30 毫米。头盘大，呈拖鞋状，无触角，前端微凹，后端略分为 2 叶，遮盖贝壳前端的一部分，外套膜大部分被贝壳所遮盖，唯其后端变成肥厚的叶片，游离，且一部分向体背面翻转，遮盖贝壳的后部。足短，约占身体全长的3/4，后端截形。侧足发达，常向背方反曲，遮盖贝壳的一部分，贝壳卵圆形，高19~23毫米，宽14~18毫米，质薄脆，黄色。无壳塔，体螺层发达，壳口广大。

生活在潮间带的泥滩上，退潮后匍匐于海滩，背部覆盖一薄层细泥。可见于辽宁大连、河北秦皇岛等海域。

纵带滩栖螺（*Batillaria zonalis*）（图4-43）

壳呈尖塔形，壳高约22.5毫米，壳宽约8毫米。螺层12或13层，缝合线显著。壳顶常呈破蚀状态，体螺层较短小，不膨胀，微向腹方弯曲。每一螺层表面均具有粗而明显的波状纵肋及细的螺肋，在每螺层的下部有1条很明显的白色带。壳表面颜色多变化，通常为黄褐色或黑褐色；壳内面灰白色，具有多数深棕色的条纹，排列整齐。壳口卵圆形，外唇简单，内唇具胼胝。前沟短而开张，呈窦状；后沟不明显，仅留有缺刻。厣角质。无脐孔。

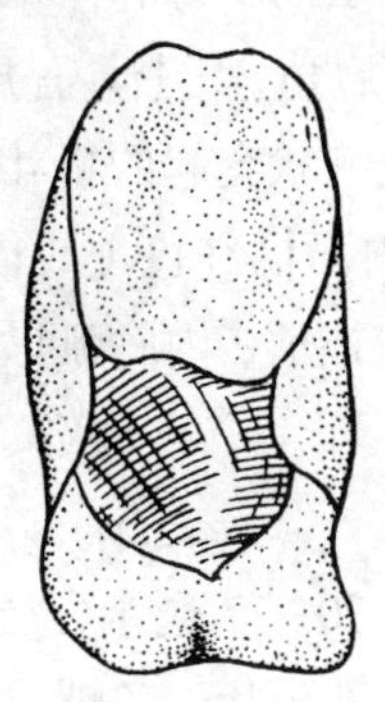

图4-42　泥螺

（仿赵汝翼）

图4-43　纵带滩栖螺

（仿赵汝翼）

生活于潮间带的泥沙滩或砾石滩上，数量不多。可见于辽宁大连、河北秦皇岛等海域。

古氏滩栖螺（*Batillaria cumingi*）（图4-44）

壳形与纵带滩栖螺相似，稍短小，壳高约20.5毫米，壳宽约7.5毫米，螺层10或11层。壳面纵肋较宽，仅在上部各螺层稍明显，

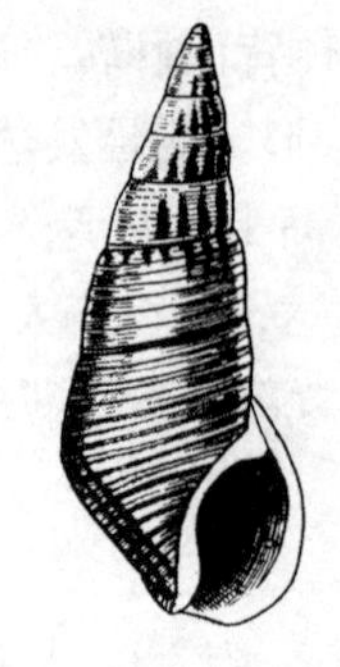

图 4-44　古氏滩栖螺
（仿赵汝翼）

下部数层无纵肋，这是与前种的明显区别。壳表面颜色多变化，有青灰、棕褐、黄褐等色，并具有白色的条纹或斑点；壳内面灰白色，具多数深棕色条纹，排列很整齐，有光泽。壳口卵圆形，外唇薄，向外扩展并反折；内唇具胼胝并轻度扭曲，略成“S”形。前沟短而开张，呈窦状，后沟缺刻状。厣角质。无脐孔。

生活环境与纵带滩栖螺相同，但数量很大，为习见种。可见于辽宁大连、河北秦皇岛等海域。

脉红螺（*Rapana venosa*）（图 4-45）

贝壳略呈四方形。高 94~123 毫米，宽 79~95 毫米，壳质极坚厚。螺层约 6 层，缝合线较浅。壳塔短小，约为壳高的 1/5~1/4。壳面密生较低的螺肋，粗细较均匀。每螺层的中部和体螺层的上部有 1 条螺肋突然向外突出，形成近 90° 的肩角，其上具有角状突起。在体螺层肩角下方还有 3 条具结节突起或棘状突起的粗壮螺肋。壳表面黄褐色，具有棕色斑点。壳口大，内面橘红色（成体）。外唇边缘具有与螺肋相应的缺刻，内缘具多数褶襞；内唇弧形，上薄下厚，下方外翻形成假脐。厣角质，椭圆形。

香螺（*Neptunea cumingi*）（图 4-46）

贝壳近菱形。高 110~134 毫米，宽 70~77 毫米，壳质坚实。螺层约 7 层，缝合线明显。壳顶光滑，呈乳头状，各螺层中部和体螺层上部扩张形成肩角，肩角略成 90° ，其上具有发达的棘状或翘起的鳞片状突起。壳面粗糙，具有细密的螺旋线和数条纵肋，生长线亦粗糙显著。壳表面淡黄褐色，被褐色壳皮；壳内面灰白色，具珍珠光泽。壳口卵圆形，前沟略长而开张，多少向背方弯曲。外唇弧形，简单；内唇略扭曲，下部具胼胝，于壳轴处有 1 斜沟状凹陷。绷带呈纵肋状，具有许多细的生长纹。厣角质，卵圆形，棕色。

生活在低潮线下至 78 米深的泥沙质或岩礁的海底。在我国仅产于黄海、渤海。可见于辽宁大连龙王塘、傅家庄、石槽、河口等地。

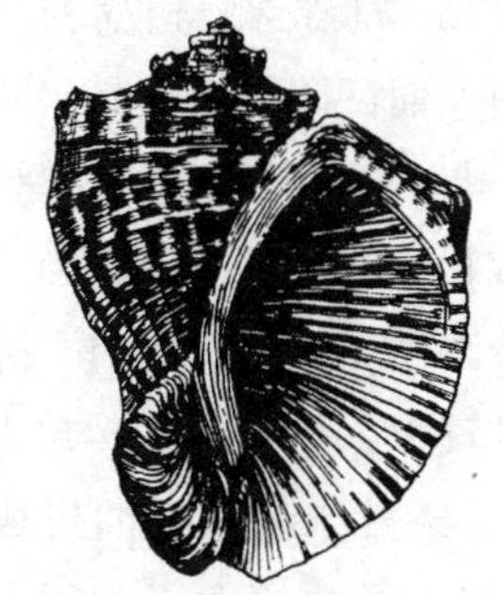

图 4-45 脉红螺
（仿赵汝翼）

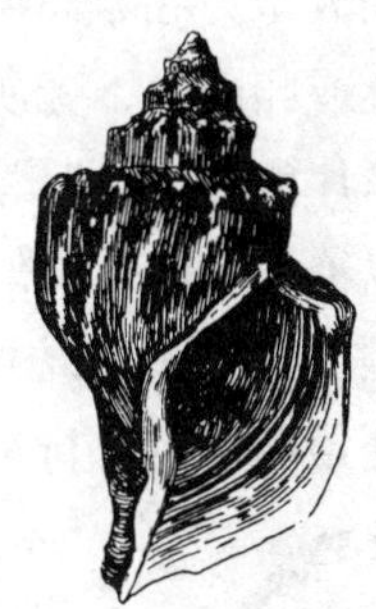

图 4-46 香螺
（仿赵汝翼）

4.3.6.3 瓣鳃纲（Lamellibranchia）

瓣鳃纲贝壳结构模式图见图 s-8。

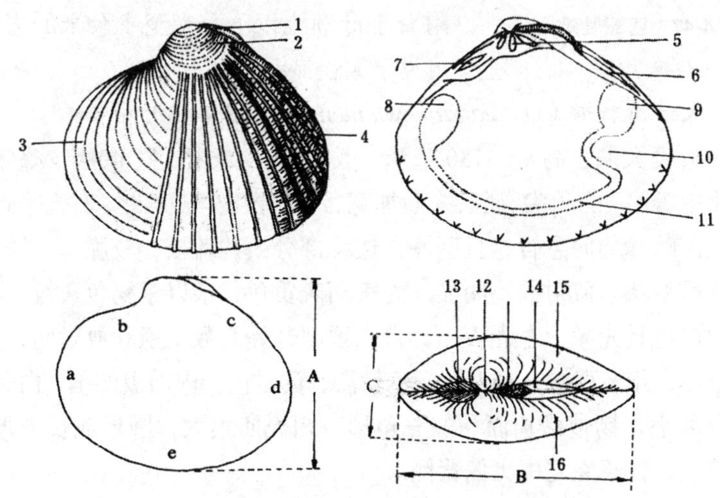

图 s-8 瓣鳃纲贝壳各部分名称模式图（仿赵汝翼）

A. 壳高；B. 壳长；C. 壳宽

a. 前缘；b. 前背缘；c. 后背缘；d. 后缘；e. 腹缘

1. 外韧带；2. 生长线；3. 轮脉；4. 放射肋；5. 主齿；6. 后侧齿；7. 前侧齿；8. 前闭壳肌痕；9. 后闭壳肌痕；10. 外套窦；11. 外套痕；12. 壳顶；13. 小月面；14. 楯面；15. 右壳；16. 左壳

密鳞牡蛎（*Ostrea denselamellosa*）（图 4-47）

贝壳大型，壳高 58~87 毫米，壳长 46~71 毫米，壳宽 31~40 毫米，圆形或卵圆形，壳质坚厚。左壳稍大而凹陷，右壳较平坦。右壳顶部鳞片愈合，较光滑，其余各区域鳞片密、薄而脆，多呈舌状，紧密地以覆瓦状排列。放射肋不明显，数目不稳定，肋间距大于肋宽。壳表面颜色变化大，以灰色为基色，杂以紫、褐、青等色。壳内面白色，壳顶两侧有单行小齿 1 列，数目较少，不很明显。左壳表面环生坚厚的鳞片，鳞片末缘常卷曲形成坚而小的棘。放射肋粗壮，肋宽大于肋间距，壳后缘有粗大的锯齿。壳表面紫红色、褐黄色或灰青色，壳内面白色。铰合部较狭窄，韧带槽短小，三角形。壳顶两侧有单行小齿 1 列。闭壳肌痕肾脏形，位于贝壳中央稍偏背侧。

图 4-47　密鳞牡蛎

（仿范学铭）

附着于低潮线以下数米至十余米的岩石上，可见于大连沿海。

大连湾牡蛎（*Ostrea talienwhanensis*）（图 4-48）

贝壳大型，高 95~130 毫米，长 55~63 毫米，宽 40~45 毫米，壳质中等厚。壳顶尖，至后缘渐加宽，致贝壳略呈三角形。右壳平坦，壳顶部鳞片趋向愈合，且坚厚，边缘部分鳞片疏松，较脆薄。鳞片起伏呈波状，放射肋不明显。壳表面灰黄色，杂以紫褐色斑纹。壳内面白色具光泽。左壳极凸，自壳顶部开始有数条粗壮放射肋，鳞片坚厚，几乎直立。壳表面颜色较淡，黄白色。内面极凹陷，白色。铰合部小，韧带槽长而深，三角形。闭壳肌痕大，圆形或长方形，黄紫色，位于壳之中央偏背侧。

固着于潮间带低潮区的浸水带及低潮线以下 20 米深的浅海岩石上，栖息密度大。可见于辽宁大连海域。

近江牡蛎（*Ostrea rivularis*）（图 4-49）

贝壳大型，壳高 37~70 毫米，壳长 41.5~100 毫米，壳宽 12~42 毫米，壳质极坚厚，左壳稍大于右壳。壳的形态变化大，有圆形、卵圆形、三角形和长形。右壳稍平，鳞片薄而平直，1~2 年生的个体鳞片常呈游离状，具波纹，2 年至数年生的个体鳞片变平坦或稍具波纹，生长多年的个体鳞片重叠使壳加厚。壳表面有灰、青、紫、棕等颜色。壳内面白色，边缘常呈灰紫色。左壳厚大，凸起，鳞片层次少，但强壮具皱褶，极凹。铰合部窄，韧带长而宽，牛角形。闭壳肌痕大，形状不规则，常随壳形变化而异，多为半圆形或肾脏形，位于壳之中央偏背侧。

栖息于低潮线以下至 7 米的浅海，适应性强，分布甚广。可见于辽宁大连海域。

图 4-48　大连湾牡蛎

（仿范学铭）

图 4-49　近江牡蛎

（仿范学铭）

毛蚶（*Scapharca subcrenata*）（图 4-50）

贝壳卵圆形，极膨胀，壳高 21~38 毫米，壳长 25~49 毫米，壳宽 18~33 毫米，壳质坚厚。两壳不等大，左壳稍大，壳顶突出，尖端向内卷曲超过韧带面，至前端的距离不及壳长 1/3。韧带梭形，具黑褐色角质厚皮。壳前缘、腹缘均为圆形，后缘背方成截形，与腹缘相交处向后延伸。壳表面具放射肋 34 条左右，肋上具结节，放射沟稍窄于放射肋。生长线明显。壳表面被棕褐色绒毛状壳皮，壳皮在壳顶部极易脱落。壳面白色或稍染淡黄色；壳内面白色，中部具放射状细纹，边缘有和放射肋相对应的齿状突起。铰合部稍弯曲，铰合齿栉状，前闭壳肌痕小，呈菱形；后闭壳肌痕大，卵形。

可见于辽宁大连、河北秦皇岛等海域。

泥蚶（*Tegillarca granosa*）（图 4-51）

贝壳极坚厚，高约 22 毫米，长约 29 毫米，宽约 17 毫米，高度略大于宽，约为长度的 4/5。两壳相等，极膨胀，卵圆形。壳顶突出，尖端向内卷曲，自壳顶至前端的距离约为壳长的 1/3，两壳顶相距较远。韧带面宽箭头状，韧带角质，具排列整齐的纵纹。壳前缘近圆形，与背缘约成直角；后缘向后方倾斜，与背缘成钝角；腹缘弧形。壳中上部极凸出，壳表面放射肋极发达共 18~20 条，壳顶至壳缘渐粗大，除后端数条外，肋上具显著的颗粒状结节，放射肋沟稍宽于放射肋，生长线明显。被褐色壳皮，壳皮极易脱落。壳内面灰白色，边缘厚，具有与放射肋相对应的齿状突起。铰合部直，铰合齿约 40 个，两端大，中间小。前闭壳肌痕较小，呈三角形；后闭壳肌痕大，近圆形。

埋栖于浅海泥滩中，饵料以底栖硅藻为主。可见于辽宁大连海域。

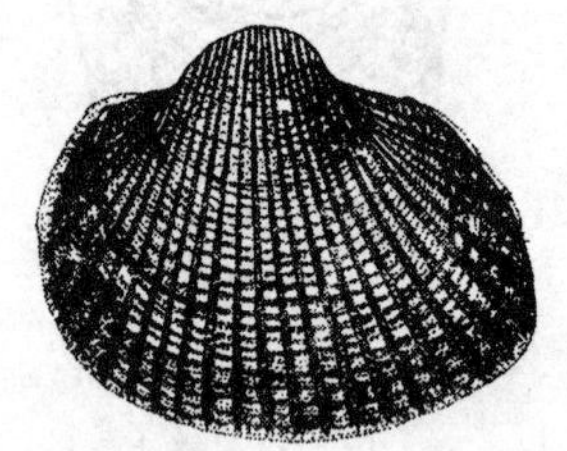

图 4-50　毛蚶

（仿赵汝翼）

图 4-51　泥蚶

（仿赵汝翼）

栉孔扇贝（*Chlamys farreri*）（图 4-52）

贝壳扇形。高约 65 毫米，长约 60 毫米，宽约 18 毫米，两壳略相等，左壳凸，右壳稍平，壳质薄。壳顶尖，位于壳的正中央。壳顶前、后背缘稍向背侧弯曲，两缘在壳顶所形成的尖角约 60°，前、后缘及腹缘均为圆形。贝壳由壳顶向前后伸出前耳和后耳，前耳大，其长度为后耳的 2 倍。两壳的后耳圆形、等大。前耳的形状不同，左壳前耳呈三角形，表面具粗细相间的多条小肋；右壳前耳腹面有 1 缺刻，形成 1 足丝伸出孔，使前耳呈倒梯形，表面具覆瓦状突起，

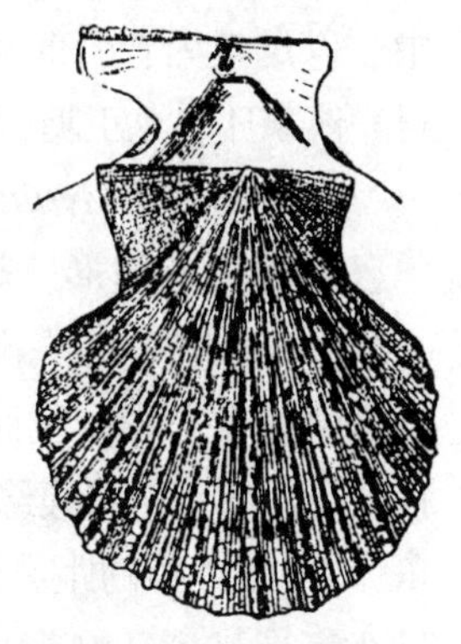
图 4-52 栉孔扇贝
（仿赵汝翼）

在耳与背缘交界处，有一个三角形皱褶状小区，该小区向后的背缘上有 6~10 枚栉状齿；右壳前耳向左侧卷曲，可覆盖右前耳的背缘。铰合线平直，无齿。外韧带薄，棕色；内韧带黑褐色，三角形，极强大，嵌入三角形的韧带槽中。壳表面颜色变化甚大，由紫褐色直至橙红色，同一个体通常左壳色深，右壳色浅。生长线明显，放射肋极强大。贝壳表面常固着螺旋虫等小型管栖环节动物。壳内面多为乳白色，常随壳表面颜色而起变化，具珍珠光泽，有与放射肋相对应的肋纹。各肌痕不明显。

生活在海水水流较急的清水中，自低潮线以下至 20 余米的海底均有分布。可见于辽宁大连、河北秦皇岛等海域。

紫贻贝（*Mytilus edulis*）（图 4-53）

壳呈三角形。长 25~42 毫米，宽 40~66 毫米，壳高 15~30 毫米。长度不及高度的 2 倍，宽度约为高度的 1/3。壳表面淡紫色，具有珍珠光泽，壳皮发达，在顶部极易脱落，呈紫色。壳顶略向腹侧弯曲，位于壳的前端，比较尖。贝壳的后缘较圆，腹缘平直，足丝孔狭长，背缘直，与腹缘的夹角大于 45°。放射肋不明显，生长线明显。

图 4-53 紫贻贝
（仿范学铭）

壳表面自壳顶起沿腹缘向后逐渐突起，到达中间后又逐渐收缩。壳内侧常呈深紫色。铰合部不发达，主齿一般为 4 枚左右，乳头状，位于壳顶内侧。外套痕、闭壳肌痕均很明显，前闭壳肌痕小，呈半圆形，位于壳顶的下方，后闭壳肌痕较大，呈椭圆形，位于背缘略偏向后端。韧带深褐色，约与铰合部等长。

栖息于潮间带以下至数米深的浅海

中，以足丝固着于低潮线以下浅海底质中，可见于辽宁大连的石槽村、傅家庄、龙王塘、黑石礁及河北秦皇岛的老龙头、鸽子窝等地。

厚壳贻贝（*Mytilus coruscus*）（图 4-54）

贝壳大，楔形。高 54~73 毫米，长 116~160 毫米，宽 38~56 毫米，壳的长度为壳高的 2 倍，为壳宽的 3 倍，壳质厚，壳顶位于壳之最前端，稍向腹面弯曲。腹缘平直，足丝孔狭缝状，位于近壳顶处；背缘直，与腹缘的夹角为 45°，背缘与后缘相接处形成 1 钝角，角顶距壳顶的距离约为壳长的 2/3；后缘圆。具 2 枚小型铰合齿，呈八字形排列。韧带褐色，约为壳长的 1/2。壳面隆起，生长线极明显，不规则，无放射肋。壳皮厚，黑褐色，在壳之边缘向内卷曲形成一镶边，壳顶部壳皮常剥蚀，露出白色壳质。壳内面紫褐色或灰白色，具珍珠光泽。外套痕、闭壳肌痕皆清晰，前闭壳肌痕卵形或心脏形，位于壳顶后方；后闭壳肌痕大，椭圆形，位于壳后端略偏背方；缩足肌痕、中足丝收缩肌痕、后足丝收缩肌痕相连成“6”字形，但前三者较紫贻贝狭窄；前足丝收缩肌痕位壳顶后方的背缘，披针形，足丝粗，淡黄色。

生活时以足丝固着于低潮线以下浅海底质中，可见于辽宁大连的石槽村、傅家庄、龙王塘、黑石礁和河北秦皇岛的老龙头、鸽子窝等地。

偏顶蛤（*Modiolus modiolus*）（图 4-55）

贝壳略呈卵圆形，高 29.5~36 毫米，长 57~75 毫米，宽 25~31 毫米，壳质坚厚。壳顶于壳之前方，不达最前端，略高于铰合部。腹缘略凹，两壳间具狭缝状足丝孔；背缘呈弓形；后缘圆。

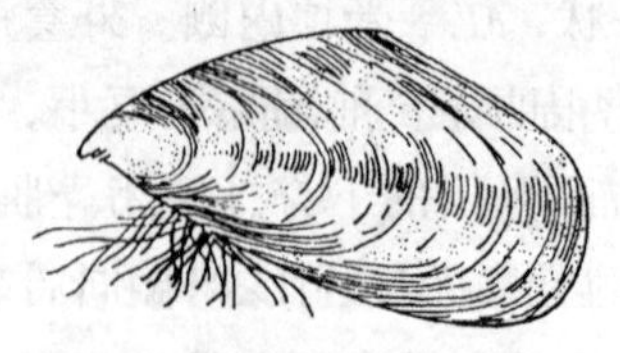

图 4-54　厚壳贻贝

（仿宋鹏东）

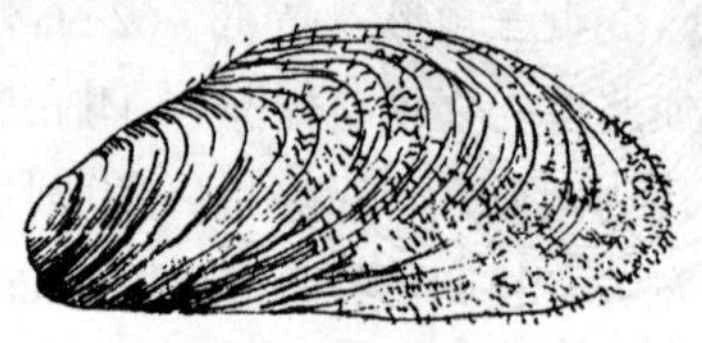

图 4-55　偏顶蛤

（仿范学铭）

铰合部稍弯曲，韧带极强大，约为壳长的1/3，在韧带下有一条明显的长形脊突。壳极膨胀，由壳顶向后缘形成一条隆起，由此向背面宽度骤减，向腹面则逐渐缩减。生长线细密明显。壳皮棕褐色，可向壳内面包被壳缘，壳顶部壳皮极易磨损，呈白色或稍染紫色。壳内面白色或蓝紫色，具珍珠光泽。外套痕明显，闭壳肌痕不明显。前闭壳肌痕很小，位于壳的最前端腹侧，长条形；后闭壳肌痕大，位于后方的背侧，卵圆形。足丝细软，黑褐色。

生活时以足丝固着在岩礁或泥沙海底，从潮间带低潮区到水深20米的浅海都有分布，在较深一些的浅海（50米）常有几十个体固着成群栖状态。可见于辽宁大连、河北秦皇岛等海域。

中国金蛤（*Anomia sinensis*）（图4-56）

壳近圆或椭圆形。壳质薄脆，易碎。壳长15~36毫米，壳宽5~12毫米，壳高20~38毫米。壳表面有白色、金黄色、褐色等多种颜色,具云母光泽。壳顶位于左壳的背方,不突出。右壳小而平坦，壳质较薄,一般位于下方；左壳大而突起,壳质稍厚,一般位于上方。壳边缘具有波纹状弯曲，多不规则。足丝孔位于右壳的壳顶，呈卵圆形。两壳生长线区别明显，右壳清晰，左壳的壳顶较为光滑，只在边缘部分生长线明显。放射肋不规则，在壳表面呈皱纹状。壳内面淡褐色，具有珍珠光泽。闭壳肌痕明显，呈圆形。两根足丝位于闭壳肌之前的壳中央。

活体以足丝固着于浅海的岩石上。可见于辽宁大连石槽村、双台沟和河北秦皇岛老龙头、石河河口等地。

文蛤（*Meretrix meretrix*）（图4-57）

壳近三角形。高43~62毫米，长51~72毫米，宽26~34毫米，壳质坚厚。壳顶略偏前方，稍突出，两壳顶接近。前缘、后缘及腹缘均为圆形，背缘略呈三角形。小月面不显著，为狭长枪头状；楯面宽大，长卵形；韧带粗短，凸出，约为楯面长的1/3。铰合部宽，左壳主齿3枚，前2枚短，三角形，后1枚长而宽，齿面具纵沟，与背缘平行；前侧齿1枚，短而突出。右壳主齿3枚，前2枚短，呈“∧”形排列，后1枚斜长，强大；前侧齿2枚，成背腹排列。壳表面膨胀，光滑细腻。壳皮黄褐色，光亮如漆。自壳顶起，常有许多环形的褐色彩带和呈放射状排列的齿状花纹，大的个体花纹稀疏，小的个体花纹密集。生长线明显，细致，无放射肋。壳内面白色，光亮。各肌痕均明显，外套窦短而宽，尖端圆形；前闭壳肌痕略小，长卵形；后闭壳肌痕较大，近圆形。

生活在潮间带至浅海区的细沙表层。幼小个体也常栖于其中、上区。为习见种，我国沿海均有分布。

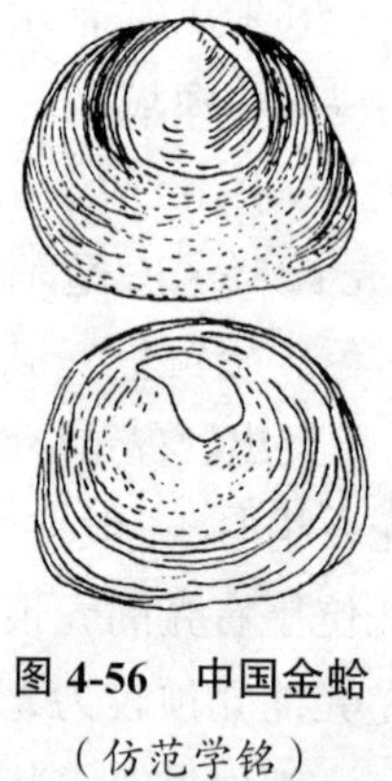

图 4-56　中国金蛤
（仿范学铭）

图 4-57　文蛤
（仿赵汝翼）

凸镜蛤 [*Dosinia*（*Phacosoma*）*gibba*]（图 4-58）

贝壳小型。高 17~26 毫米，长 17~28 毫米，宽 13~18.6 毫米。壳质坚厚，两壳极膨胀。壳顶突出，位于背面中央，稍向前弯曲。小月面大，心脏形；楯面狭长，中央形成1深沟；棕黄色韧带下沉，为楯面长的 2/3。铰合部宽，右壳有主齿3枚，2枚前侧齿；左壳主齿3枚，1枚前侧齿。壳表面黄白色，无放射肋，生长线发达，突出壳面形成轮脉；壳内面白色。外套痕显著，外套窦深，尖端可达贝壳的中心部。前闭壳肌痕狭长半圆形；后闭壳肌痕大，卵圆形。

栖于潮间带至 60 米深的浅海泥沙底质中。我国沿海均有分布。

日本镜蛤（*Dosinia japonica*）（图 4-59）

贝壳近圆形。高 45.5~71 毫米，长 49.5~74 毫米，宽 21~32

毫米，壳质坚厚。壳顶小，尖端向前弯曲，位于背面偏前方，微高出壳面。小月面凹陷，狭心脏形；楯面狭长，外韧带黄褐色，约为楯面长的2/3，壳顶前方背缘向内凹陷，楯面呈弧形，其余壳缘均为圆形。铰合部宽，左壳主齿3枚，前方2枚粗壮，成“∧”字形排列,后端1枚长而薄,与中间1枚几乎平行；主齿之前有1短突起，为侧齿的雏形。右壳主齿3枚，前边1枚呈薄片状，中间1枚短而粗，几乎与第一枚平行排列，后边1枚长而宽；主齿前方有1矮的雏形侧齿。壳表面白色，无放射肋，生长线明显，壳顶部光滑细腻，壳边缘稍粗壮。壳内面白色，各肌痕均明显，外套窦长而尖，锥形，末端达壳之中央。前闭壳肌痕长卵形，后闭壳肌痕稍大，半圆形。

生活于潮间带中潮区以下至数十米深的浅海，埋栖深度可达10厘米。较常见，我国北起鸭绿江口，南至海南岛南端均有分布。

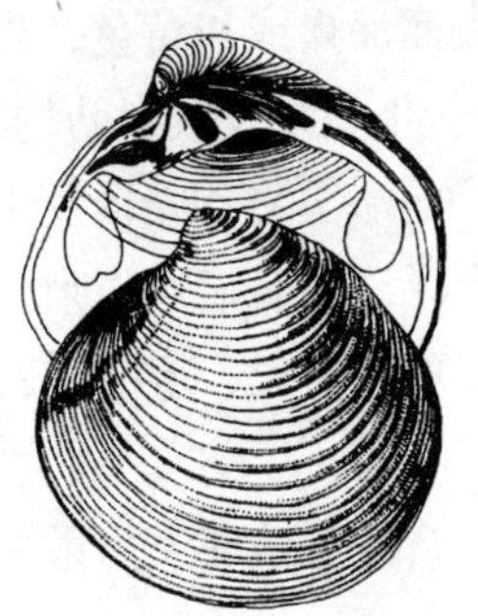

图 4-58　凸镜蛤

（仿赵汝翼）

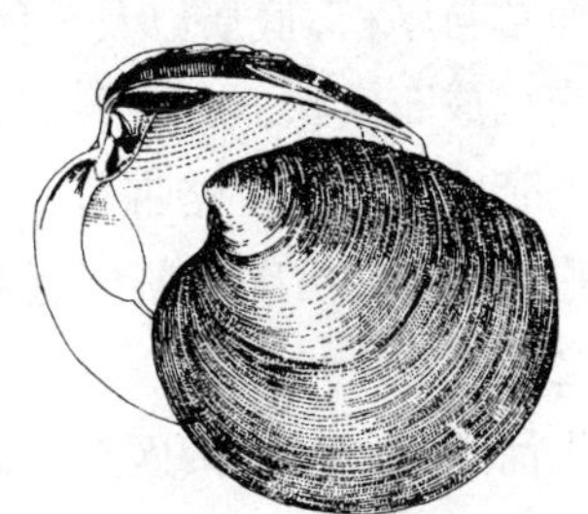

图 4-59　日本镜蛤

（仿赵汝翼）

青蛤（*Cyclina sinensis*）（图 4-60）

贝壳近圆形。高39~42毫米，长39~43毫米，宽23~24毫米，壳质坚厚。壳顶突出，略向前方弯曲。无明显的小月面；楯面狭长，披针形，为外韧带所覆盖；韧带黄褐色，不突出壳面，壳缘为圆形。两壳相等，关闭时极严密。铰合部狭长平坦，左、右壳各具3枚主齿，中间1枚最强大，无侧齿。两壳极膨胀，活体壳表面为黑或深灰色，干制标本多为棕色或棕黄色。生长线自壳顶开始向壳缘逐渐变粗。放射肋不显著，只在较大的个体才隐约可见细密的放射肋，壳内面白色。外套痕、外套窦、闭壳肌痕均显著，外套窦楔形，顶端可达壳之中央；前闭壳肌痕长卵形；后闭壳肌痕近圆形。除铰合部外，壳边缘具有1列整齐的小齿。

生活于潮间带的泥沙海底，营埋栖生活，以中、低潮区数量为最多。我国沿海均习见。

菲律宾蛤仔（*Ruditapes philippinarum*）（图4-61）

壳卵圆形。高33~34毫米，长41~49.5毫米，宽22.5~25.5毫米，壳质坚厚。两壳极膨胀，壳顶位于背缘前方，与前端的距离约为壳长的1/3，两壳顶紧密相接。背缘弧形，前、后缘和腹缘均为圆形，前缘矮，后缘高。小月面宽而明显，卵圆形；楯面狭长，梭形；外韧带强大而凸起，黄褐色。铰合部狭长，左、右壳各具3枚主齿，左壳前面2枚及右壳后2枚顶分叉。壳表面深褐或灰黄色，壳表面颜色通常与岸相、底质以及个体大小有关。生长线及放射肋均细密，两者交织成布纹状，其中后端纹理粗壮，前端次之，壳顶及中部最细致。壳内面白色或略带黄、紫色，具光泽。各肌痕均清晰，前闭壳肌痕半圆形；后闭壳肌痕近卵形。外套窦粗而短，末端钝圆，不达壳之中央。

生活在潮间带低潮区至数米深的浅海，以泥沙底质为最多。在辽宁大连和河北秦皇岛海域皆习见。

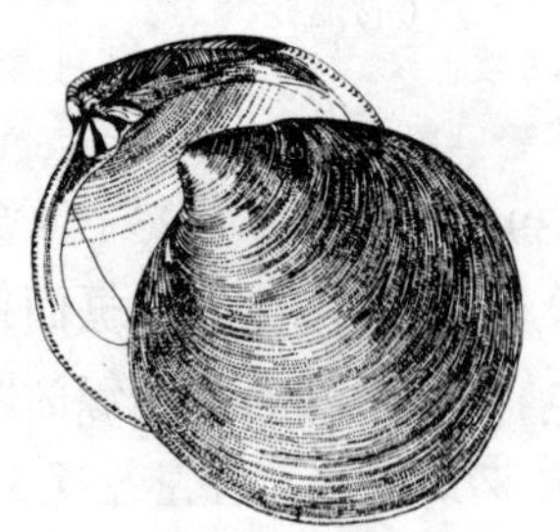

图4-60　青蛤

（仿赵汝翼）

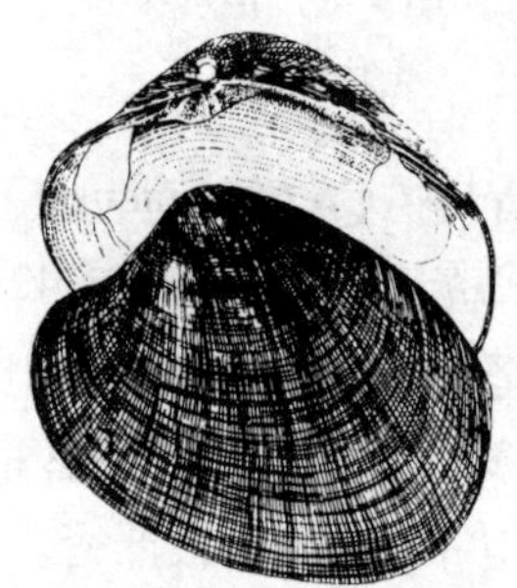

图4-61　菲律宾蛤仔

（仿赵汝翼）

四角蛤蜊（*Mactra veneriformis*）（图 4-62）

贝壳略呈四角形。高 30~34 毫米，长 32.5~38.5 毫米，宽 23~27 毫米，两壳极膨胀。壳顶突出，向内卷曲，位于壳的背部稍偏前方，两壳顶距离很近。壳顶前、后的背缘均呈弧形，只在与腹缘相交处略呈钝角，腹缘弧形。小月面及楯面均宽大，小月面心脏形，壳中部膨胀，由壳顶向前、后缘腹面渐收缩而形成界线。外韧带不发达，呈褐色膜状，内韧带发达，三角形。铰合部宽大，左壳主齿 1 枚，成“人”字形分叉；右壳主齿 2 枚，成“∧”字排列。左壳前、后侧齿各 1 枚，片状；右壳前、后侧齿均为 2 枚。壳表面具灰绿或棕黄色壳皮，壳顶常呈剥蚀状，生长线很明显，并常有数条凹凸不平的同心环。无放射肋。壳内面白色略具光泽。各肌痕均明显，前、后闭壳肌几乎等大，卵圆形；外套窦短而粗，前端钝圆。

埋栖于潮间带中、低潮区，埋栖深度 5~10 厘米。在辽宁大连和河北秦皇岛海域皆习见。

西施舌（*Coelomactra antiquata*）（图 4-63）

贝壳近三角形。高约 59 毫米，长约 70 毫米，宽约 37 毫米，壳质薄而脆。壳顶位于背缘中央稍偏前方，略高出背缘。两壳顶向内前方弯曲，距离很近，但不接触。壳顶前方背缘平直，后方背缘略凸，两缘夹角稍大于 90°，腹缘圆形。小月面宽广，呈隐约的心脏形；楯面狭长，披针形。无外韧带，内韧带三角形，棕黄色，极发达。铰合部宽大，左壳主齿 1 枚，呈“人”字形；右壳主齿 2 枚，呈“∧”字形排列。侧齿呈片状，极薄且短。壳表面黄褐色具光泽，壳皮簿而细致，紧贴壳表面，只在壳顶部呈磨蚀状。生长线细腻而均匀，无放射肋。壳内面淡紫色，壳顶部颜色较深。外套痕、外套窦、闭壳肌痕均明显，前闭壳肌痕小，长卵形；后闭壳肌痕大，近圆形；外套窦短而宽，向前略超过后闭壳肌痕，上缘与后闭壳肌痕相连接。

生活于泥沙海底的潮间带低潮区至数米深的浅海。在我国沿海为习见种，在辽宁大连和河北秦皇岛海域皆可见到。

图 4-62　四角蛤蜊
（仿赵汝翼）

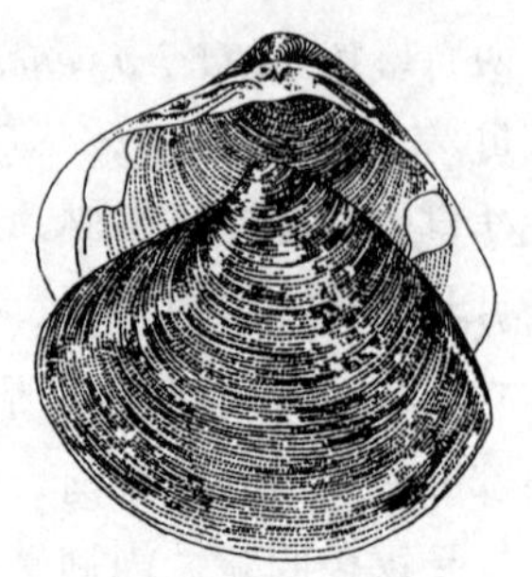

图 4-63　西施舌
（仿赵汝翼）

中国蛤蜊（*Mactra chinensis*）（图 4-64）

贝壳呈三角形。高 16~42 毫米，长 22.5~55.5 毫长，宽 9~28 毫米。壳顶位于背缘偏前方，略高出背缘，两壳顶距离很近，但不相接。背缘弧形，前缘、后缘均为圆形，后缘稍尖，腹缘弧形。小月面及楯面极宽大，呈宽披针形。韧带槽位于主齿之后，三角形，向前倾斜，内韧带黄褐色。左壳主齿 2 枚，顶端愈合，呈“∧”形，前、后各 1 枚片状侧齿；右壳主齿 2 枚，成“八”字形，前、后各 1 枚双片侧齿。壳表面黄绿或黄褐色，并具深浅交替的放射状彩纹，壳顶常呈剥蚀状，白色。生长线明显，呈凹线形，在壳顶处细致，至边缘逐渐加粗。壳内面白色或带蓝紫色。外套痕、外套窦、闭壳肌痕均明显，前闭壳肌痕小，卵圆形；后闭壳肌痕大，半圆形；外套窦短，末端钝圆，向前略超过后闭壳肌痕。

生活于潮间带中、低潮区及浅海的沙质海底。埋栖深度可达 10 厘米左右。在辽宁大连和河北秦皇岛海域皆习见。

橄榄血蛤 [*Sanguinolaria olivacea*]（图 4-65）

贝壳卵圆形。高 24.5~30.5 毫米，长 33~42 毫米，宽 8~11 毫米，壳质薄而脆。两壳等大不同形，左壳凸，右壳平。壳顶偏前方，至前端的距离约为壳长的 1/3。韧带极突出，高于壳顶，呈虫蛹状，具 3~5 条横行的凹沟，韧带下有由壳背缘突出形成的脊状物。壳的前缘、后缘、腹缘均为圆形。铰合部狭窄，两壳各具 2 枚主齿，左壳前主齿强大，顶端分叉，后主齿弱小，尖形；右壳后主齿强大，顶端分叉，前主齿弱小，尖形。壳表面光滑细腻，具紫褐色壳皮，有光泽，壳顶部壳皮常剥蚀。生长线细微、明显。无放射肋，但隐约可见几条浅色放射状彩带。壳内面紫色，各肌痕均明显，前闭壳肌痕长，半月形；后闭壳肌痕半圆形；外套窦深而粗大，沿外套痕向前方伸达壳顶之前。

生活于潮间带低潮区或低潮线附近的沙滩，以足掘入沙中隐居。在辽宁大连和河北秦皇岛海域皆习见。

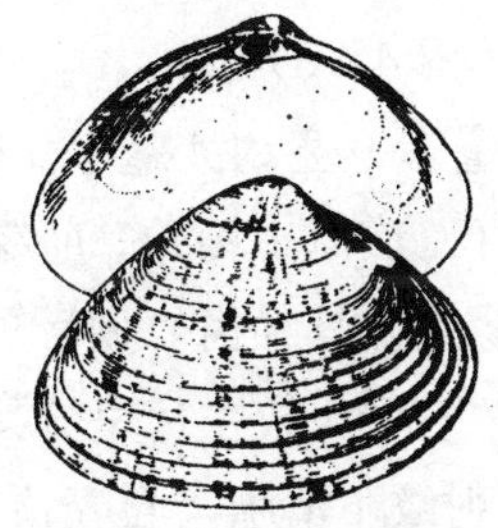

图 4-64　中国蛤蜊

（仿赵汝翼）

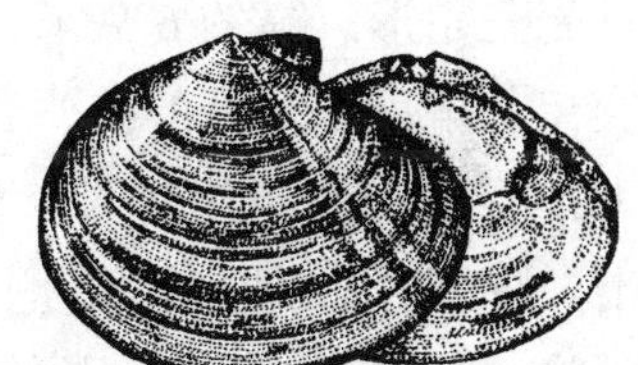

图 4-65　橄榄血蛤

（仿赵汝翼）

沙栖蛤（*Gobraeus kazusensis*）（图 4-66）

贝壳呈长椭圆形。高 17.5~24.5 毫米，长 29.5~45.5 毫米，宽 8.5~16 毫米，壳质薄而脆，两壳极膨胀。壳顶偏前方，至前端的距离约为壳长的 1/3。韧带极突出，后端高于壳顶，圆锥形，韧带下有由壳背缘突出形成的脊状物。壳前、后缘均为圆形，前端略高于后端；腹缘平直。两壳抱合，在壳的后端留开口。两壳各具主齿 2 枚，左壳前主齿直立，后主齿向后倾斜，片状；右壳前主齿直立，后主齿向后倾斜，较强大。壳表面被有黄褐色壳皮，壳顶部常脱落。生长线极明显，有粗细不均的现象，前、后端生长线粗糙，呈褶襞状。无放射肋。壳内面白色或略带紫色，略具光泽。各肌痕明显，前闭壳肌痕长，呈楔形，后闭壳肌痕呈桃形；外套窦腹侧与外套痕汇合，背侧界线与壳腹缘平行，前端达壳顶下方。

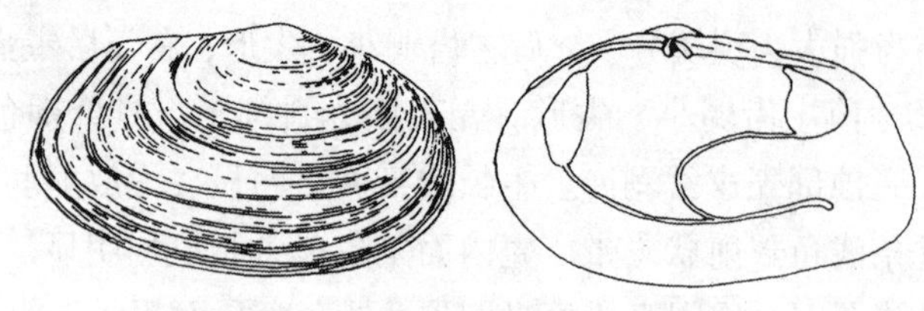

图 4-66　沙栖蛤

（仿赵汝翼）

栖于潮间带沙砾间或泥滩，低潮线以下也有分布。在辽宁大连和河北秦皇岛海域皆可见到。

九州长斧蛤（*Tentidonax kiusiuensis*）（图 4-67）

贝壳三角形。高约 6 毫米，长约 11 毫米，宽约 4 毫米。壳顶尖而突出，偏后方。壳的前、后背缘平直，形似 1 钝角；前缘圆，后缘尖；腹缘较平。壳的前缘、腹缘、后缘内侧具细齿。韧带短小，较突出。左壳主齿 2 枚，前、后侧齿各 1 枚；右壳 1 枚主齿呈分叉状，侧齿深陷。壳表面白色，生长线细腻，放射纹不清晰。自壳顶开始向前、后腹缘伸出 2 条浅棕色彩带。壳内面白色，具光泽。各肌痕明显，外套窦宽而圆，顶端达壳之中央。

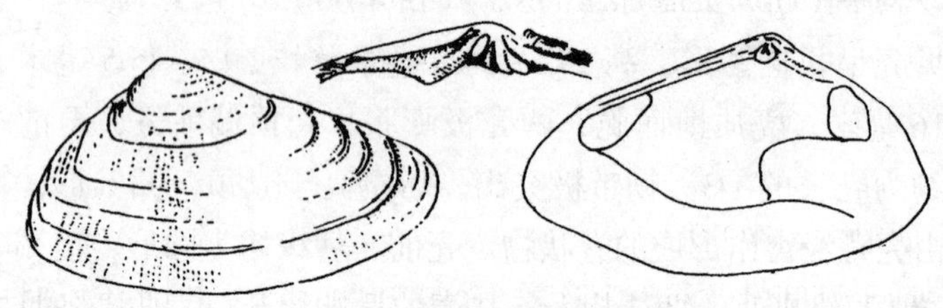

图 4-67　九州长斧蛤

（仿赵汝翼）

栖于沙质或沙砾质潮间带。可见于河北山海关、北戴河等地。

黑龙江河蓝蛤（*Potamocorbula amurensis*）（图 4-68）

贝壳近似等腰三角形。高 14~22.5 毫米，长 22~32 毫米，宽 9.5~16 毫米，长高比例略有变化，壳质坚厚。两壳不等，右壳卷包左壳。壳前端稍圆，后端略尖，腹缘弧形。铰合部狭窄，铰合齿强大，右壳前主齿强大，三角形，后主齿细弱；左壳后主齿强大，背面具沟，前主齿几乎退化。韧带位于2枚强大主齿中间。壳表面具壳皮，极易剥蚀，表面呈瓷质光泽。生长线明显，个别个体壳后端可呈重叠状。无放射肋，有的个体具细微的放射纹。壳内面白色。前闭壳肌痕肾形，后闭壳肌痕与贝壳同形。外套窦浅，先端不超过后闭壳肌痕。

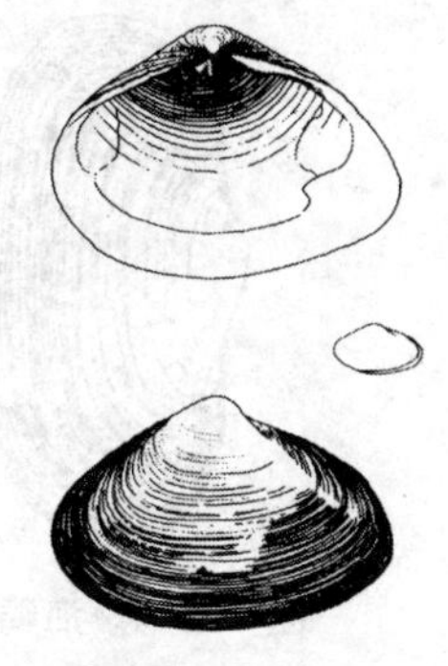

图 4-68　黑龙江河蓝蛤
（仿赵汝翼）

栖于河口附近咸淡水10米左右软泥质海底。我国黄海、渤海、东海、南海沿海广为分布。

渤海鸭嘴蛤（*Laternula marilina*）（图 4-69）

贝壳长椭圆形。高18~21毫米，长36~40毫米，宽13~16毫米，壳质薄易碎。壳顶稍突出，中间具横裂纹，位于背侧中央偏前方，两壳顶紧密相接。壳极膨胀，至腹缘急剧收缩，后端呈指甲状。两壳抱合时，前、后均有开口，后端一开口甚宽敞。壳前缘、后缘均为圆形，前端略高于后端；腹缘较直。铰合部无齿，只在壳顶下方具1匙状韧带槽，左壳韧带槽长，基部弯曲；右壳韧带槽短，三角形。两壳抱合时，左壳韧带槽在前。壳表面白色，带云母样光泽，壳皮薄，土黄色，易脱落。生长线明显，较粗糙。前闭壳肌痕小，长形；后闭壳肌痕大，半圆形；外套窦宽大，半圆形。

生活于潮间带及浅海泥沙滩中，营埋栖生活。我国沿海广为分布，可见于辽宁大连夏家河子、土城子和河北秦皇岛石河河口等地。

光滑河蓝蛤（*Potamacorbula laevis*）（图 4-70）

贝壳近长椭圆形。高11~15毫米，长16.5~22.5毫米，宽6.5~9.5毫米，壳质薄。壳顶不甚突出。两壳前、后缘均为圆形。右壳前主齿呈尖三角形，左壳后主齿呈匙状。壳表被褐绿色壳皮。生长线细腻，后端稍有褶襞。壳内面白色。前闭壳肌痕椭圆形，后闭壳肌痕卵圆形，外套痕极浅。

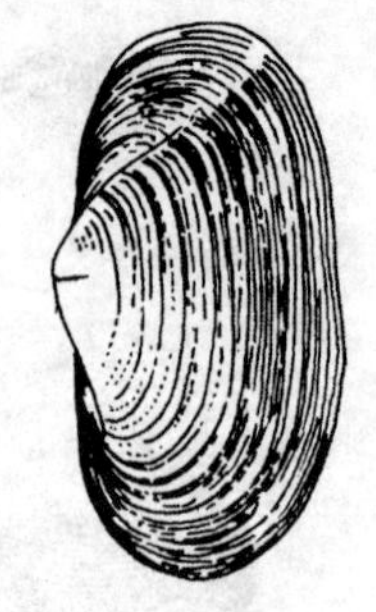

图 4-69　渤海鸭嘴蛤

（仿赵汝翼）

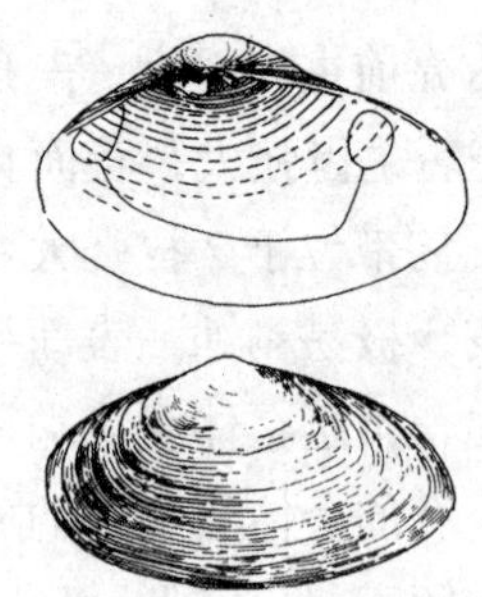

图 4-70　光滑河蓝蛤

（仿赵汝翼）

幼体多栖于潮间带上部，成体多栖于浅海，喜群栖。我国南、北方沿海广为分布。

紫石房蛤（*Saxidomus purpuratus*）（图 4-71）

贝壳卵圆形。高 52~76 毫米，长 71~95 毫米，宽 35~46 毫米，壳质极坚厚。壳顶突出，位于背缘的偏前方，距离前端的距离约为全长的 2/5。两壳顶相接触。小月面不明显，楯面被外韧带覆盖，韧带强大突出，黑褐色。壳前缘圆形，腹缘较平，后缘略呈截形。两壳关闭时在前缘腹侧和后缘各保留 1 狭缝状开口，分别为斧足和水管的伸出孔。铰合部宽大，左壳主齿 4 枚，第一枚最矮，第二枚薄，第三枚最高且粗壮，第四枚向后延伸，为最长者；右壳主齿 3 枚，第一枚尖形，第二枚匙状，第三枚向后斜行，顶端具 1 缺刻。右壳前侧齿 2 枚，为三角形。壳表面突起，无放射肋，生长线明显，粗壮，由壳顶向壳缘呈同心圆排列。壳表面灰色、泥土色或染以铁锈色。壳内面深紫色，具珍珠光泽。各种肌痕甚明显，前、后闭壳肌痕几乎等大，均呈半圆形；外套窦粗大，几乎伸达壳之中央。

生活于低潮线附近或低潮线以下的浅海，以泥沙海底为最多，沙砾海底也有分布。可见于辽宁大连星海公园、河口等地。

异白樱蛤（*Macoma incongrua*）（图 4-72）

贝壳呈卵圆形。高 15~20.5 毫米，长 20.5~26.5 毫米，宽 7~11 毫米，壳中等厚，不甚脆。壳顶位于壳之中央略偏后方，稍突出。壳前缘圆形；壳顶后侧背缘直；后缘略尖且向右侧弯曲。韧带狭长，黄褐色，前端钝，后端尖。铰合部窄，左、右壳各具主齿2枚，左壳前主齿和右壳后主齿相似，极强大，顶端分叉，左壳后主齿和右壳前主齿相似，较弱小，顶端不分叉。壳表面被棕黄色壳皮，壳白色。生长线细密，至壳之边缘略显粗糙。壳内面白色，具珍珠光泽。各肌痕均显著，前闭壳肌痕大，椭圆形；后闭壳肌痕稍小，近圆形。外套窦两壳有异，左壳外套窦极宽大，前端与前闭壳肌痕相接；右壳外套窦较小，前端不达前闭壳肌痕后缘。

埋栖于潮间带至10米深的浅海泥沙中，有时也见于沙砾海底。在辽宁大连和河北秦皇岛海域皆可见到。

图 4-71 紫石房蛤

（仿赵汝翼）

图 4-72 异白樱蛤

（仿赵汝翼）

明细白樱蛤（*Macoma praetexta*）（图 4-73）

贝壳卵圆形。高17.5~22毫米，长22.5~34毫米，宽6.5~9毫米，壳薄而透明，具光泽。壳顶位于壳背侧中央侧后方，略尖，稍突出。壳前缘圆形，壳顶后侧背缘直，后缘略尖，并向右侧稍弯曲，两壳间前后均有开口。外韧带黄褐色，披针形。左、右各具主齿2枚，左壳前主齿强大，顶端分叉，后主齿呈片状；右壳后主齿强大，顶端分叉很深，前主齿呈片状。壳表面光滑，粉红色。生长线细而均匀，整个壳表面常有数条乳白色同心彩带。壳内面粉红色。各肌痕均明显，前闭壳肌痕长椭圆形，后闭壳肌痕心脏形。外套窦两壳不同，左壳的较深而大，前端距前闭壳肌痕后缘很近；右壳的距前闭壳肌痕稍远。

栖于沙岸潮间带中、低潮区。在辽宁大连和河北秦皇岛海域皆可见到。

大竹蛏（*Solen grandis*）（图 4-74）

贝壳呈竹筒状。高 16~21 毫米，长 72.5~96.5 毫米，宽 10~13 毫米，壳质脆薄。壳顶位于壳之最前端，不突出。韧带黑褐色，为长三角形，其长度约为壳长的 1/5。壳前缘截形，略倾斜；后端圆形；背、腹缘直，相互平行。铰合部小，两壳各具 1 枚主齿。壳表面凸，被黄褐色壳皮，壳顶附近的壳皮易剥落，腹缘及后端壳皮向壳内面卷包。生长线明显细腻，沿后缘和腹缘所成的方向排列。壳表面常有与生长线一致的肉红色彩带。壳内面白色或稍带紫色。各肌痕明显，前闭壳肌痕长形，几乎与韧带等长；后闭壳肌呈三角形，至后端的距离约为壳长的 1/4；外套窦前端位于后闭壳肌痕的下方，其顶端与外套痕相接。

埋栖于潮间带中、低潮区和浅海的泥沙滩，埋栖深度 30~40 厘米。在辽宁大连和河北秦皇岛海域皆可见到。

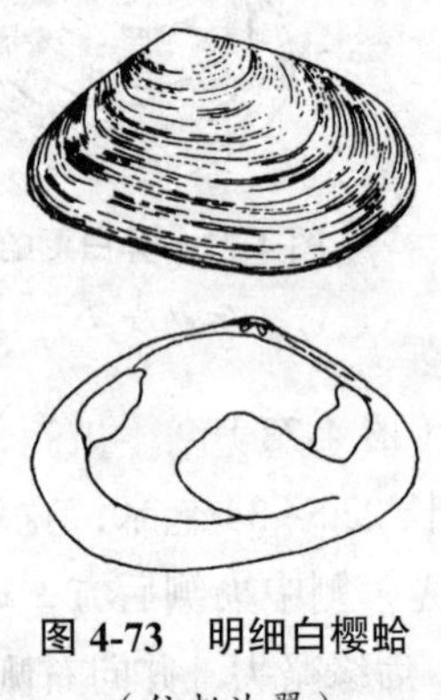

图 4-73　明细白樱蛤

（仿赵汝翼）

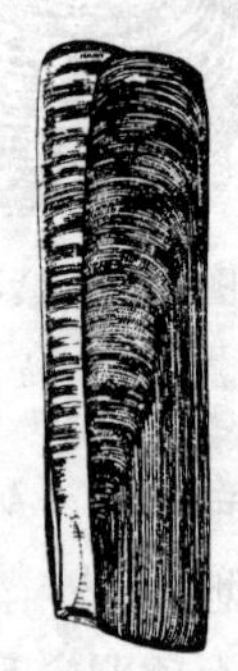

图 4-74　大竹蛏

（仿赵汝翼）

长竹蛏（*Solen gouldii*）（图 4-75）

贝壳窄而长。高 13~15 毫米，长 92~115.5 毫米，宽 9~10 毫米。壳顶位于壳之最前端，不突出。韧带黑褐色，窄而长，约为壳长的 1/5。壳前缘呈截形，略倾斜；后缘截形，与前缘几乎平行；背、腹缘直，相互平行。铰合部小，两壳各具主齿 1 枚。壳表面被黄褐色壳皮，具光泽，腹缘和后缘壳皮向壳内面卷包。生长线明显、细腻，后端略显粗糙。壳内面白色或淡黄褐色。各肌痕均明显，前闭壳肌痕窄长，与韧带几乎相等；后闭壳肌痕呈弓形，最宽处至后端的距离约为壳长的 1/3；外套窦短，其前端不达后闭壳肌痕的中部，其腹侧边缘与外套痕相重合，前端圆形。

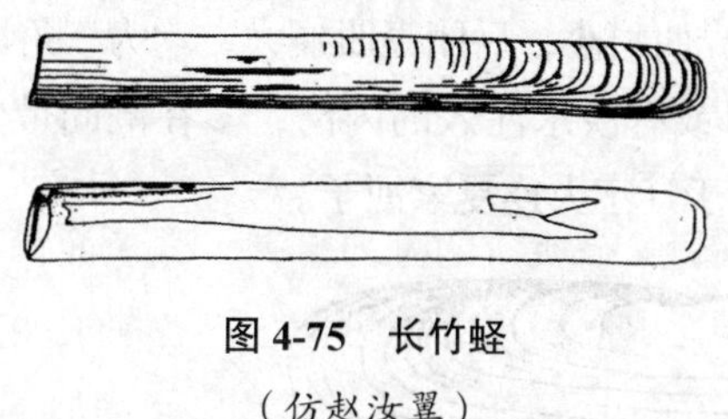

图 4-75　长竹蛏

（仿赵汝翼）

生活于潮间带中、低潮区至浅海的沙质海底，埋栖深度 20~30 厘米。在辽宁大连和河北秦皇岛海域皆习见。

薄荚蛏（*Siliqua pulchella*）（图 4-76）

贝壳长椭圆形，侧扁。高 10~14 毫米，长 28~36.5 毫米，宽 3.5~6 毫米，壳极薄。壳顶位于壳背侧前方，至前端的距离约为壳长的 1/4，微突出于壳背缘。壳背缘直，前、后缘圆形，腹缘略凸。韧带黑褐色，狭长，前端尖，后端钝。铰合部狭窄，左、右壳各具主齿 2 枚，左壳前主齿矮小，后主齿强大，顶端分叉；右壳前主齿三角形，顶端向左侧伸出 1 喙状突起，嵌入左壳两主齿间，后主齿长，向后延伸，与前主齿呈“八”字形排列。壳表面被黄褐色壳皮，具光泽，壳顶部磨蚀，边缘卷包壳缘。生长线细腻。两壳抱合时前后端具开口。壳内面淡紫色，由壳顶向腹缘有 1 肋突。前闭壳肌痕位于壳顶前方的背侧，梨形；后闭壳肌痕半圆形；外套窦粗，前端钝圆，可达后闭肌痕前端边缘。

栖息于潮间带至 31 米深的浅海泥沙滩。可见于辽宁大连夏家河子、双台沟等地。

缢蛏（*Sinonovacula constricta*）（图 4-77）

贝壳长方形。高 13~26 毫米，长 40~80 毫米，宽 9~18 毫米，壳质脆而薄。壳顶位于背缘偏前方，距前端距离为壳长的1/3左右。背、腹缘平直，几乎平行，前、后缘均为圆形。两壳闭合时，前、后端均有开口。韧带短而突出。铰合部狭小，右壳具2枚针状主齿；左壳具3枚主齿，中间1枚尖端分叉。壳表面具黄绿色壳皮。生长线均匀，壳顶至腹面具1条斜沟。壳内面白色。外套痕显著，外套窦宽大，前端圆形；前闭壳肌痕小，后闭壳肌痕大，均为三角形。

生活于河口或有淡水注入的内湾，多在潮间带中、低潮区的软泥中埋栖。可见于辽宁大连夏家河子。

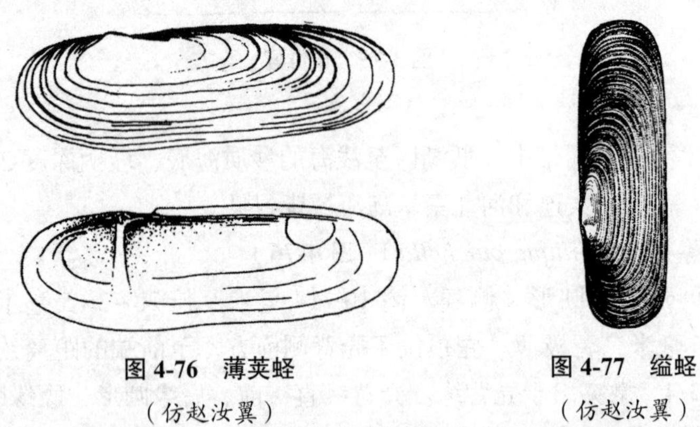

图 4-76　薄荚蛏

（仿赵汝翼）

图 4-77　缢蛏

（仿赵汝翼）

4.3.6.4 头足纲（Cephalopoda）

头足纲动物身体结构及各部分名称见图 s-9。

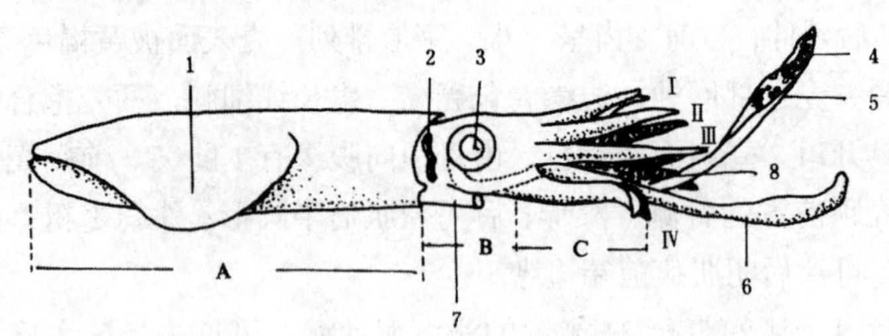

图 s-9　头足纲身体各部分名称图解（仿赵汝翼）

A. 躯干；B. 头部；C. 腕

Ⅰ、Ⅱ、Ⅲ、Ⅳ第一至第四对腕

1. 鳍；2. 嗅觉陷；3. 眼；4. 触腕穗；5. 触腕吸盘；6. 触腕；7. 漏斗；8. 腕吸盘

短蛸（*Octopus ocellatus*）（图 4-78）

胴部卵圆形或球形。全长可达 270 毫米。胴背部表面粒状突起密集，在两眼背部的皮肤表面有浅色纺锤形或半月形的斑块。在两眼的前方的第二至第四腕的区域内，有 1 对椭圆形的金圈。漏斗器 W 型。腕短，各腕长度相近，腹腕较长，侧腕较短，吸盘 2 行。雄性右侧第三腕茎化，端器较小，圆锥形，有纵沟，腕侧膜较发达，形成输精沟。

为沿岸底栖种类，以腕吸盘吸着他物爬行或借助于腕间膜收缩在水中跃进，有时也靠漏斗射水的反作用力进行短距离的游泳，并有钻沙隐蔽的习性。可见于辽宁大连龙王塘、黑石礁和河北秦皇岛鸽子窝等地。

长蛸（*Octopus variabilis*）（图 4-79）

胴部长椭圆形，全长可达 800 毫米。表面光滑，两眼前无金圈。漏斗器 W 型。各腕均较长，各腕长短相差悬殊，顺序为 1>2>3>4，第一对腕长约为第四对腕长的 2 倍，约为胴部和头部总长的 6 倍，吸盘 2 行。雄性右侧第三腕茎化，长度仅为左侧第三腕的 1/2。端器大而明显，匙形，约为全腕长度的 1/5，为两边皮肤向内侧卷曲而成的 1 个长形深槽，槽侧具十余条小纵沟，腕侧膜极发达，形成输精沟。

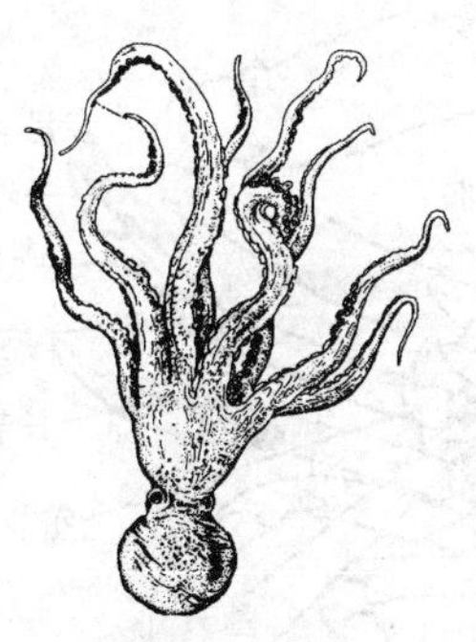

图 4-78 短蛸

（仿赵汝翼）

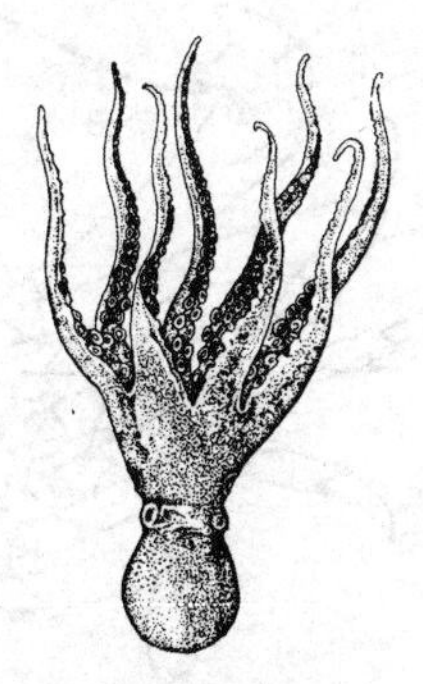

图 4-79 长蛸

（仿赵汝翼）

为沿岸底栖种类。腕长而有力，常挖穴栖居。我国南、北方近海都有分布，北部沿岸较多。

4.3.7　节肢动物门（Arthropoda）

4.3.7.1　甲壳纲（Crustacea）

甲壳纲动物各类群身体结构及各部位名称见图 s-10、s-11、s-12。

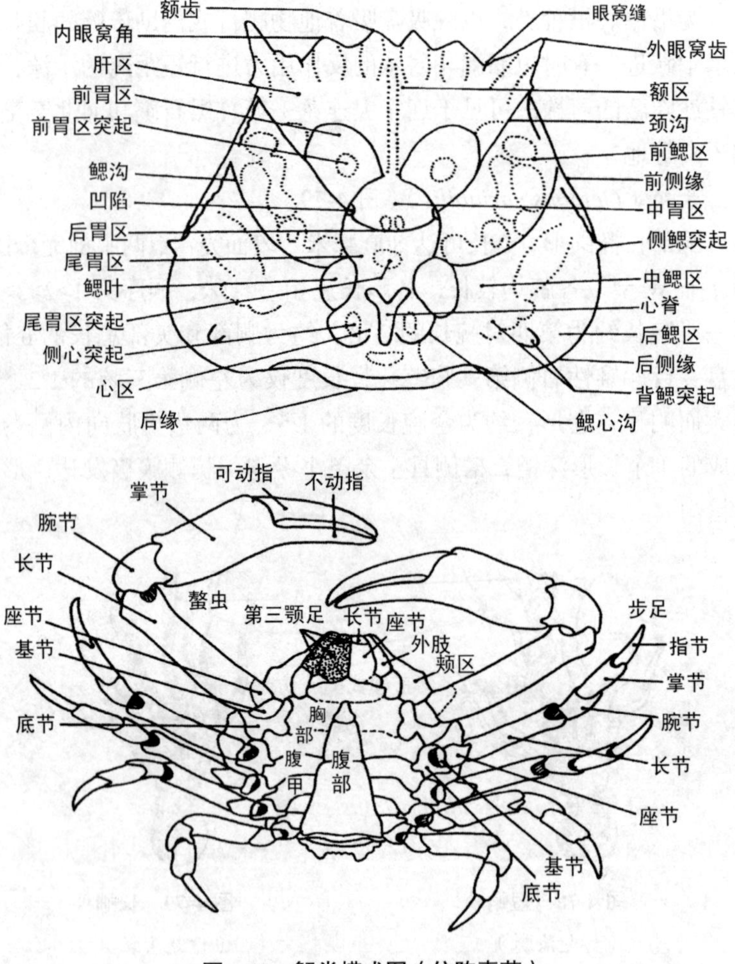

图 s-10　蟹类模式图（仿陈惠莲）

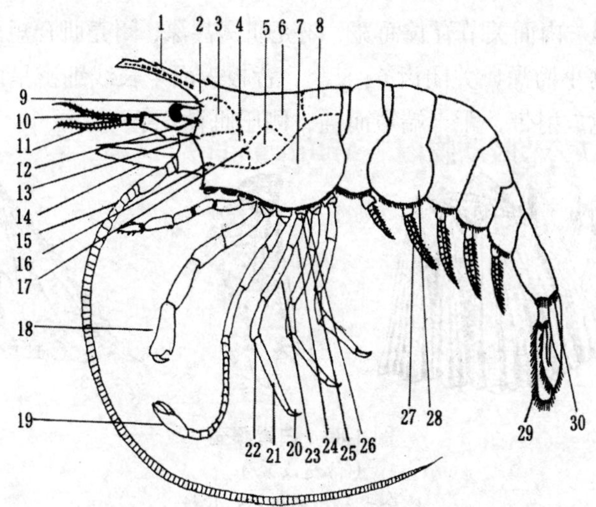

图 s-11　虾类模式图（仿赵汝翼）

1. 额角；2. 额区；3. 眼区；4. 触角区；5. 肝区；6. 胃区；7. 鳃区；8. 心区；9. 眼上刺；10. 眼；11. 第一触角；12. 眼侧刺；13. 触角刺；14. 第二触角鳞；15. 第二触角；16. 鳃前刺；17. 肝刺；18. 亚螯肢；19. 螯肢；20. 指节；21. 掌节；22. 腕节；23. 长节；24. 座节；25. 基节；26. 底节；27. 腹肢；28. 腹部侧甲；29. 尾肢；30. 尾节

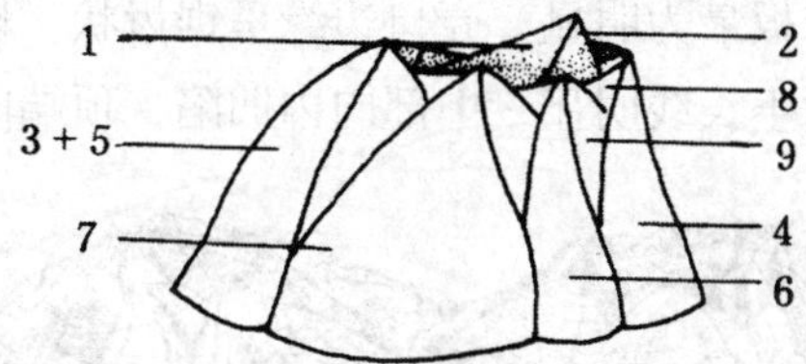

图 s-12　藤壶模式图（仿赵汝翼）

1. 楯板；2. 背板；3. 吻板；4. 峰板；5. 吻侧板；6. 峰侧板；7. 侧板；8. 翼部；9. 幅部

白脊藤壶（*Balanus albicostatus*）（图 4-80）

壳高 8~11 毫米，直径 12~17 毫米，呈圆锥形。组成围墙的 6 块石灰质壳板表面具白色纵肋，每条纵肋基部宽，末端细而不清，肋间为暗褐色。壳口略近五边形。楯板表面的放射带呈暗褐色，生长线明显，内面关节脊长而宽，闭壳肌窝甚深，闭壳肌脊短而突出，侧压肌窝小而深，关闭齿 6~8 个。背板表面生长线细密呈波纹状，具深褐色放射带，距末端短而钝，侧压肌脊 6 条。

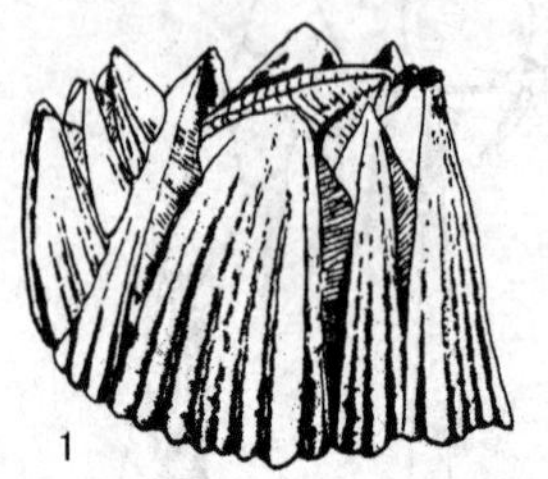

图 4-80　白脊藤壶

（仿赵汝翼）

1. 全形；2. 楯板；3. 背板

生活时常附着于淡水流入的潮间带岩石、贝壳或木桩等物体上。可见于辽宁大连石槽村。

网纹藤壶（*Balanus reticulatus*）（图 4-81）

壳高 6~13 毫米，直径 10~25 毫米，呈圆锥形。围墙的 6 块壳板表面光滑，具淡紫色纵横条纹，相交织成布纹状。各壳板顶端略向外反曲，以峰板最为明显，壳口边缘呈锯齿状。幅状部窄，翼状部宽。楯板表面生长线明显，中部向内凹陷，顶端向外弯曲，内面

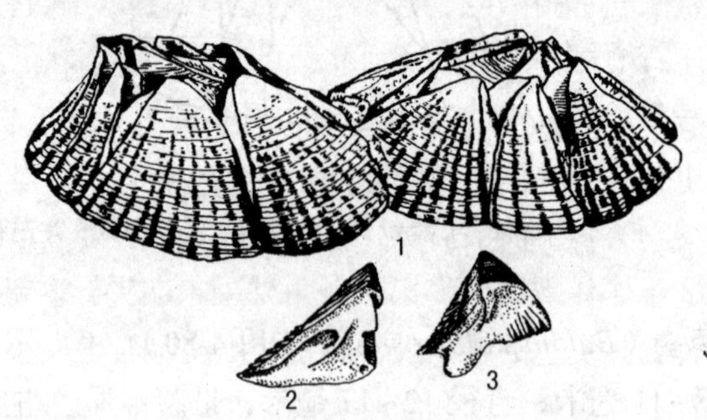

图 4-81　网纹藤壶

（仿赵汝翼）

1. 全形；2. 楯板；3. 背板

关节脊发达，闭壳肌窝小而明显，侧压肌窝小而深。背板近三角形，距短而宽，末端呈斜钝圆形，侧压肌脊 6~8 条，末端不突出底缘。壳呈淡紫红色，基部与壳口色淡，中部色浓。

生活于岩石、贝壳或蟹类的甲壳上，有的附着于船底，影响航行。分布于各海区，我国北方如辽宁大连石槽村。

海岸水虱（*Ligia exotica*）（图 4-82）

体长约 40 毫米，宽约 16 毫米，呈扁椭圆形。头部小，前缘圆形，两侧具 1 对黑色发眼。胸部 7 节均能自由活动，第一节长或窄，第三节最宽，各节侧板与背板间具明显交接线。腹部第一腹节为最后胸节所覆盖，第二腹节侧板小，其余各腹节侧板发达。第一触角很小，只有 3 节；第二触角柄 5 节，触鞭约 36 节。胸肢 7 对形状相似，前边 3 对较后边 4 对短粗，各肢各节具刺，指橘红色，末端具 2 个黑色爪。雄性第一、二对胸肢的腕节较雌性粗。腹肢叶片状，外肢大，内肢小，雄性第二腹肢内肢具棒状的雄性附肢。尾肢原肢成棒状，内、外肢均成细针状，伸向后方。体呈灰褐色或灰黄色。

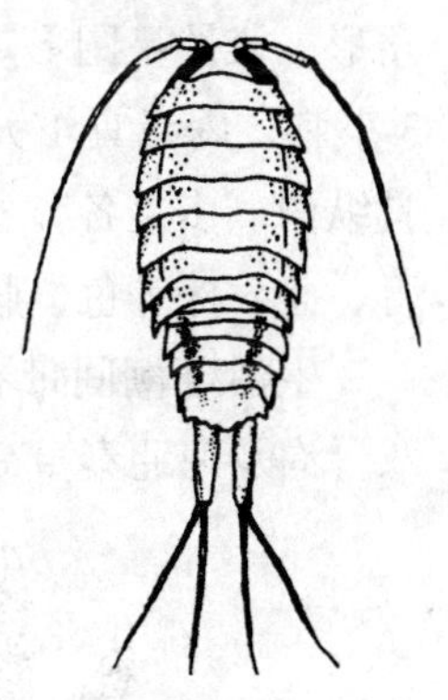

图 4-82　海岸水虱
（仿赵汝翼）

生活于潮间带高潮区，常成群奔驰于岩石间，爬行迅速。可见于辽宁大连石槽村、黑石礁及河北秦皇岛老龙头、鸽子窝等地。

大寄居蟹（*Pagurus ochotensis*）（图 4-83）

头胸甲长约 35 毫米，宽约 30 毫米。额角短小，基部宽，两侧各有 1 齿突。头胸甲前窄后宽，背、腹扁平。腹部分节不清，柔软而卷曲，适于居住螺壳中。第一触角外鞭末端尖，内鞭细小；第二触角基部背方具发达的触角棘，触鞭长。螯足右大左小，长节，腕节和掌节背方具短棘，两侧缘具大棘。第二、三对步足偏扁，指节特长且弯扭；第四、五对步足细小，呈亚螯状。腹肢退化，在左侧，雄性有 3 个，雌性有 4 个。尾肢左大右小，适于钩住螺壳内部。头胸甲前半部为紫褐色，中部茶褐色，具红色斑点，后半部为红色，腹背方呈紫褐色，腹侧为黄褐色。

生活于沙质或岩石约5米深的浅海底。我国沿海习见，可见于辽宁大连、河北秦皇岛等海域。

日本蟳（*Charybdis japonica*）（图 4-84）

头胸甲长约59毫米，宽约90毫米，呈扇形。表面隆起，具软毛，胃区和鳃区具颗粒隆线。额缘具6齿，以中央2齿为大，眼眶内侧齿大。前侧缘具6齿，后侧缘微内凹，后缘平直。腹部：雄性呈三角形，雌性呈圆形。螯足强大，长节前缘具3个锐齿，腕节外缘具3小刺，内缘具1大刺，掌节背缘具4刺，两指节内缘具齿，表面具纵沟。步足各节背腹缘均具毛，最后1对为游泳足。甲壳背面呈青、蓝、棕等色，腹面呈棕黄色，螯足末端为红色。

生活于潮间带石块下方，夜出觅食。可见于辽宁大连石槽村、双台沟及河北秦皇岛老龙头、鸽子窝等地。

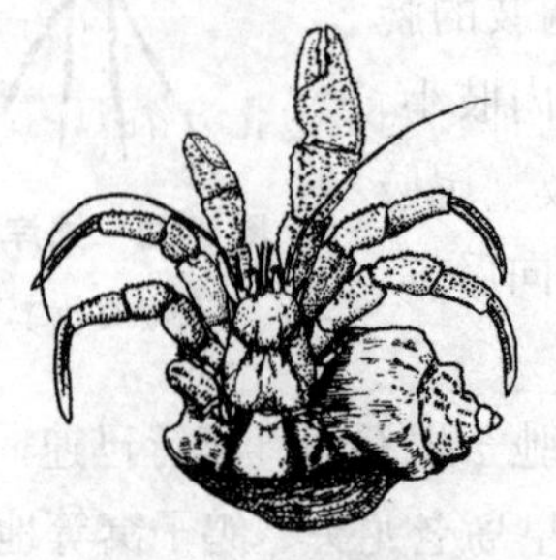

图 4-83　大寄居蟹

（仿赵汝翼）

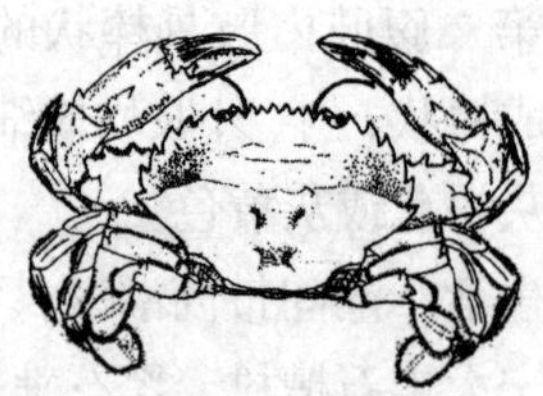

图 4-84　日本蟳

（仿赵汝翼）

绒毛近方蟹（*Hemigrapsus penicillatus*）（图 4-85）

头胸甲长约23毫米，宽约26.5毫米，呈方形。表面隆起，具小凹点，前半部具颗粒，周边具颗粒隆线。额宽，前缘向下倾斜，中部稍凹，额后隆脊明显，中央具纵沟，分为左、右两部。眼窝窄，眼柄短，眼窝下脊外侧具3枚突起。前侧缘具3齿，后侧缘凹陷，后缘平直。腹部：雄性呈三角形，雌性呈圆形。雄性螯足长节侧腹缘近末部具1发音隆脊，腕节隆起具颗粒；掌节发达，外侧近腹缘具1颗粒隆线，伸至不动指基部；两指内缘具不规则的钝齿，基部内外侧具1丛绒毛，雌性无毛。步足长节背缘近末端具1齿，腕节背面具2列颗粒隆线，指节末端角质化。第二步足最长，第四步足最短。

生活于海滨岩石下或石隙间，为数量最多的蟹类，北方沿海习见种，可见于辽宁大连、河北秦皇岛等海域。

肉球近方蟹（*Hemigrapsus sanguineus*）（图4-86）

头胸甲长约27毫米，宽约31毫米，近方形。前半部微隆起，具颗粒和红色斑点，后半部平坦。胃区和心区间具1横沟，心区和肠区两侧凹陷。额宽，前缘平直，中间稍凹。眼窝下脊外侧由小颗粒组成1条细线。侧缘、后缘和腹缘均与前种相同。螯足雄大雌小，各节背面具红色斑点，长节内侧腹缘近末部具1发音隆脊，腕节内侧具齿状突起，掌节膨大，两指内缘具细齿。雄性两指基部间具1膜质球，雌性无球。步足与前种相似，各节均具红色斑点，指节具6条纵列黑色刚毛。

生活习性、生活环境和分布均与前种相同，为北方沿海习见种，可见于辽宁大连、河北秦皇岛等海域。

图4-85 绒毛近方蟹
（仿赵汝翼）

图4-86 肉球近方蟹
（仿赵汝翼）

天津厚蟹（*Helice tientsinensis*）（图4-87）

头胸甲长约24.5毫米，宽约29毫米，呈方形。表面隆起，具细颗粒和短刚毛。胃区和心区间横沟明显。额窄前突下垂，前缘中央具1缺刻，背方纵沟宽，延伸至胃区。眼窝宽，斜向后方，眼窝下脊外侧。雄性腹眼窝中部膨大，由 5~6 个突起组成，内侧具 10~15 个颗粒，外侧具 20~29 个颗粒；雌性腹眼窝呈直线形，由 34~39 个颗粒组成。前侧缘具 3 齿，第二、三齿基部各具 1 条向内后方斜行颗粒隆线，后侧缘短，后缘平直。腹部：雄性呈三角形，雌性呈椭圆形。螯足雄性大，长节内侧发音隆脊短而粗，腕节末端内侧具锐齿，掌节宽大，两指间具细齿和空隙。步足第一对掌节前面具绒毛，第二对掌节的绒毛稀少或缺如。

生活于潮间带的泥滩或河口的泥岸，穴居，分布于辽宁大连双台沟及河北秦皇岛石河河口、赤土河口等地。

霍氏三强蟹（*Tritodynamia horvathi*）（图 4-88）

头胸甲长约 7 毫米，宽约 11 毫米，近横长方形。表面隆起，具褐色细点，胃区后方具 1 横沟。额宽前突，前缘具隆起线，背面中央具纵沟。眼窝背缘中部稍突。前、后侧缘具颗粒隆线，后缘平直。腹部：雄性呈三角形，雌性呈椭圆形。螯足：雄性可动指中部具 1 方形巨齿，两指间具空隙；雌性可动指内缘近基部具两个钝齿，不动指具两个小钝齿。前三对步足长节后缘具颗粒，步足具绒毛或短毛。

可见于辽宁大连、河北秦皇岛等海域。

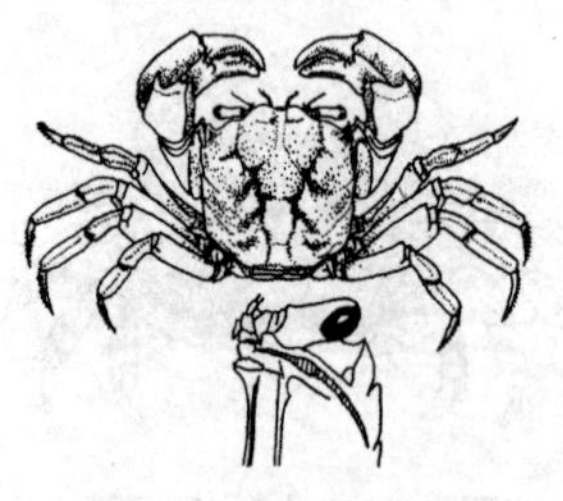

图 4-87　天津厚蟹

（仿赵汝翼）

图 4-88　霍氏三强蟹

（仿赵汝翼）

痕掌沙蟹（*Ocypoda stimpsoni*）（图 4-89）

头胸甲长约 19.6 毫米，宽约 21.3 毫米。略近方形。表面隆起，密布颗粒。额窄，前缘钝圆形，向下弯曲。眼窝大，眼柄粗而短。前侧缘较直，后侧缘具颗粒隆线，后缘平直。腹部：雄性窄长，雌性宽圆。螯足不对称，长节的腹缘具齿，腕节末端内侧具齿突，掌节内侧具1条横行的发声隆脊，两指内缘具锯齿。步足各节短宽，第二对最长，各指节具短毛。

生活于潮间带的沙滩上，穴居。体色与沙色相同，行动迅速。可见于河北秦皇岛石河河口、赤土河河口等地。

宽身大眼蟹（*Macrophthalmus dilatatum*）（图 4-90）

头胸甲长约17.5毫米，宽约41毫米，呈横长方形。心区近长方形，胃区呈方形，肝区与鳃区间、前鳃区与中鳃区间各具1横沟。额窄，前缘略平直，中部稍凹陷。眼窝宽，眼柄特长。前侧缘具3齿，眼眶外侧齿尖锐，与第二齿并列，中间具1窄缝，第三齿小。腹部雄性窄三角形，雌性横椭圆形。螯足雄性强大，长节背缘具1~3齿，腕节内缘具2~3齿，掌节背缘具5个以上的小齿突，两指基部具圆形空隙，内缘具小齿；雌性螯足很小。步足第三对最长，各步足长节背缘均密被刚毛。

生活于潮间带泥滩或泥沙滩，穴居。为北方沿海习见种，可见于辽宁大连双台沟、土城子、夏家河子及河北秦皇岛石河河口、赤土河河口等地。

图 4-89　痕掌沙蟹

（仿赵汝翼）

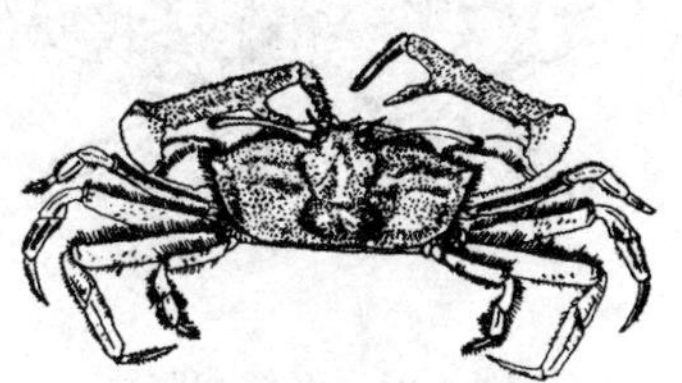

图 4-90　宽身大眼蟹

（仿赵汝翼）

红线黎明蟹（*Matuta planipes*）（图 4-91）

头胸甲长约28毫米，宽约28毫米，近圆形。背面中部具6个不明显突起，密布由红点组成的网状花纹。额窄前突，中部稍凹陷。前侧缘具不等大的齿突，侧齿大而尖，后侧缘斜直，后缘甚窄。腹部：雄性呈锐三角形，雌性呈长卵形。螯肢掌节背缘具 3、4 个钝齿，外面具 2 列突起和 1 个锐棘，两指间具齿。步足指节扁宽，末端尖，第一和第四对步足更为宽大，呈桨状，适于潜入沙中或游泳。体呈淡黄色，具瓷质光泽，在红色网纹相映下十分艳丽。生活于沙质的潮间带低潮区或浅海中。

可见于辽宁大连双台沟、夏家河子及河北秦皇岛石河河口、鸽子窝等地。

豆形拳蟹（*Pyrhila pisum*）（图 4-92）

头胸甲长约 28 毫米，宽约 26 毫米，略呈圆形，背面隆起，具细小颗粒，鳃区颗粒稍大。额窄，前缘平直，雄性后缘平直，雌性突出。腹部：雄性呈锐三角形，雌性呈长椭圆形。螯足雄大雌小，腕节背腹面隆起，掌节背面具 2 条颗粒线，两指间具细齿。步足细小，指节扁平，末端尖锐。体背面呈豆青色或青灰色，腹面为淡棕色。缓慢爬行于泥沙滩或沙滩的潮间带，遇敌时两螯高举，状如御敌。

可见于辽宁大连双台沟、土城子、夏家河子等地。

图 4-91　红线黎明蟹

（仿赵汝翼）

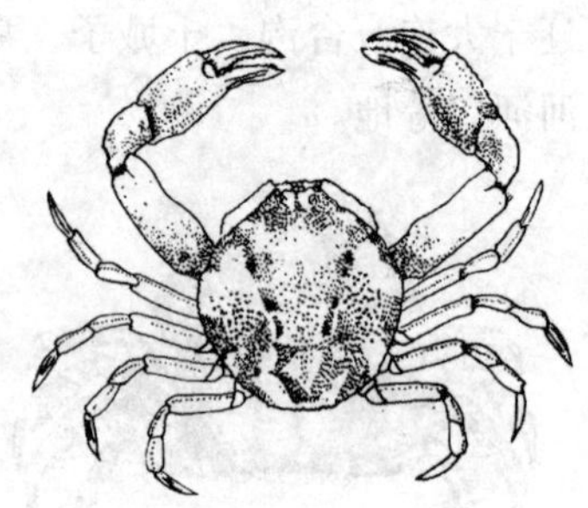

图 4-92　豆形拳蟹

（仿赵汝翼）

颗粒关公蟹（*Dorippe granulata*）（图 4-93）

头胸甲长约 18 毫米，宽约 19 毫米，前窄后宽，表面微隆起具颗粒。额部具 2 齿，中间稍内凹。眼眶内侧齿小，外侧齿大。前侧缘具多数小齿。雄性腹部第二至五节具横行隆线；雌性腹部隆线不明显。螯肢雌性对称，雄性常不对称，各节多具颗粒。大螯掌节圆形，不动指短，内缘具齿，小螯的指节与掌节略等长。步足前2对长，具颗粒，后2对短具细毛。

生活于泥沙滩海底，背面常负一贝壳，用第四、五对步足把持，遇敌时蟹体潜伏于贝壳下，借以保护，行动缓慢。可见于辽宁大连双台沟、土城子、夏家河子及河北秦皇岛石河河口等地。

日本关公蟹（*Dorippe japonica*）（图 4-94）

头胸甲长约20毫米，宽约22毫米，表面组成人面纹，心区相当鼻部，肠区相当口部，前鳃区周围的深沟相当眼部。额窄，额齿2个，中间具"V"形凹陷，背中央具浅沟。鳃区膨大。雄性腹部第三、四节横行隆线明显；雌性第二至五节横行隆线明显。螯肢雌性小且对称，雄性大常不对称，指节长略弯曲，背、腹缘具短毛。步足前2对长，各节侧扁；后2对短小，呈弯钩状，位于背方，司把持贝壳。

生活于近岸浅海的泥沙质海底，北方沿海常见，可见于辽宁大连双台沟、夏家河子等地。

图 4-93　颗粒关公蟹

（仿赵汝翼）

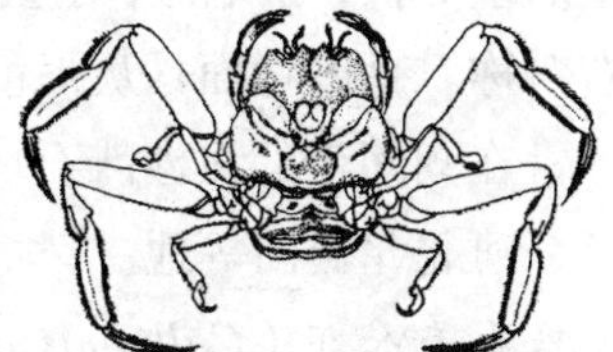

图 4-94　日本关公蟹

（仿赵汝翼）

端正关公蟹（*Dorippe polita*）（图 4-95）

头胸甲长约16毫米，宽约18毫米。额区及鳃区具颗粒。头胸甲后缘隆起，多毛，前侧缘亦具毛。额宽，具2齿，其间向内凹陷，前缘具毛，背中央具1浅沟。腹部与前种相似。雄性螯肢有时不对称，大螯指节短于掌节，小螯指节长于掌节，两指具钝齿；雌性左右对称，掌节短于指节，背、腹缘具毛。步足前2对长，以第二对为最长，掌节和指节均呈扁平状；后2对步足短小，指节呈钩爪状，与掌节基部的突起组成亚螯肢。

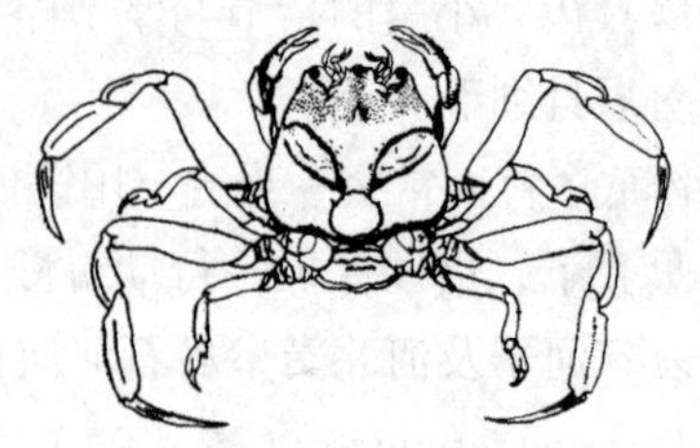

图 4-95　端正关公蟹

（仿赵汝翼）

生活环境和生活习性与前两种相似。可见于辽宁大连夏家河、双台沟及河北秦皇岛石河河口、赤土河河口等地。

短脊鼓虾（*Alpheus brevicristatus*）（图 4-96）

体长 55 毫米，体形与前种相似。额角小，额角后脊亦短。复眼隐于头胸甲前端下方。尾节较宽而短，呈舌状，背中央纵沟深而宽。第二触角鳞不发达，触鞭甚长。步足第一对为螯肢，左右不等大。大螯的掌节长，指节短；小螯的掌节短，指节长。第二对步足螯小，左右对称。身体背面具灰褐色或棕绿色纵行斑纹。

常在潮间带的泥沙滩石块下或泥沙中穴居。可见于辽宁大连土城子、河北北戴河等地。

哈氏美人虾（*Callianassa harmandi*）（图 4-97）

体长约 48 毫米，头胸部近椭圆形，稍侧扁，腹部扁平。额角不明显。头胸甲背面两侧的鳃甲缝从前缘直达后缘，颈沟明显，无刺。腹部光滑，第一腹节窄，第五、六节较宽，尾节与第六腹节几乎等长。步足第一对呈螯状，左右不对称。雄性大螯掌节与腕节略等长，动指内缘具 2 个突起和 1 缺刻，指节比掌节短，小螯指节比掌节长；雌性大螯小，掌节与腕节略等长，小螯与雄性相同。第二步足呈螯状，第五步足的小螯隐于密毛中。腹肢第一对雄性小，雌性大；第二对雄性缺如，雌性具内肢；第三至五对内、外肢均呈叶片状。体色透明，壳薄。

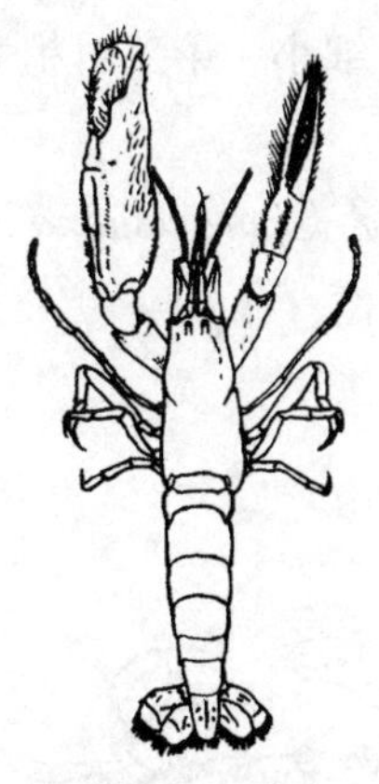

图 4-96 短脊鼓虾
（仿赵汝翼）

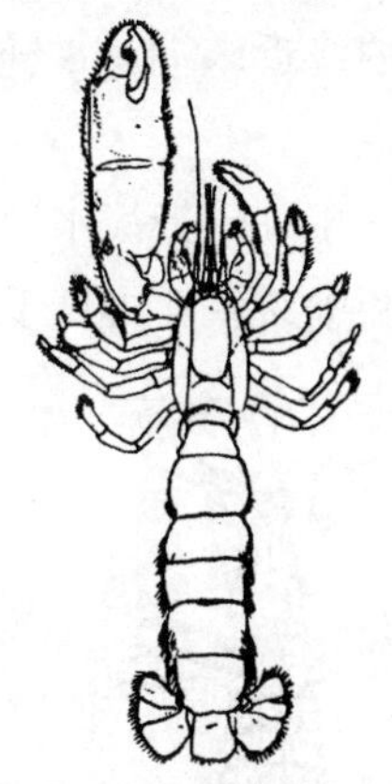

图 4-97 哈氏美人虾
（仿赵汝翼）

穴居泥或泥沙质海底，在潮间带较习见。可见于辽宁大连夏家河子、土城子及河北秦皇岛石河河口、鸽子窝等地。

虾蛄（*Mantis shrimp*）（图 4-98）

体长 125~150 毫米，平扁。头胸甲较宽，前缘具额角，额角末端钝圆，能活动，背面中央具“Y”形纵隆起线。胸部第五至八节背面具 2 对纵隆起线。腹部第一至五节具 4 对纵隆起线，第六节具 3 对纵隆起线。尾节背面两侧小凹点斜列成行，侧缘及后缘具 4 对锐棘。眼发达，斜接于眼柄上。第一触角内鞭比外鞭长；第二触角鳞发达。第二对胸肢强大，为捕捉足。

生活于潮间带的低潮区或浅海泥沙质海底，穴居或于水中游泳。可见于辽宁大连河口、小平岛等地。

肥壮巴豆蟹（*Pinnixa tumida*）（图 4-99）

头胸甲雌性长约 5.8 毫米，宽约 10.5 毫米；雄性长约 5.5 毫米，宽约 10 毫米。呈横椭圆形，表面光滑，薄而软。胃区和心区之间具横沟。额窄，中央具 1 钝齿下垂，背面中央具 1 纵沟。前侧缘隆起，后侧缘倾斜，后缘微突。螯足强大，长节背缘及内、外侧面均具长毛，腕节背缘隆起，掌节基部内侧具长毛，动指内缘中部具 1 大齿，不动指内缘近末端具1钝齿。步足前2对细小，第三对粗大，具颗粒和密毛。

生活于潮间带浅水沙滩上，常在海老鼠（*Paracaudina chilensis*）的泄殖腔中共生。可见于辽东半岛、渤海湾。

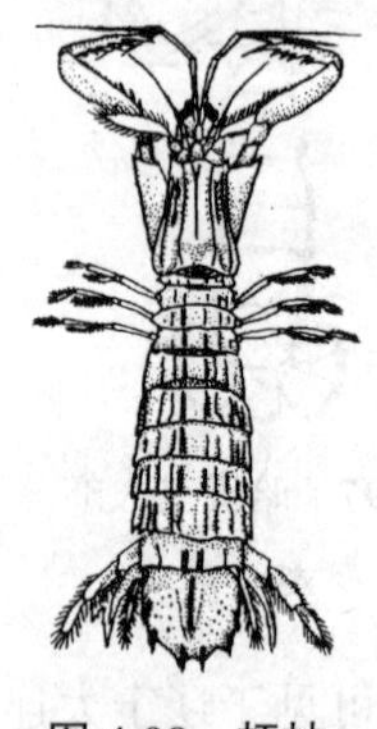

图 4-98　虾蛄

（仿赵汝翼）

图 4-99　肥壮巴豆蟹

（仿赵汝翼）

4.3.7.2 昆虫纲（Insecta）

昆虫纲种类繁多，分布生境多样，本书仅列举东北地区实习期间少数习见种类，仅盼起到抛砖引玉的作用。

华北雏蝗（*Chorthippus brunneus*）（图 4-100）

头顶前缘明显呈钝角形。头侧窝明显低凹，狭长四角形。前胸背板侧隆线在沟前区明显呈角形；前翅狭长，超过后足股节顶端，缘前脉域有时具有较弱的闰脉。后翅与前翅等长。后足股节内侧下隆线具齿。额面隆起较平坦，仅中央单眼之下略低凹，形成短浅沟。雄性腹端有时橙黄色或橙红色。

东方蝼蛄（*Gryllotalpa orientalis*）（图 4-101）

体长30~35毫米，近纺锤形，黑褐色，密被细毛。头圆锥形；触角丝状。前胸背板卵圆形，长4~5毫米，中央有1个暗红色长心形凹斑。前翅短小，后翅纵褶成条，超过腹部末端，展开时为扇形。腹部末端具有1对尾须。前足为开掘足，后足胫节背面内侧有3~4

个能动的棘刺。

图 4-100　华北雏蝗

（自韩辉林）

图 4-101　东方蝼蛄

（自韩辉林）

金绿真蝽（*Pentatoma metallifera*）（图 4-102）

体长 17~22 毫米，宽 11~13 毫米。体大，椭圆形，体背金绿色，密布同色刻点。头三角形，表面刻点清晰，金绿色，中叶与侧叶平齐，中叶前端稍低倾，侧叶端稍尖；复眼黑褐色，单眼橘红色，其侧后域黄色，光滑；触角 5 节，细长，被半倒伏短毛，第一节粗短，黄褐色，第二至五节黑褐色，以第四节最长；喙细长，黄褐色，端节黑褐色，伸达腹部第二腹板中央。前胸背板略前倾，前缘向后凹入，侧缘中部略凹，具有明显的锯齿，金绿色，背面中纵线微隆起，可隐约看见；前角尖锐，侧角向上微翘，向两侧伸出，端部尖锐。足黄褐色至黑绿色，腿节常散生许多不规则大小黑斑，胫节具短绒毛，跗节黑褐色，具绒毛。

东方原缘蝽（*Coreus marginatus*）（图 4-103）

体长 13~14.5 毫米，宽 6.5~7.5 毫米，窄椭圆形，棕褐色，被细密小黑刻点。头小，椭圆形。触角 4 节，生于头顶端，多为红褐色，触角基内端刺向前延伸，互相接近。第一节最粗，第二节最长，第四节为长纺锤形。喙 4 节，褐色，达中足基节。前胸背板前角较锐，侧缘几平直，侧角较为突出。小盾片小，正三角形。前翅几达腹部末端，膜质部深褐色，透明，有极多纵脉。足棕褐色，腿节深褐色，腿、胫节上被细密黑刻点，爪黑褐色。腹部亦为棕褐色，侧接缘显著，两侧突出，各节中央色浅。腹部气门深褐色。

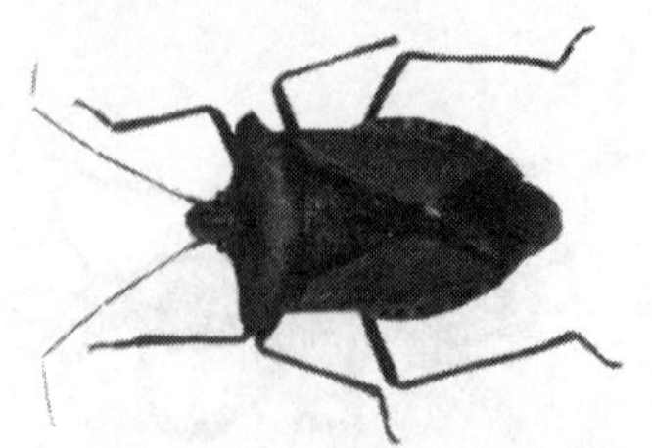

图 4-102　金绿真蝽

（自韩辉林）

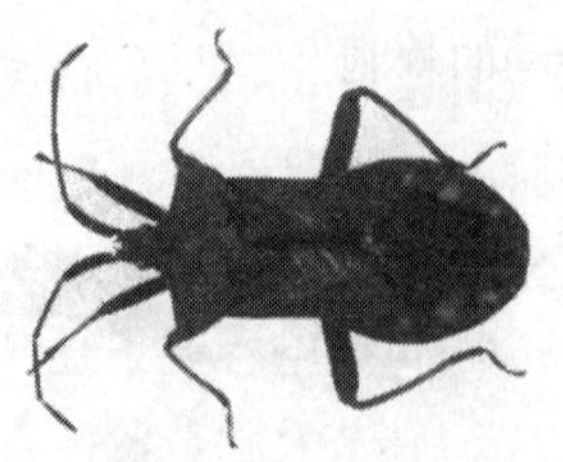

图 4-103　东方原缘蝽

（自韩辉林）

菜蝽（*Eurydema dominulus*）（图 4-104）

体长 6~10 毫米，宽 4~5 毫米，椭圆形，黄色、橙色或橙红色，具黑色斑。头部边缘红黄色，其余黑色。触角黑色。头部侧叶长于中叶，并在其前方会合。前胸背板前缘呈“领圈”状，具 6 块黑斑，前 2 后 4，前侧缘光滑，边缘上翘。小盾片中央有一大三角形黑斑，端处两侧各具一小黑斑。前翅革片黄色或红色，爪片及革片内侧黑色，中部黑色带加宽，外侧区有两个小黑斑，一个近中央，一个近端角处。胸、腹各节的侧区上亦有黑斑，这些黑斑组成纵列。足黄黑相间。

图 4-104　菜蝽

（自韩辉林）

麻皮蝽（*Erthesina fullo*）（图 4-105）

体长 20.0~25.0 毫米，宽 10.0~11.5 毫米。体黑褐色，密布黑色刻点及细碎不规则黄斑。头部狭长，侧叶与中叶末端约等长，侧叶末端狭尖。触角 5 节，黑色，第一节短而粗大，第五节基部 1/3 为浅黄色。喙浅黄色，4 节，末节黑色，达第三腹节后缘。头部前端至小盾片有 1 条黄色细中纵线。前胸背板前缘及前侧缘具黄色窄边。胸部腹板黄白色，密布黑色刻点。各腿节基部 2/3 浅黄色，两侧及端部黑褐色，各胫节黑色，中段具淡绿色环斑，腹部侧接缘各节中间具小黄斑，腹面黄白，节间黑色，两侧散生黑色刻点，气门黑色，腹面中央具一纵沟，长达第五腹节。

碧伟蜓（*Anax parthenope*）（图 4-106）

下唇赤黄色，具黑色前缘。前、后唇基及额黄色。前额上缘具黑色横纹。颊顶中央为 1 突起，突起前方具黑色横纹。翅胸黄绿色，表面被黄色细毛，无条纹。翅透明，前缘脉黄色，翅痣黄褐色，足的基节、转节及腿节黄色或具黄斑，其余黑色。雌虫体形、体色与雄虫相似，但色泽不如雄虫鲜艳，产卵器褐色。

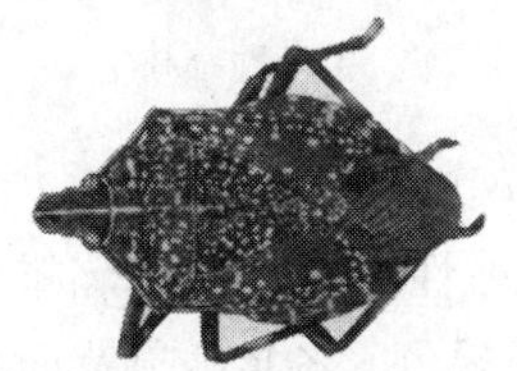

图 4-105　麻皮蝽

（自韩辉林）

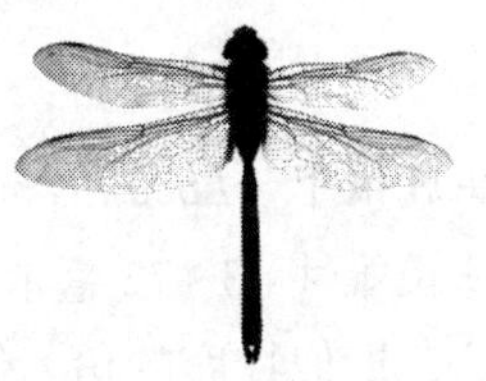

图 4-106　碧伟蜓

（自韩辉林）

云纹虎甲（*Cicindela elisae*）（图 4-107）

体长 8.5~11 毫米，体宽 4.0~5.5 毫米。头、胸部暗绿色，具铜色光泽。复眼大而突出，两复眼间凹陷，中间密布皱刻。唇基前缘呈浅弓形，上唇灰白色，前缘中部黑褐色，中央具一小齿；上颚强大，基部灰白色，其余黑褐色；唇须和颚须除末节黑褐色外余均黄褐色；触角 1~4 节蓝绿色，光滑无毛，第五节以后黑褐色，各节密生短毛。前胸背板具铜绿光泽，宽小于长，圆筒形，被白色长毛。各足转节赤褐色，其余具蓝色光泽。复眼下方有强蓝绿色光泽，其上满布纵皱纹。体下两侧及足腿节密被白色长毛。

红腿刀锹甲（*Dorcus rubrofemoratus*）（图 4-108）

体长雄性 23~59 毫米，雌性 23~38 毫米。体暗黑色，表面光滑，光泽弱。头硕大，近横向长方形。上颚发达，微弧形弯曲，顶端 1/3 处分叉，叉间具有一小齿。触角 10 节，腮片 4 节。前胸背板宽大于长，四周有边框，密布刻点；前缘微波浪形，后缘近平直，侧缘中段平直，前后段弧形凹陷。小盾片阔三角形。两鞘翅合成椭圆形。足强壮，前足胫节外缘锯齿形，中足胫节外缘有 1 个棘刺，末跗节长约为前 4 节长之和。

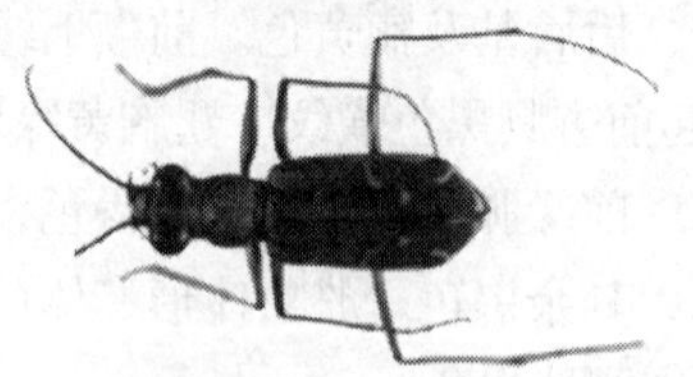

图 4-107　云纹虎甲

（自韩辉林）

图 4-108　红腿刀锹甲

（自韩辉林）

斑股锹甲（*Lucanus maculifemoratus*）（图 4-109）

体长雄性 43~72 毫米（含上颚），雌性 32~39 毫米。雄虫的上腭发达，形似牡鹿的角。体棕褐色至黑褐色，各足腿节背面有黄褐色长椭圆形斑；头大，横长方形，上颚十分长大，端部向内弧弯，末端分叉，基部 1/3 处内侧有 1 强直齿突，近端部弧弯处内缘有长短接近的短齿突 4~6 个；雌虫长椭圆形；上颚短小微弯。

异色瓢虫（*Harmonia axyridis*）（图 4-110）

体长 3.6~5.1 毫米，宽 2.3~3.1 毫米。体长卵形，扁平拱起。头前部黄白色，后部黑色。前胸背板黄白色，后缘有反卷的镶边，基部的黑色横带向前分出 4 个黑带，有时此 4 个黑带在前部左右分别愈合，构成两个“口”字形斑，有时黑斑扩大，仅留 2 个黄白色小圆点。鞘翅黄褐色至红褐色，基缘各有一个黄白色分界不明显的横长斑，背面共 13 个黑斑，黑斑变异甚大，常相互连接或消失。

图 4-109　斑股锹甲

（自韩辉林）

图 4-110　异色瓢虫

（自韩辉林）

七星瓢虫（*Coccinella septempunctata*）（图 4-111）

成虫体长 5.2~6.5 毫米，宽 4~5.6 毫米。身体卵圆形，背部拱起，呈水瓢状，头黑色，复眼黑色，内侧凹入处各有 1 淡黄色点。触角褐色。口器黑色。上额外侧为黄色。前胸背板黑色，前上角各有 1 个较大的近方形的淡黄底色。小盾片黑色。鞘翅红色或橙黄色，两侧共有 7 个黑斑；翅基部在小盾片两侧各有 1 个三角形白色底色。体腹及足黑色。

栗山天牛（*Massicus raddei*）（图 4-112）

体长 43~47 毫米，宽 11~14 毫米。体黑褐色，被棕黄色绒毛。头部在两复眼间有 1 条纵沟一直延伸至头顶。触角长约为体长的 1.5 倍，每节上有刻点，第一节粗大，第三节较长，约等于第四、第五节之和。前胸背侧面有横皱纹，两侧缘圆弧形，无侧刺突。翅端圆形，缝角呈尖刺状。

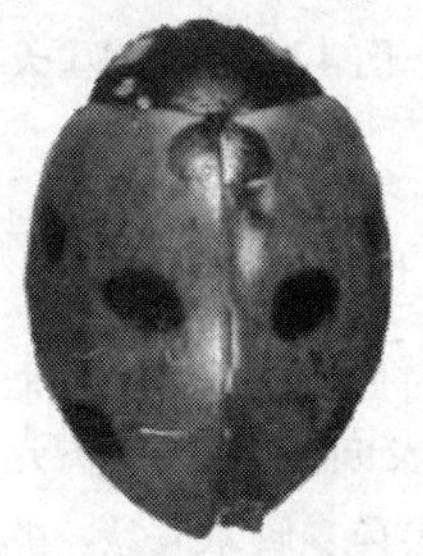

图 4-111　七星瓢虫

（自韩辉林）

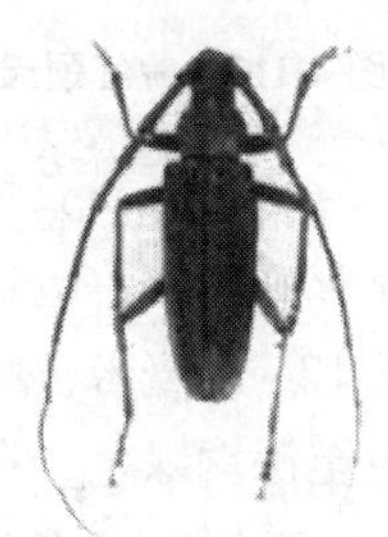

图 4-112　栗山天牛

（自韩辉林）

桃红颈天牛（*Aromia bungii*）（图 4-113）

体长 28~37 毫米，宽 8~10 毫米。体黑色，有光亮，前胸背板棕红色，前后缘黑色，触角及足黑紫色，头黑色。复眼深凹，触角基部两侧各有一叶状突起，尖端锐；雄性触角超过体长 4~5 节，雌性触角超出体长 1~2 节。前胸具角状侧刺突，背板密布横皱纹，背面有 4 个具有光泽的光滑瘤突。小盾片三角形，稍下陷。鞘翅表面光滑，基部较前胸宽，后足腿节膨大。

光肩星天牛（*Anoplophora glabripennis*）（图 4-114）

体长 20~39 毫米，宽 7~12 毫米。体黑色略带紫铜色；前胸背板无毛斑，中瘤不显著，侧刺突尖锐，不弯曲。鞘翅基部光滑，无瘤状颗粒；翅面刻点较密，有微细皱纹，无竖毛，翅面白色污斑排列更不规则。触角较星天牛略长。足及腹面黑色，密生蓝白色绒毛。本种与星天牛相似，幼虫疏生褐色细毛，前胸背板后部也有“凸”字形骨化区，但其前沿无深色细边。

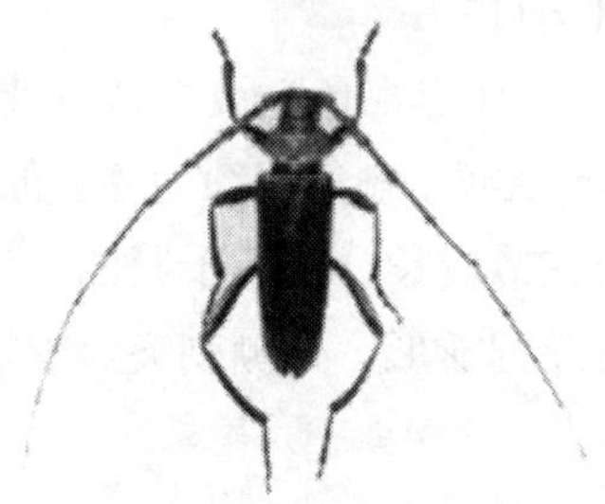

图 4-113　桃红颈天牛
（自韩辉林）

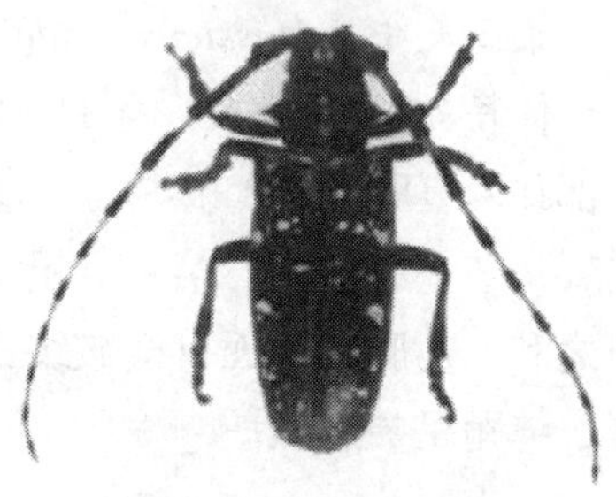

图 4-114　光肩星天牛
（自韩辉林）

墨绿彩丽金龟（*Mimela splendens*）（图 4-115）

体长 17~21 毫米，宽 10~12 毫米。中至大型，后方阔大，卵圆形。体墨绿色至深铜绿色，有金黄色闪光，表面光洁，金属光泽强烈。触角 9 节，鳃片长大，色浅，黄褐色至深褐色；唇基长大，略呈梯形，前缘略凹，额唇基缝近乎横向平直。前胸背板短，均匀散布刻点；中纵沟细狭，两侧中部各有一个显著小圆坑，其后侧有一个斜凹；四周具有边框，前角为锐角，前伸明显；后角为钝角。小盾片短阔，散布刻点。鞘翅散布刻点，纵肋模糊。前、中足 2 爪中的大爪端部分叉。

绿芫菁（*Lytta caraganae*）（图 4-116）

雄性体长 11~17.5 毫米，宽 3.2~5.6 毫米。头部刻点稀疏，金属绿或蓝绿色。额中央具 1 橙红色斑。触角约为体长的 1/3，11 节，其中第五至十节念珠状。前胸背板短宽，前角隆起突出，后缘稍呈波浪形弯曲，光滑，刻点细小稀疏；前端1/3处中间有一圆凹洼。后缘中间的前面有1横凹洼。中足腿节基部腹面有1根尖齿；前足、中足第一跗节基部细，腹面凹入，端部膨大，呈马蹄形。鞘翅具细小刻点和细皱纹。有黄铜色或红铜色金属光泽，光亮，无毛。雌性与雄性相似，但足无雄虫上述特征。

图 4-115　墨绿彩丽金龟

（自韩辉林）

图 4-116　绿芫菁

（自韩辉林）

金色虻（*Tabanus chrysurus*）（图 4-117）

体长22~23毫米。头前方白色，自触角部分以下黄褐色，密生黄褐色软毛。复眼灰褐色，略带绿色，有光泽。触角粗而短，黄褐色。胸背黑褐色，后方两侧密生金黄色长毛。翅淡赤褐色，前缘脉，除亚前缘脉与胫脉黑褐色外，其余各脉赤褐色。腹锥形，黄褐色，分7节，各节中央部有黄褐色三角形的斑纹，各节斑纹前后连接成直线。后面3~4个腹节黑褐色，各节后缘色较浅。

李尺蛾（*Angerona prunaria*）（图 4-118）

翅展26~51毫米。个体变异非常大。头部土黄色；喙黄褐色；下唇须不发达，黄白色；雄性触角双栉齿形，雌性丝触角状。翅大，从浅灰色到橙黄色、暗褐色；翅面上满布暗褐色横向碎细条纹；前翅外缘细直，金黄色；饰毛较短，黄白色，翅脉端饰毛褐色；肾状纹为一条较粗的黑褐色至烟褐色条形横纹。后翅外缘波浪状，金黄色；饰毛黄白色，翅脉端饰毛褐色；新月纹为黑褐色至烟灰色条形横纹，较前翅肾状纹细短。

图 4-117　金色虻

（自韩辉林）

图 4-118　李尺蛾

（自韩辉林）

姬夜蛾（*Phyllophila obliterata*）（图 4-119）

翅展 19~21 毫米。头部灰白色带淡褐色；下唇须棕褐色；触角丝状。胸部淡灰褐色，领片灰色带褐色。腹部灰白色。前翅底色为淡灰褐色；基线淡褐色，不明显，自前缘外斜延伸至后缘；内横线淡褐色，由前缘先向外折后向后延伸至后缘；环状纹不显；肾状纹为一黑色楔形或不规则斑块；顶角及近顶角区域颜色较深。后翅底色为浅土黄色；新月纹隐约可见；外缘区略带灰色；饰毛黄灰色。

金黄螟（*Pyralis regalis*）（图 4-120）

翅展 15~24 毫米。头部灰黄色至金黄色；下唇须黄色；触角黄褐色至紫褐色。胸部棕褐色至红褐色；领片灰黄色。腹部多红褐色，末端灰黄色至金黄色。前翅灰色，内横线至基部灰红色，散布黄色；后翅褐色；内、中横线白色，近后缘具有强烈弯折；中横线至外缘灰红色；外缘白色；饰毛红褐色。

图 4-119　姬夜蛾

（自韩辉林）

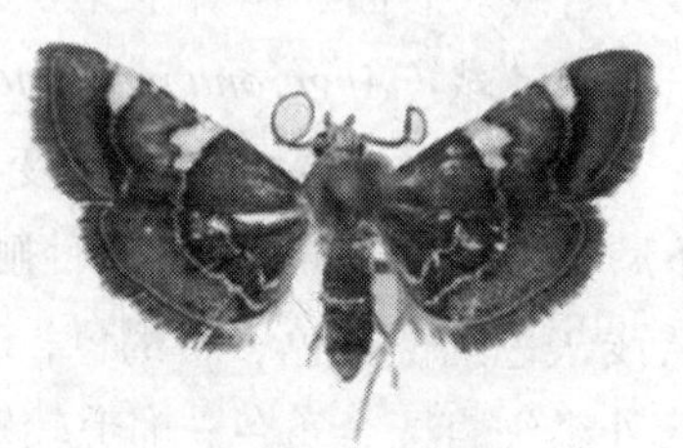

图 4-120　金黄螟

（自韩辉林）

白肩天蛾（*Rhagastis mongoliana*）（图 4-121）

翅展 47~62 毫米。头顶暗棕褐色，两侧具有白色纵纹；下唇须棕褐色；触角灰色。胸部暗棕褐色，散布黑色，两侧具有 2 条白色纵纹；后胸两侧具有橙黄色至棕黄色小毛簇。腹部灰色，中央具有 2 列黑褐色斑点列。前翅暗棕褐色，由内向外渐淡，散布黑色；内横线为黑色双线；中横线在前缘区可见棕色斑；外横线为黑色纤细三线，在翅脉上较明显，在臀角区黑斑明显；亚缘线仅在顶角呈一小内斜的黑色条斑；外缘线由黑色斑点组成，基部具有一外斜的短白色纵条纹。饰毛颜色为褐色与白色相间。

图 4-121　白肩天蛾

（自韩辉林）

落叶松毛虫（*Dendrolimus superans*）（图 4-122）

翅展 69~110 毫米。成虫体色变化较大，由灰白色到棕褐色。前翅外缘倾斜度较小，中横线与外横线深褐色的间隔距离较外横线与亚外缘线的间隔距离为阔；外横线呈锯齿状，亚缘线由 8~9 个黑斑组成，排列成“3”字形，内侧色较浅。

小地老虎（*Agrotis ypsilon*）（图 4-123）

翅展 37~40 毫米。头部黄褐色至黑褐色，额区黄褐色；下唇须黑褐色；触角栉形。胸部黄褐色至赭黄色。腹部黄色。前翅黄色至黑褐色，基线黑色双线不明显；内横线为深褐色双线，波浪状弯折；中横线深褐色，向内弧形弯曲；外横线深褐色，水波纹状；亚缘线黄色；顶角具一黄斑；外缘线由一列小黑点组成；饰毛黄色；环状纹黑色，不明显，为一小圆斑，内部黄色；肾状纹黄色，外侧具黑色阴影区。后翅浅黄色，翅脉深褐色，明显；新月纹黄色；臀角着生淡黄色鳞毛；外缘线黑色，近臀角变浅；饰毛淡黄色。

菜粉蝶（*Pieris rapae*）（图 4-124）

翅面和脉纹白色，翅基部和前翅前缘较暗；雌性的特别明显，

图 4-122　落叶松毛虫
（自韩辉林）

图 4-123　小地老虎
（自韩辉林）

前翅顶角和中央有 2 个黑色斑纹，后翅前缘有 1 个黑斑。寄主为十字花科植物。

绢粉蝶（*Aporia crataegi*）（图 4-125）

中型种类。翅白色至黄白色，翅脉黑褐色，明显；翅反面脉纹较正面脉纹更为明显。后翅反面的区域常散布一些淡白色鳞片。

图 4-124　菜粉蝶
（自韩辉林）

图 4-125　绢粉蝶
（自韩辉林）

小环蛱蝶（*Neptis sappho*）（图 4-126）

翅正面黑色，斑纹白色。前翅中室条状斑近端部被暗色线切断，外线处有白色带状斑；后翅中带弧形约等宽，内线处白色带状斑与前翅外线处白色带状斑几近相连，外侧带被深色翅脉隔开，亚外缘白斑带与前翅几近相连，靠近臀角变宽；触角基部颜色淡。翅反面棕红色，白色斑纹外缘无黑色外围线。

柑橘凤蝶（*Papilio xuthus Linnaeus*）（图 4-127）

翅黄绿色，沿脉纹有黑色带；A 脉上的黑带分叉；外缘有黑色宽带。前翅黑色宽带中嵌有 8 个黄绿色的新月斑，中室端有 2 个黑斑，基部有 1~5 条黑色纵纹。后翅黑带中嵌有 6 个黄绿色新月斑，其内有蓝色斑列，中室黄绿色，无斑纹，臀角处有一橙色圆斑，其中具一黑点。

图 4-126 小环蛱蝶

（自韩辉林）

图 4-127 柑橘凤蝶

（自韩辉林）

绿尾大蚕蛾（*Actias selene*）（图 4-128）

翅展 115~126 毫米。头顶白色至乳白色；下唇须白色；触角黄绿色，羽毛状。胸部乳白色；翅基片中部具有红褐色横带。腹部白色至乳白色，粗壮。前翅淡绿色，前缘红褐色，翅脉棕绿色；外横线和亚缘线为淡灰褐色平行的内斜线；外缘线黄绿色；外缘翅脉端略外凸，略呈小波浪形；肾状纹为圆斑，内侧黑色月牙形，其外侧伴衬纤细白色，外半部黄绿色。后翅底色与前翅相同，基半部白色更浓。

西方蜜蜂（*Apis mellifera*）（图 4-129）

个体比欧洲黑蜂略小。腹部细长，腹板几丁质为黄色。工蜂腹部第二至四节背板的前缘有黄色环带，在原产地，黄色环带的宽窄及色调的深浅变化很大；体色较浅的工蜂常具有黄色小盾片，特浅色型的工蜂仅在腹部末端有一棕色斑，称为黄金种蜜蜂，绒毛为淡

图 4-128 柑橘凤蝶

（自韩辉林）

图 4-129 西方蜜蜂

（自韩辉林）

黄色。工蜂的喙较长，平均为 6.5 毫米；腹部第四节背板上绒毛带宽度中等，平均为 0.9 毫米；腹部第五背板上覆毛短，其长度平均为 0.3 毫米。

4.3.8 腕足动物门（Brachiopoda）

海豆芽（*Lingula anatina*）（图 4-130）

壳长约 40 毫米，宽 20 毫米，柄长 100 毫米左右。背、腹壳相等，为盾牌状，角质，薄而透明。壳表面光滑，生长线细致清晰，均环绕壳顶排列。壳表面为绿色或褐绿色，有光泽。肌肉质柄灰白色，柄末端稍膨大，固着于泥沙间。壳缘间伸出刚毛为银白色，有光泽。以前端两侧隅的刚毛最长。

栖于潮间带泥沙滩和沙滩，较习见，我国黄海、渤海均有分布。

酸浆贝（*Terebratella coreanica*）（图 4-131）

贝壳长 20~35 毫米，宽 18~31 毫米，厚 10~20 毫米。壳轮廓呈扇形，钙质。腹壳大而深，具嘴状突和顶孔；背壳小而浅，内面具腕骨。铰合部腹壳有 2 个突起，嵌入背壳凹陷内。壳表面平滑，生长线细致，清晰可见。壳多为红色或橙红色，也有的为紫红色，并杂有棕黄色条纹。

栖于低潮线以下，多与牡蛎、贻贝、海鞘等栖息在一起，以短柄营固着生活，常有 3~5 个个体交替固着在一起的情况。我国北方沿海的岩岸均有分布，可见于辽宁大连石槽村、小平岛等地。

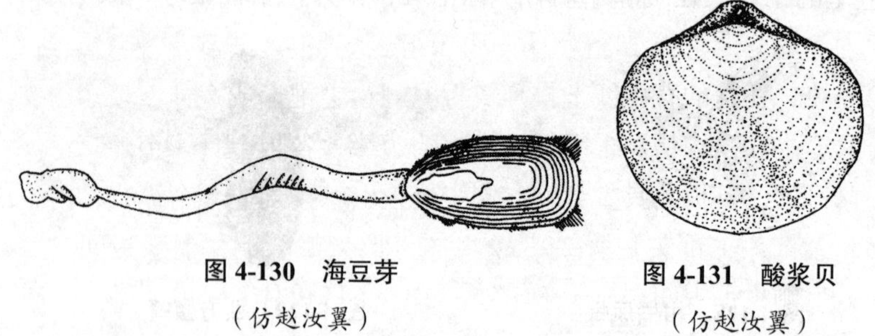

图 4-130 海豆芽
（仿赵汝翼）

图 4-131 酸浆贝
（仿赵汝翼）

4.3.9 棘皮动物门（Echinodermata）

4.3.9.1 海星纲（Asteroidea）

海星纲动物结构及各部位名称见图 s-13。

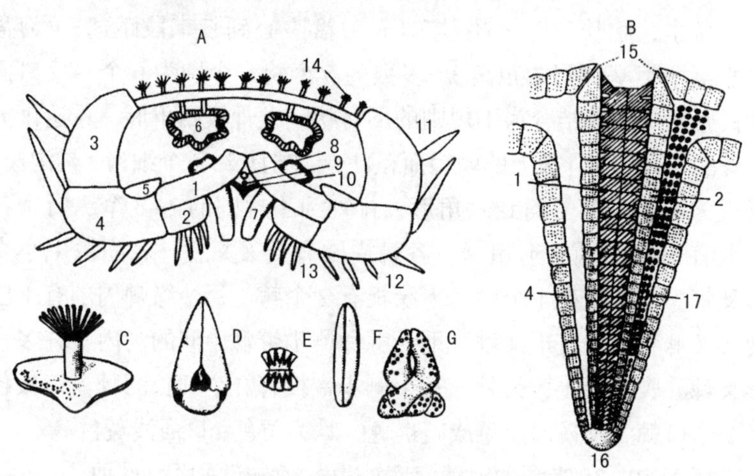

图 s-13 海星纲图解（仿赵汝翼）

A. 腕的横断面；B. 腕腹面的骨板；C. 小柱体；
D. 直形叉棘；E. 栉状叉棘；F. 瓣状叉棘；G. 交叉叉棘

1. 步带板；2. 侧步带板；3. 上缘板；4. 下缘板；5. 上步带板；6. 幽门盲囊；7. 管足；8. 辐水管；9. 辐血窦；10. 辐神经；11. 上缘棘；12. 下缘棘；13. 侧步带棘；14. 小柱体；15. 口板；16. 端板；17. 腹侧板

罗氏海盘车（*Asterias rollestoni*）（图 4-132）

体扁平，反口面稍隆起，盘略宽。腕 5 个，基部稍收缩，末端尖细而翘起。背板结合为不规则的网状，具很多结节。背棘短，排列稀疏，在腕的背中线上排列成行，棘为尖锥形或宽钝，顶端为截形，但不具纵沟槽。上缘板构成腕的边缘，各板上具 3 个棘。下缘板在口面，各板上具 2 个棘。侧步带板上棘排列成 2 个纵行，内行细长弯曲，上部尖，有 2~3 个大的直形叉棘。上、下缘板间、下缘板与侧步带板间都有 1 平滑的沟槽。各口板具 2 个棘，棘上有直形叉棘。体色变化很大，反口面为蓝紫色，淡红色或淡黄色，腕边缘色泽较淡。口面黄褐色或淡橙红色。

栖于潮间带至数十米浅海。为我国黄海、渤海习见种，可见于辽宁大连石槽村及河北秦皇岛鸽子窝等地。

日本长腕海盘车（*Distolasterias nipon*）（图 4-133）

盘小，腕长，$R:r$ 超过 7（R 为盘中心到腕末段距离；r 为盘中心至两腕基部间的距离）。多数为 5 个腕，个别为 6 个。反口面骨板厚而坚硬，结合为不规则的网目状。龙骨板四角形，重迭排为整齐的 1 列，各骨板上的棘短而粗壮，顶端具 2~3 个细齿，具沟棱。背板为不规则的三角到六角形，排列为不规则的 2~3 个纵行，各板上有 1~2 个圆锥形粗棘，各棘周围有交叉叉棘，棘间散生小直形叉棘。上缘板有 1 个棘，下缘板有 2 个棘。每个缘棘周围有 1 层交叉叉棘和一些直形叉棘。下缘棘和侧步带棘中间的沟内有许多直形叉棘。腹侧板小，无棘。每个侧步带板有 2 个细长的棘。口板各具 2 个口棘。反口面黑色或暗褐色，棘为黄色；口面浅黄色。

栖于 50~75 米深的泥沙海底，为黄海中部海区习见种。

图 4-132　罗氏海盘车

（仿赵汝翼）

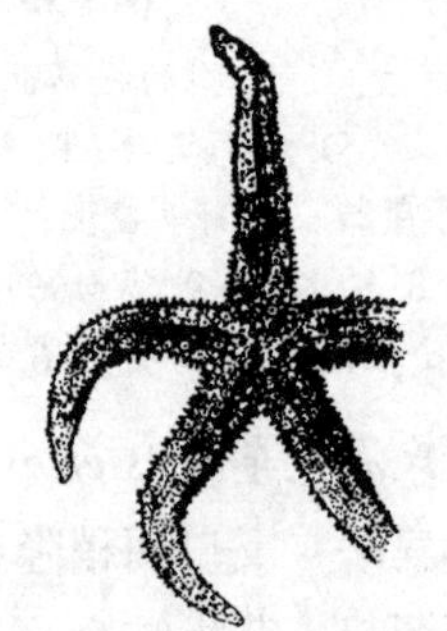

图 4-133　日本长腕海盘车

（仿赵汝翼）

日本滑海盘车（*Aphelasterias japonica*）（图 4-134）

腕小盘长，$R:r=5$。腕基部压缩状，与盘间有界线。反口面骨板成密网目状。龙骨板排列规则，各板上有 3~5 个小棘。背板不规则，各板上有 1~3 个或多至 5 个小棘。上缘板有 2 个柱状小棘，横排，周围有簇生小的交叉叉棘。下缘板有3~4个粗、长、扁、钝和略弯曲的棘，横向排列，亦有簇生小交叉叉棘。侧步带板每板有2个棘，排列为2纵行。每个口板有2~3个大形口棘，棘上有小叉棘。反口面赤褐色或深红色，腕上有紫色斑点，有的个体为橘黄、黄褐或浅黄色，腕末端均为黄色，腕背中线有1浅色条纹。口面浅褐、浅黄或黄白色。

栖于潮间带至数十米浅海，为渤海海峡和黄海北部的习见种，可见于辽宁大连石槽村、小平岛等地。

海燕（*Asterina Pectinifera*）（图4-135）

体呈星形，又称海星。盘大，腕宽短，之间无明显交界。腕多数为5个，少数为4~8个。反口面隆起，口面平坦。反口面中央具肛门，甚小，不明显。在肛门一侧间辐处具一个圆形筛板，其表面骨板呈新月形，面向中心排列。口面中央有口，口板大而明显，具2行钝而扁平的棘。腹侧板为不规则的多角形，覆瓦状排列，靠步带沟者较大，靠边缘者较小，各板上有排列成栉状的棘3~10个。侧步带具棘2行，一行在步带沟内，一行在口面，每行具扁平棘3~5个。反口面为深蓝色和丹红色交互排列，个体间变化较大；口面为橘黄色。

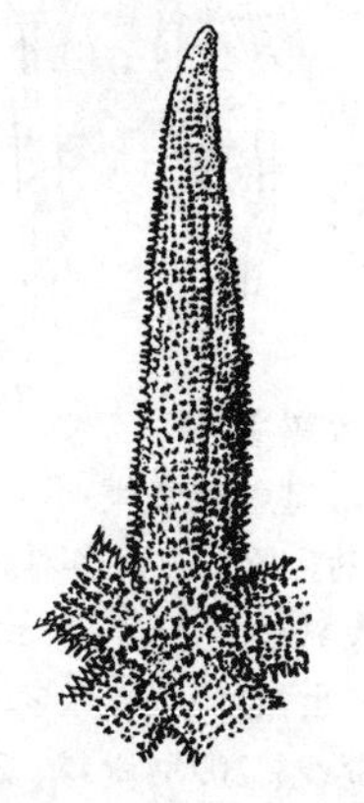

图4-134　日本滑海盘车

（仿赵汝翼）

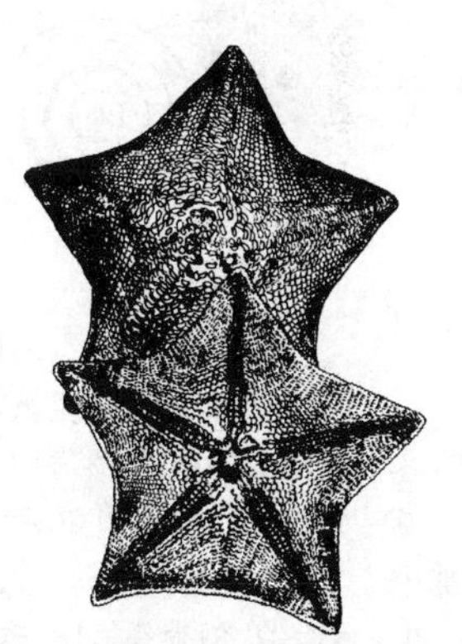

图4-135　海燕

（仿赵汝翼）

生活在潮间带下区的岩礁间或沙石下。为我国北部沿海的习见种类，可见于辽宁大连石槽村、傅家庄、黑石礁及河北秦皇岛鸽子窝等地。

4.3.9.2 海胆纲（Echinoidea）

海胆纲动物身体结构及各部位名称见图 s-14。

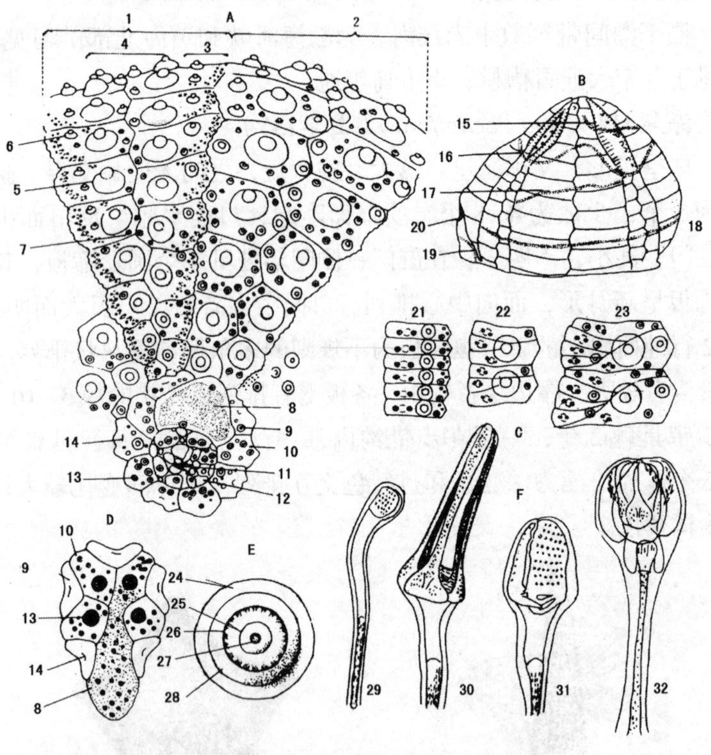

图 s-14　海胆纲图解（仿赵汝翼）

A. 紫海胆反口面壳板的一部分；B. 心形海胆的带线；

C. 各种步带板；D. 心形海胆的顶系；E. 大疣的上面观；F. 各种叉棘

1. 步带；2. 间步带；3. 有孔带；4. 孔间带；5. 大疣；6. 中疣；7. 细疣；8. 筛板；9. 眼板；10. 生殖板；11. 肛门；12. 围肛部；13. 生殖孔；14. 眼孔；15. 内带线；16. 周花线；17. 侧带线；18. 缘带线；19. 肛下带线；20. 肛带线；21. 头帕类海胆的步带板；22. 小孔板；23. 多孔板；24. 疣轮；25. 乳头突；26. 锯齿；27. 穿孔；28. 疣突；29. 三叶叉棘；30. 三叉叉棘；31. 蛇首叉棘；32. 球形叉棘

细雕刻肋海胆（*Temnopleurus toreumaticus*）（图 4-136）

壳坚厚，半球形或圆锥形，直径 40~50 毫米。步带稍隆起，宽度为间步带的 2/3。赤道部以上各步带板水平缝合线上，有三角形凹痕，边缘整齐，不深陷。管足孔每 3 对排列为一弧。间步带板水平缝合线也有凹痕。赤道部各步带板有 1 个大疣、1 个中疣和多个小疣；各间步带板有 3 个大疣，排为 1 横行，有多个中疣和小疣。顶系凸起，生殖板和眼板均有多数小疣。肛门位于中央。反口面大棘短，呈针状；口面大棘较长，稍弯曲；赤道部大棘最长，末端宽扁成截形。身体黄褐、灰绿色，大棘为黄褐或灰绿色，带有紫或褐色横斑。

栖于潮间带至 45 米深泥沙海底。为我国南、北方各海的习见种类，可见于辽宁大连石槽村、龙王塘、黑石礁及河北秦皇岛鸽子窝等地。

光棘球海胆（大连紫海胆）（*Strongylocentrotus nudus*）（图 4-137）

壳半球形，薄而脆。口面平坦，围口部边缘稍向内陷。步带宽约为间步带的 2/3，围口部边缘步带宽等于或稍大于间步带宽。每个步带板上有 1 个大疣。管足孔 6~7 对，排列成斜弧形。间步带板有 1 个大疣，大疣顶上有 15~22 个大小不等的中疣和小疣，排列成半环形。顶系稍隆起，每个生殖板上有 1 个中疣和数

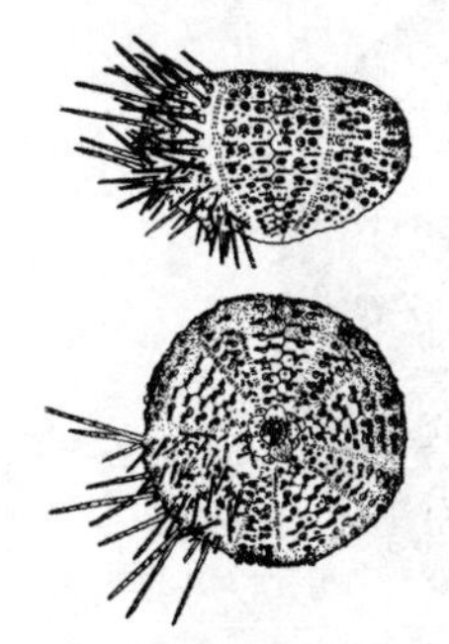

图 4-136　细雕刻肋海胆

（仿赵汝翼）

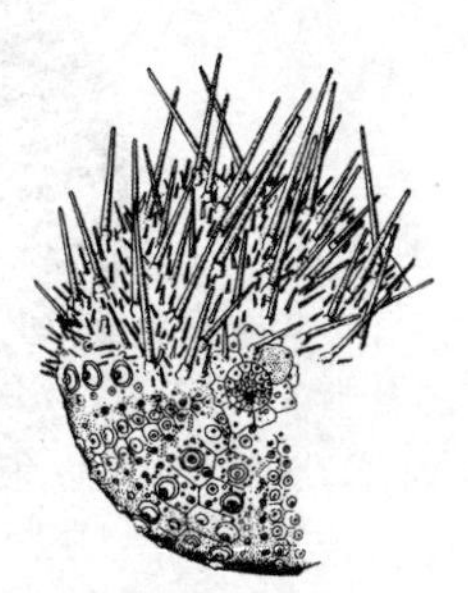

图 4-137　光棘球海胆

（仿赵汝翼）

个小疣。每个肛板上有 1~3 个小疣。肛门偏后方。棘粗壮，赤道部大棘长达 25~32 毫米，末端折断形。各疣上均具棘，大棘的表面有规则的纵条痕。身体紫褐色或黑紫色，幼小个体色稍淡，呈棕红色或紫红色。为大型海胆，最大个体直径可达 80 毫米，高 40 毫米。

栖于潮间带低潮区至 150 米浅海岩礁或沙石海底，可见于辽宁大连石槽村、傅家庄、黑石礁、龙王塘等地。

马粪海胆（*Hemicentrotus pulcherrimus*）（图 4-138）

壳为半球形，较坚固，一般直径约 45 毫米，高约 25 毫米。反口面稍隆起，口面平坦，围口部边缘微向内凹。步带在赤道部与间步带等宽。步带板上大疣很小,成纵行排列,中疣和小疣成横行排列。4 对管足几乎成水平排列。间步带板上各具 1 个大疣，5~6 个中疣，多数小疣。顶系稍隆起，生殖板和眼板密生小疣。棘短而尖锐，长仅 5~6 毫米，多呈倒伏状。体色变化很大，多为灰绿色、灰褐色或棕灰色。

栖于潮间带低潮区至 4 米深的岩礁间或沙砾底的海藻间，为黄海、渤海习见种，可见于辽宁大连石槽村、龙王塘、黑石礁及河北秦皇岛鸽子窝等地。

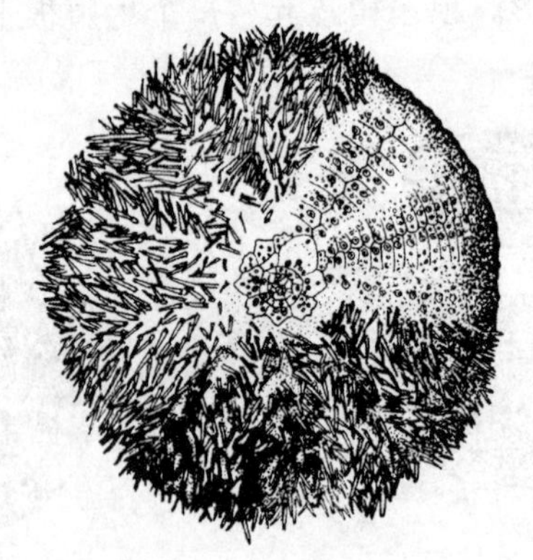

图 4-138　马粪海胆

（仿赵汝翼）

4.3.9.3 蛇尾纲（Ophiuroidea）

蛇尾纲动物身体结构及各部位名称见图 s-15。

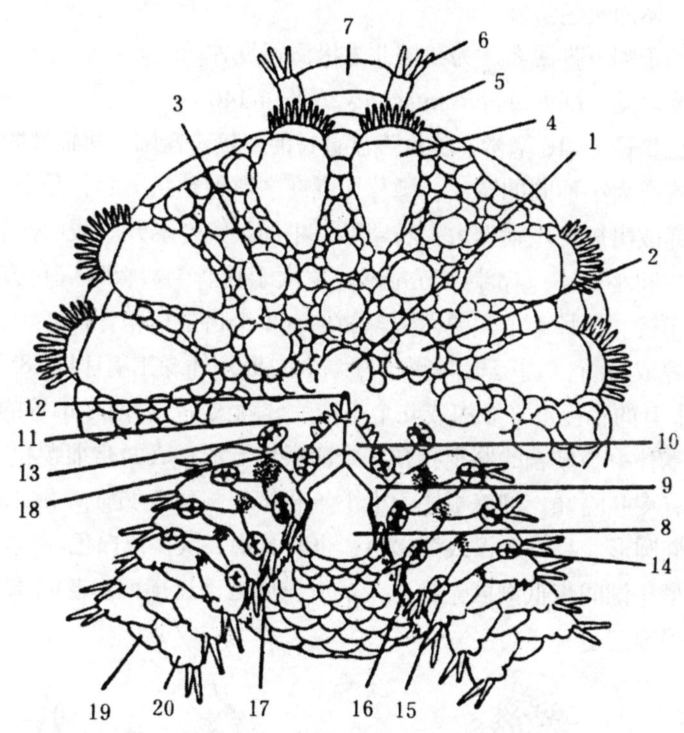

图 s-15 蛇尾纲图解（金氏真蛇尾）（仿赵汝翼）

1. 中背板；2. 辐板；3. 基板；4. 辐楯；5. 腕栉；6. 腕棘；7. 背腕板；8. 口楯；9. 侧口板；10. 颚；11. 口棘；12. 齿；13. 第二触手孔；14. 触手孔；15. 触手鳞；16. 生殖裂口；17. 生殖棘；18. 第一腹腕板；19. 腹腕板；20. 侧腕板

日本鳞缘蛇尾（*Ophiophragmus japonicus*）（图 4-139）

盘直径 5~7 毫米，腕长 25~35 毫米。间辐部向外扩张，盘背面覆细鳞片，盘边缘有 1 列大形四角状鳞。辐楯半月形，彼此相接。口楯长菱形，内尖外钝。侧口板三角形，辐侧边缘略凹。口棘每侧 4 个，等大，紧密靠在一起。齿 5 个，末端钝，垂直排列。盘腹面间辐部鳞片略小于背面。背腕板宽大，椭圆形，几乎覆盖腕背面。

第一腹腕板长方形，其余为五角形，不完全相接。侧腕板在背面完全隔开，腹面几乎相接。腕棘3个，大小相等。触手鳞2个，薄而平。身体深灰色。

栖于潮下带浅海。为我国北方沿海习见种。

紫蛇尾（*Ophiopholis mirabilis*）（图4-140）

盘直径4~16毫米，腕长为盘直径的4倍。盘圆，间辐部膨大，背面覆有大小不同的鳞片，鳞片周围有多数颗粒状突起，盘中央和间辐部散出短棘。辐楯大，长卵形，中间被鳞片隔开。腹面间辐部覆鳞片和小棘。口楯小，五角形，宽大于长。侧口板略成长方形，彼此连接。口棘3个，薄而圆。颚顶有1个齿下口棘。齿8个，上下重叠成单行。背腕板两侧各有1个副板，外缘围有14~18个辅鳞片；有的背板被1短沟或几个小鳞片分隔成左、右两个不等的板。这是本种一个显著的鉴别特征。腹腕板长方形，表面有细颗粒，板之间有皮肤隔开。侧腕板小，上下不相接。腕棘5~6个。触手鳞1个，椭圆形。身体灰褐或紫褐色，也有黄褐、淡褐或白色。

栖于潮间带低潮区至数十米浅海。可见于辽宁大连老虎滩、小平岛等地。

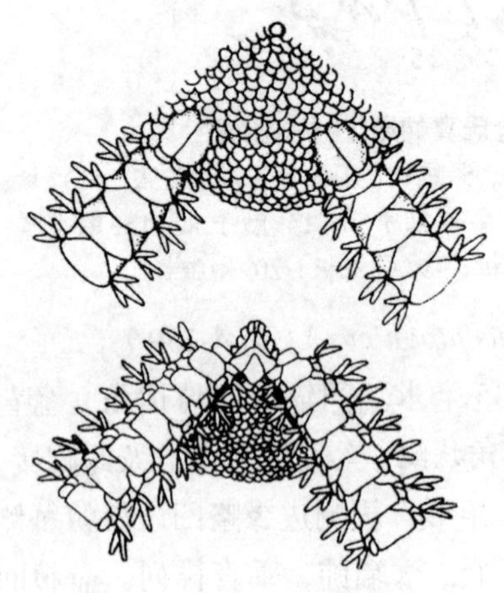

图4-139 日本鳞缘蛇尾

（仿赵汝翼）

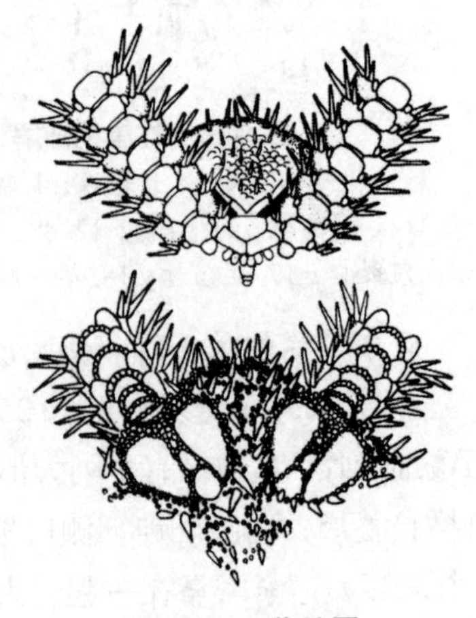

图4-140 紫蛇尾

（仿赵汝翼）

4.3.9.4 海参纲（Holothurioidea）

海参纲动物各种触手及骨片类型见图 s-16。

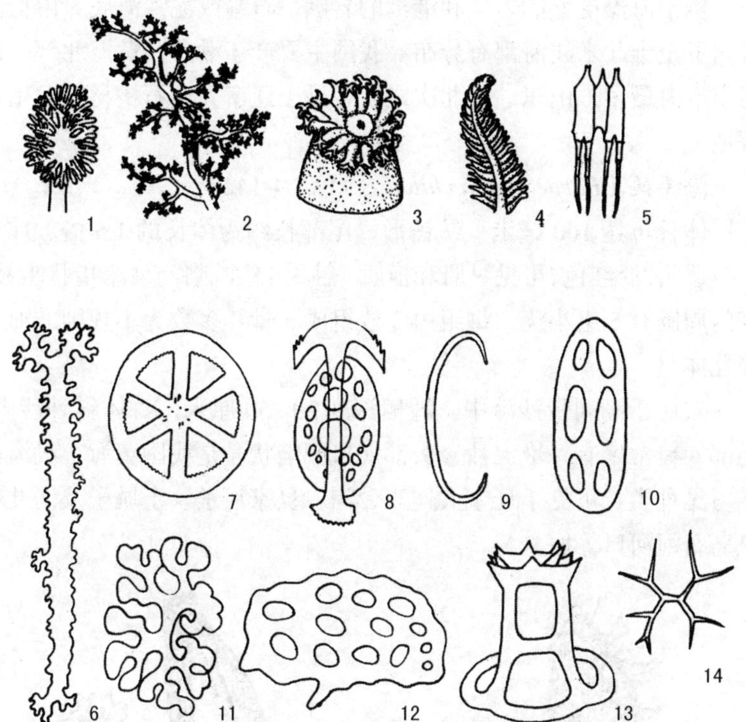

图 s-16　海参纲各种触手及骨片（仿赵汝翼）

1. 楯状触手；2. 枝状触手；3. 指状触手；4. 羽状触手；5. 石灰质环；6. 杆状体；7. 轮形体；8. 锚和锚板；9. “C” 形体；10. 扣状体；11. 花纹样体；12. 穿孔板；13. 桌形体；14. “X” 形体

刺参（*Stichopus japonicus*）（图 4-141）

体长大小不等，小的个体一般长 120 毫米，大者可达 400 毫米。身体呈圆柱状，两端钝尖；背面隆起，具 4~6 行大小不等、排列不规则的圆形肉刺。腹面平坦，管足密集，排列成 3 条不规则的纵带。口偏腹面，触手 20 个。肛门偏背面。体色随生活环境变化而不同，常有栗子褐、褐绿、赤褐、紫褐、灰白、纯白等颜色。骨片以桌形体为主，形态随年龄不同而异，幼小个体塔部细而高，底盘大（1）。老年个体塔部低或消失（2）。

栖于海藻茂盛的岩岸和港湾的岩礁、石缝或泥沙海底。由低潮线向下至十几米浅海都有分布。我国主要产于渤海及黄海北部，以辽宁沿海最多，山东、河北次之。可见于辽宁大连石槽村、龙王塘等地。

海棒槌（*Paracaudina chilensis*）（图 4-142）

体长可达 100 毫米。纺锤形，尾部长约为体长的 1.5 倍。体壁光滑透明，淡红色，可见纵肌和横肌。触手 15 个，各有 4 个指状小枝。肛门周围有 5 组小疣，每组由 3 枚组成。骨片多数为不规则的皿状穿孔体。

穴居于潮间带沙滩中，埋栖深度 20~50 厘米，身体斜卧沙内，尾部穴口常聚有一堆泥沙，头部穴口凹陷状。是我国黄海、渤海沙滩习见种类。可见于辽宁大连双台沟、夏家河子、土城子及河北秦皇岛石河河口等地。

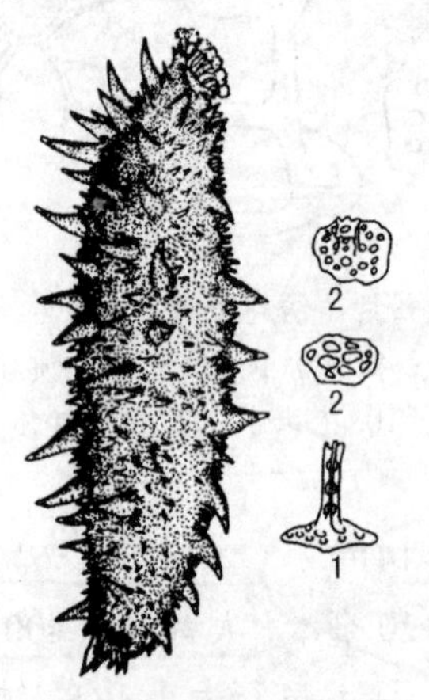

图 4-141　刺参外行及骨片

（仿赵汝翼）

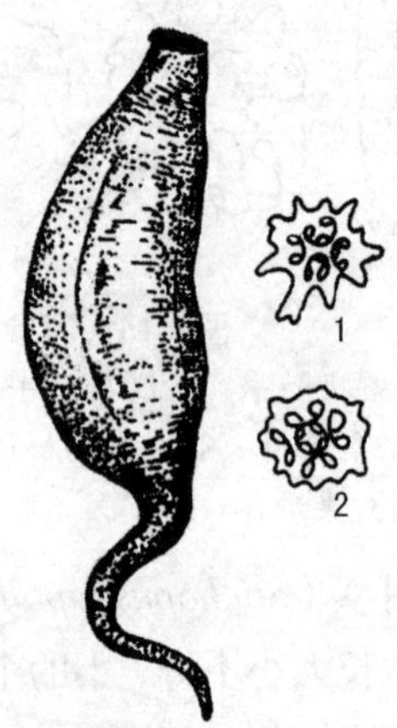

图 4-142　海棒槌

（仿赵汝翼）

5　陆地脊椎动物实习

5.1　两栖和爬行类

5.1.1　两栖纲（Amphibia）

无尾目（Anura）

无尾目动物身体结构及各部位名称见图 s-17。

图 s-17　无尾目外部形态（仿赵正阶）

1. 上眼睑；2. 眼；3. 吻棱；4. 外鼻孔；5. 口；6. 鼓膜；7. 背侧褶；8. 前臂；9. 指；10. 股；11. 跟；12. 胫；13. 蹠；14. 蹼；15. 趾

大蟾蜍（*Bufo gargarizans*）（图 5-1）

体形较大，雄性体长 95 毫米，雌性 105 毫米。头宽大于头长，吻端圆而高，吻棱明显，鼓膜显著。前肢长而粗壮，指略扁，有缘膜，指长顺序为 3、1、4、2；指关节下瘤成对，圆形掌突 2 个，棕色，外侧较大。后肢粗壮，胫跗关节前达肩部。趾略扁，趾侧缘膜明显，基部相连成半蹼。内蹠突大而尖，外蹠突略小而圆。皮肤粗糙，背面密布大小不等的圆形瘰粒，仅头顶平滑，耳后腺长圆条形。腹面布满疣粒。颜色随季节变化甚大，产卵期雄性背面呈墨绿色，有时体侧有浅色花斑；雌性背面色浅，有时有黑色与浅色相间的花斑。

图 5-1 大蟾蜍

（自刘明玉）

4 月初至 5 月中旬开始复苏，由冬眠的江河、洞穴出来进到水塘和平静的水沟和溪流中产卵。卵成单行或双行排列于胶质卵带内。每次产出卵带 2 条，缠绕于水中植物上。产卵后上岸生活。分布甚广，东北各地皆常见。

花背蟾蜍（*Bufo raddei*）（图 5-2）

体形较小，平均体长 60 毫米左右，最大雄性可达 68 毫米，雌性可达 80 毫米。头宽大于头长，吻端圆，吻棱显著。鼓膜显著，呈椭圆形。前肢指短细，指长顺序为 3、1、2、4。第 1、3 指几乎等长，指有不显著之缘膜。关节下瘤不成对。外掌突大而圆，深棕色，内掌突小而色浅。后肢短，胫跗关节达肩部，趾端黑色或深棕色。趾侧均有缘膜，基部相连成半蹼。雄性皮肤粗糙，头部、上眼睑及背面密布大小不等的疣粒。雌性背面、吻端、头侧疣较少。耳后腺大而扁。四肢及腹部皮肤较平滑。生活时雄性背面多呈橄榄黄色，有不规则的花斑，分散的灰色疣粒上有红点，雌性背面浅绿色，酱色花斑明显，疣粒上亦有红点。背正中常有浅绿色脊线。腹部乳白色，腹后端灰色。

有冬眠习性，5 月初复苏。在静水池中产卵，卵在胶质卵带中成双行或三行排列。产卵结束后则营陆栖生活。白天多匿居于草石下或土洞中，黄昏时外出寻食。广泛分布于东北各地。

图 5-2　花背蟾蜍

（自费梁等）

无斑雨蛙（*Hyla arborea*）（图 5-3）

小型蛙类。平均体长仅 30 毫米左右。大的雌蛙可达 44 毫米。头宽大于头长，吻棱明显，吻圆而高。鼓膜圆，舌圆厚，后端微有缺刻。前肢短，指扁，有缘膜，基部有极不显著的蹼迹，指端有吸盘及横沟。关节下瘤显著，后肢亦短。胫跗关节前达肩部，趾间无蹼，关节下瘤小，蹠部有小疣粒。内蹠突较窄长，无外蹠突，背部皮肤光滑。颜色呈绿色，腹面白色。有单颞下外声囊。

主要生活在林缘或林间沼泽地带的草丛和灌木丛中，在稻田或沼泽湿地的草丛中亦有分布。雨后多在路旁活动。行动灵活，常用吸盘吸附于树叶或草叶上，特别是雨后，非常喜欢鸣叫。东北各地皆有分布，山区较常见。

黑斑蛙（*Rana nigromaculata*）（图 5-4）

体长一般为 60~80 毫米。头长略大于头宽，吻钝圆而略尖，吻棱不显。眼间距窄，小于上眼睑宽。鼓膜大，犁骨齿两小团，舌大，卵圆形，后端缺刻深。皮肤较光滑，背侧褶较窄，其间有数条长短不一的肤棱。生活时颜色变异颇大，背面为黄绿或深绿或带灰棕色，其上散有大小不等的黑斑，四肢背面有黑色横斑。雄性有一对颈侧外声囊。

常栖息于池塘、水沟、稻田、水库、小河和沼泽地区。3 月至 6 月均能产卵，蝌蚪体肥大，背部略带绿色，杂有黑色斑点。东北各地皆有分布，很常见。

图 5-3　无斑雨蛙

（自赵正阶）

图 5-4　黑斑蛙

（自赵正阶）

黑龙江林蛙（*Rana amurensis*）（图 5-5）

雄性体长 63~66 毫米；雌性体长 60~70 毫米。头较扁平，头长宽几乎相等。吻棱较明显，吻端稍突出于下颌。眼间距小于鼻间距，鼓膜显著。犁骨齿椭圆形，位于内鼻孔内后方。前肢较粗短，指端圆。指长顺序为 3、1、4、2，关节下瘤显著。内外掌突均显著。后肢胫跗关节达肩部，趾端钝圆而略尖。第 3、5 趾达第 4 趾的第 2、3 关节下瘤之间。蹼发达。第 5 趾外侧无缘膜，关节下瘤显著而小，内蹠突较细长，有游离缘，外蹠突圆小或无。皮肤较粗糙。背侧褶不平直，两侧褶间有分散的疣，疣或长或圆，大致成行排列，后部的疣多而小。体侧、腹部两侧及后肢背面有许多小疣。背部颜色呈棕灰色，背侧褶及背部疣上或附近多有黑色斑点，鼓膜上三角形黑斑大而显著，四肢背面有黑色横纹。咽、胸及腹部有朱红色与深灰色花斑。四肢腹面多为深灰色，间有朱红色小点，体侧有时亦有。

主要栖息在针阔混交林和阔叶林中。4 月末 5 月初从冬眠状态中复甦，由冬眠的江河与洞穴进入水塘与小溪中抱对产卵，卵成团状。5 月中下旬即产完卵上岸生活。广泛分布于东北各地山区。

中国林蛙（*Rana chensinensis*）（图 5-6）

体较宽短。外形和黑龙江林蛙相似，不同的是雄蛙有一对咽侧下内声囊。头扁平，头宽略大于头长；吻端圆而略尖，吻棱明显；鼻孔位于吻眼之间；鼓膜显著，约为眼径之半；犁骨齿列小，椭圆形。胫跗关节前达眼前方或吻鼻部，左右跟部重叠较多，趾蹼缺刻深；第五趾内侧蹼之凹陷位于第五趾中部。皮肤较平滑。多数个体背面浅灰褐色或土黄色，一般疣上散有深色斑点，鼓膜处均有三角形黑色斑。体长变异颇大，东北地区最大者可达 90 毫米。

栖于山溪附近或高原草地的沼泽或阴湿的山坡树丛。喜食鳞翅目幼虫及其他有害昆虫。东北地区 4 月中旬至 5 月初产卵，立夏前后的第一场雨后夜间离开水体上山生活。东北各地山区皆有分布，但数量在逐渐减少，应予以保护。

图 5-5　黑龙江林蛙

（自费梁等）

图 5-6　中国林蛙

（自费梁等）

5.1.2 爬行纲（Reptile）

5.1.2.1 蜥蜴目（Lacertiformes）

蜥蜴目动物身体结构及各部位名称见图 s-18。

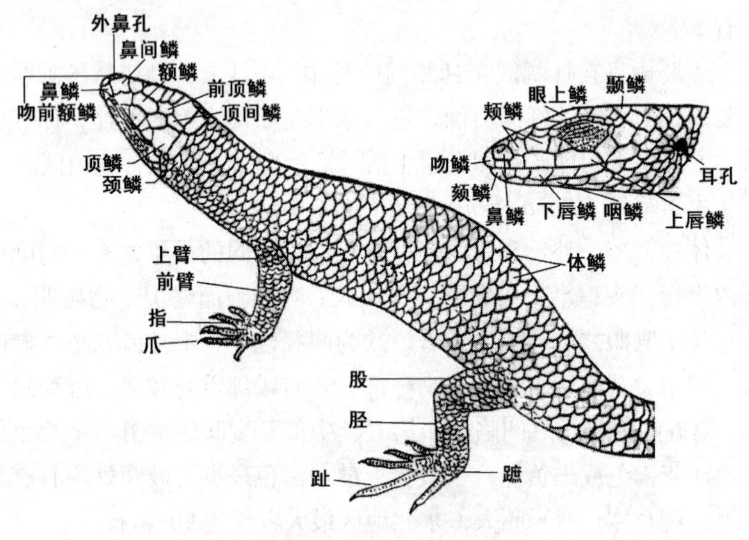

图 s-18 蜥蜴的外部形态

（仿赵正阶）

丽斑麻蜥（*Eremias argus*）（图 5-7）

体长约 55 毫米，尾长约 72 毫米，头呈三角形，吻长，鼓膜下陷，吻长较眼耳间距短。鼻孔周围有 3 枚鳞片，耳孔较眼径小，额鼻鳞成对，左右相遇。额鳞成盾形，额顶鳞较顶间鳞大。顶鳞略成方形。背部鳞细小，呈颗粒状，不具棱；下颏鳞四对，喉横沟明显，沿沟褶三鳞较大。腹面鳞较大，光滑，呈横行排列。每横排有鳞 16~18 片；尾部鳞片排成环状。四肢发达，后肢前伸达胁部，股窝每侧约有 10~12 个，左右不相遇。身体颜色背面棕绿色，幼体时体侧有浅色纵纹，纵纹之间散有黑边色浅的眼斑，成体眼斑极明显，排列成方格状，由前至后有六排圆眼斑，每排由左至右有 12~16 个眼斑，腹面色浅，无斑。

图 5-7　丽斑麻蜥

（自赵正阶）

生活在草原、农田、沙地上。白天在草丛中捕食昆虫、蜘蛛等，受到惊动即藏匿在土洞或石缝中。5 月到 6 月间产卵，卵椭圆形，黄白色，卵壳很薄，每次产卵 3~5 枚。东北各地皆有分布。

5.1.2.2 蛇目（Serpentiformes）

蛇目动物外部形态及各部位名称见图 s-19。

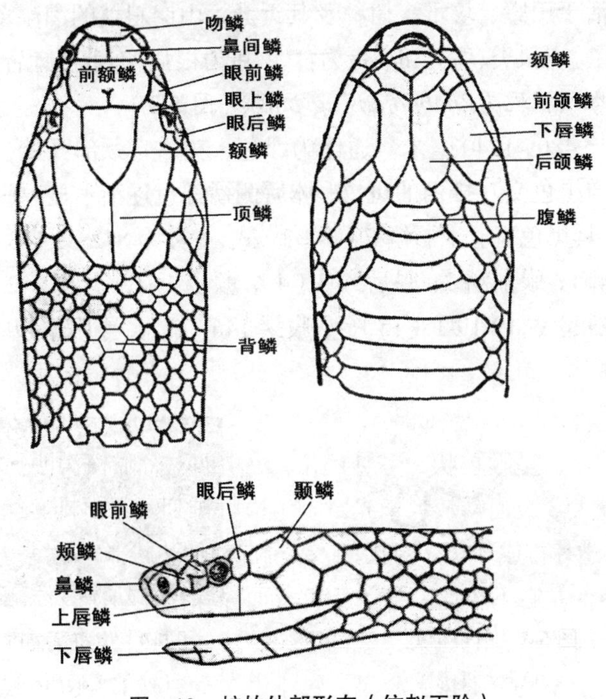

图 s-19　蛇的外部形态（仿赵正阶）

白条锦蛇（*Elaphe dione*）（图 5-8）

体全长 800 毫米左右，尾长 90~155 毫米。头体背淡灰、褐灰或棕黄色，体背具三条灰白色纵纹，部分标本中央纵纹不明显，并有许多不规则的镶白边的窄的黑横斑；腹面黄白色，具有黑色斑点；头背具有暗褐色倒“V”字形斑纹，眼后有黑斑，枕部黑纵斑粗大明显。幼体斑纹更为明显。颊鳞 1，眼前鳞 1，绝大多数具有 1 片眼前下鳞；眼后鳞 2（3）；颞鳞 2（3、1）+3（4、2）；上唇鳞 8，3-2-3 式，偶有 9，4-2-3 式；下唇鳞 11（10、12、9），前 4 或 5 片切前领片；背鳞 25（23、21、24、27）-25（23、21、24、27）-19（17、18、21）行，背中央有 6~19 行微弱起棱，其余平滑；雄性腹鳞 172~203，平均 186 片，雌性 186~204，平均 197 片；肛鳞二分；尾下鳞双行，雄性 62~77，平均 62 对，雌性 55~74，平均 62 对。上颌齿 15~17 枚。

生活于田野、坟堆、树林及其近旁，山岗斜坡的潮湿草丛，常进入家屋。以鼠类、鸟类和鸟蛋为食，耐饿力很强。东北各地皆有分布。

虎斑颈槽蛇（*Rhabdophis tigrinus*）（图 5-9）

全长 480~1240 毫米。通体为绿色，头后自颈部开始，两侧为橘红色与黑色交互排列的斑纹；体后侧橘红色逐渐不显。腹鳞绿色沾灰白，具黑色斑。上唇鳞 7（2-2-3）式，少数为 8{2（3）-3（2）-3}式；颊鳞 1；眼前鳞 2；眼后鳞 3（4）；颞鳞 1+2，少数 2+2 或 1+1。背鳞强烈起棱，19-19-17（15）行；腹鳞 146~172；尾下鳞 49~75 对；肛鳞两片。

图 5-8　白条锦蛇

（唐景文摄影）

图 5-9　虎斑颈槽蛇

（唐景文摄影）

栖息于山区、丘陵、平原等近水源的各种景观。行动敏捷，受惊扰时体前段可竖起，颈部平扁膨大显示出黑红色斑驳。性暴躁，富攻击性，毒蛇。因后毒牙结构特殊不易伤人，但应注意防范，不能大意。主要以蛙类为食，也吃鱼、鼠、鸟及昆虫等。东北各地都有分布。

棕黑锦蛇（*Elaphe schrenckii*）（图 5-10）

体形粗大，为东北最大的蛇类。体长最大可达 2000 毫米以上。体长：雄性 1240 毫米，雌性 1430 毫米左右。尾长：雄性 140 毫米，雌性 155 毫米左右，体背油黑色，具金黄色横纹。背鳞光滑无棱。腹部黄色，具黑色斑点。一些个体背面为一系列暗灰色具黑边的斑纹，其间为淡灰色的间隔，体前部暗斑宽而间隔窄，体后部斑纹与间隔几乎相等，但暗斑的黑边加宽。腹部具灰色斑点，眼后具黑色纵纹，上唇鳞 8（3-2-3）式；颊鳞 1；眼前鳞 1（2）；眼后鳞 2（1）；颞鳞 2（1）+124；背鳞 23（21）-23（21）-19（17、18）行。腹鳞：雄性 210~217；雌性 219~222。尾下鳞：雄性 68~75，雌性 64~69，多数成对，少数单片。

栖息于近水的森林、废弃房舍、蜂窖、木桥等处，尤喜活动于林中倒木、房舍等处。行动缓慢，性情温和。多在林间倒木之树洞中产卵，卵椭圆形，白色革质卵壳。主要以鼠类、鸟及鸟卵等为食。东北三省皆有分布。

岩栖蝮（*Gloydius saxatilis*）（图 5-11）

背面呈横纹；头侧深色“纹”宽，上下都不镶白边；中段背鳞 23 行，腹鳞加尾下鳞 192~212，平均 198.3。全长：雄性（*n*=20）518~748（平均 644.2 ± 58.9）毫米，雌性（*n*=10）528~635（平均

图 5-10　棕黑锦蛇

（易国栋摄影）

图 5-11　岩栖蝮

（易国栋摄影）

582.0 ± 34.5）毫米。背面黄褐色或砂黄色，有多数（29~44）宽大（占 4~5 枚鳞）的暗褐色或近黑褐色横纹，每一横纹显然也是由左右对称的一对圆斑合并而成，但乍看起来几乎看不出合并痕迹，横纹前后缘及背脊部色深，中央色较浅淡；腹面黄白色或灰黑色，无明显斑纹。尾末黑色。头背鳞片密布黑褐色点，有的地方密集，形成不规则斑纹；贯穿眼前后的黑色“眉”纹较宽，上下缘均不镶浅色边，故曾被叫作黑眉蝮；头腹灰白或黄白色，不均匀地散以灰褐色细点。头三角形，背腹较厚而不扁，吻棱较明显，体躯粗壮，尾短。鼻间鳞略似梯形；上唇鳞 7，2-1-4 式，少数为 8（2-1-5）或 6（2-1-3），第 2 枚不入颊窝，第 3、4 两枚最大，其后各枚较低矮；下鳞 10~11 枚，前 3（4）枚切颌片。背鳞颈部 23（个别 21 或 22）行，中段 23（个别 21）行，肛前 17 行，除两侧最外行，均具棱，背脊数行棱强；腹鳞：雄性（*n*=11）151~164（平均 157）雌性（*n*=9）154~170（平均 163.3），肛鳞完整；尾下鳞雄性（*n*=11）40~48（平均 43），雌性（*n*=9）36~44（平均 39.8）对。上颌骨具管牙，有颊窝。

多栖于山区岩石地带草丛中、乱石堆或石缝里、山沟树木下的石砬子中或沟坡的灌丛里，以阔叶林中为多，柞木林中更多。岩栖蝮不太活动，常蜷卧数小时不动。受惊时，身体贴地放扁，尾急速抖动作响，而后迅速逃逸；在草丛中爬行甚快。9 月下旬开始入蛰，次年 5 月上旬开始出蛰。毒蛇，东北各地都有分布。

乌苏里蝮（*Gloydius ussuriensis*）（图 5-12）

背面两行大圆斑并列；头侧黑色“眉”纹上镶白或黄白色边（白眉）；中段背鳞 21 行；腹鳞 + 尾下鳞 188~213，平均 200 左右。背面暗褐、棕褐或红褐色，有两列边缘黑色，中央色浅，向体侧开放的大圆斑纵贯全身，左右圆斑对称排列或略有前后，彼此在背中线上相接或几乎相接，有的个体由于圆斑不明显，形成网纹；腹面灰白，或散以黑褐细点，腹鳞两侧有粗大黑色星斑，其上缘色白，前后缀连，略呈一纵线。头背暗褐，有黑褐斑纹；眼前后贯穿有一条黑褐色宽“眉”纹，其上缘平直，镶白色或淡黄白色边（白眉），其下缘略呈波纹；

“眉”纹下方的上唇黄白色；头腹黄白色，基本无斑纹，少数呈灰色网纹。尾末与体色一致,极少数白色无斑。头略呈三角形,吻棱明显；鼻间鳞宽短，外侧尖细似逗点形；上鳞 7，2-1-4 式，下唇鳞 9~11 枚，前 3 或 4 枚切颌片。背鳞有成对端窝，颈部 21 行，中段 21 行，肛前 17 行；腹鳞：雄性 142~160，雌性 142~161；肛鳞完整，尾下鳞：雄性 43~55 对，雌性 36~52 对。上颌骨具管牙，有颊窝。

多见于平原、浅丘或低山，生活在山地、丘陵、林缘、沟、田野等处的杂草、灌丛或石堆中。出入蛰时以乱石堆中为多，与岩栖蝮同域分布，但高山及林中不见。10 月上中旬开始冬眠，可与其他蛇种同穴越冬，次年 5 月中旬出蛰，活动期多在灌丛中、菜地、田埂及坟堆草丛中，捕吃鼠、蛙、蚼蟼等，亦吃鱼，偶吃蜥蜴和蛇。毒蛇，东北各地都有分布。

极北蝰（*Vipera berus*）（图 5-13）

头背面除额鳞、顶鳞、眶上鳞为大鳞外，其余均为较小鳞片；头侧及前额小鳞平滑，顶鳞后方小鳞具棱；背鳞中段 21 行，吻鳞与两枚端鳞相切；鼻孔较大,位于鼻鳞中央。头略呈三角形,与颈明显有别。吻钝圆，躯干较粗，尾较短。生活时，背面灰色或橄榄黄色，沿背脊有一波状或锯齿形浅黑色纵带纹，两侧各有一列斑点；腹面为一致的灰色，具浅色斑点，尾末端通常黄色。眼后有一深色纵纹，上唇鳞带白色或浅黄色，前缘褐色。吻鳞高与宽相等，与吻端二枚小鳞（端鳞）相切。头背面鳞片仅额鳞、顶鳞及眶上鳞为大形鳞片；额鳞前方有小鳞 13~17 枚（包括 2 枚端鳞），左、右顶鳞在中线彼此相切，

图 5-12　乌苏里蝮

（唐景文摄影）

图 5-13　极北蝰

（安思远摄影）

前切额鳞，与眶上鳞间隔1行小鳞。眼前、后及下方均被小鳞围绕，与鼻鳞间隔二行小鳞，与上唇鳞间相隔一行小鳞；背鳞21（23）-21-17行，均明显具棱，或仅最外一行平滑。腹鳞：雄性147~148，雌性153~156；肛鳞完整；尾下鳞双行，雄性40~41，雌性29~33对。

多生活于温带、寒带的林区和草原草甸区、阔叶林、针叶林、混交林及沼泽地，以树根洞穴中或石块下为其隐蔽场所。春季雪未融化时即苏醒，冬季单个或集群利用其他动物洞穴冬眠。食物以啮齿动物为主，间或吃蛙、蜥蜴等。东北仅吉林（长白山区长白朝鲜族自治县、安图县、抚松县）有发现。

5.2 鸟类（鸟纲）

鸟类分类的依据是多方面的，传统分类多是依据形态学特征。如外部形态、飞羽和尾羽数目和类型、羽毛排列、跗蹠部的鳞片、嘴的形状和大小、羽毛的颜色等。鸟体外部形态的各部位名称、身体各部位（特别是头部）的斑纹名称和体羽的分区和名称，常被用于分类识别中的特征描述（图s-20、s-21）。

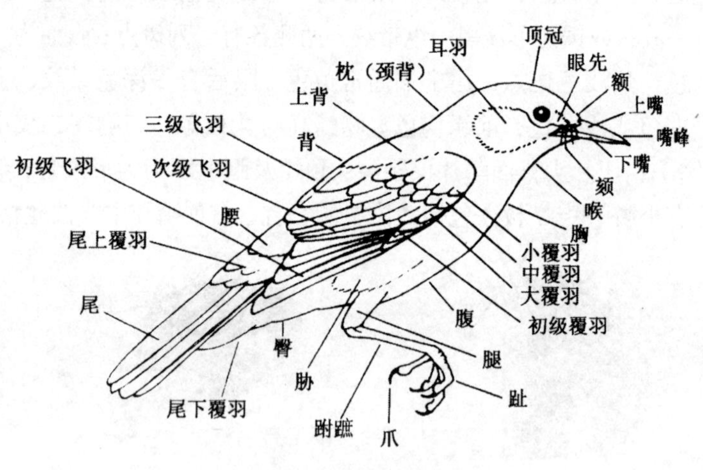

图 s-20　鸟的外部形态

（仿 John Mackinnon 等）

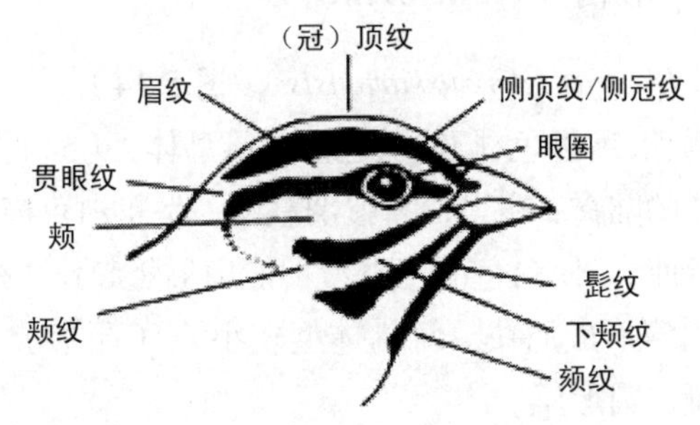

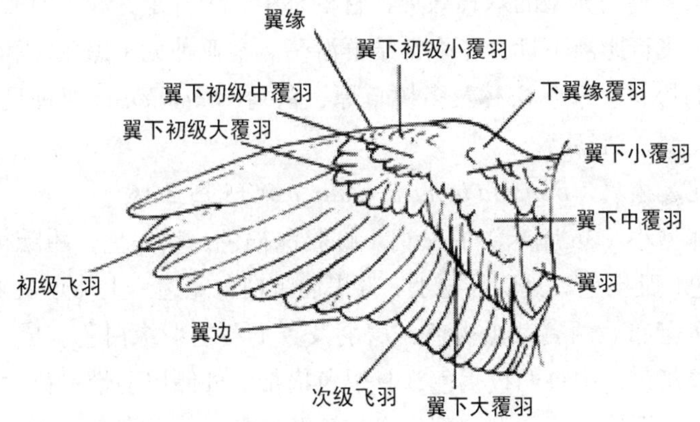

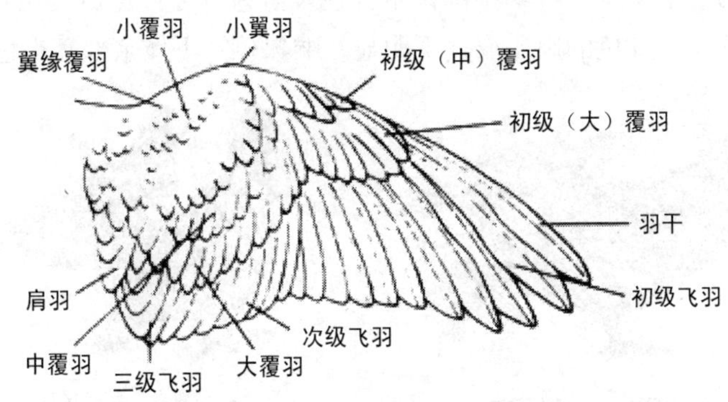

图 s-21　鸟的羽区各部名称

（仿 John Mackinnon 等）

5.2.1 鸡形目（Galliformes）

黑琴鸡（*Lyrurus tetrix ussuriensis*）（图 5-14）

虹膜深褐色，嘴黑色，脚铅灰色。为雄鸟体大（54 厘米）的黑色、带蓝绿色光泽的陆禽；翅黑，翼覆羽基端，呈粗白色横纹；尾黑色，呈叉状向外弯曲，以使白色的尾下覆羽能扇形竖起作“跑圈”炫耀；红色的冠状肉瘤形成眉块。雌鸟体型较小（41 厘米），深褐色，羽尖具皮黄色斑，圆形尾。

黑琴鸡为典型的森林鸟类，喜栖林中，善奔走，起飞时有较大响声，飞行距离不远，冬季常结群游荡。本亚种见于黑龙江和吉林东部的松林、落叶松林及多树草原，留鸟；*baikalensis* 亚种见于黑龙江北部，留鸟。

花尾榛鸡（*Bonasia bonasia amurensis*）（图 5-15）

体型小（36 厘米）的松鸡。虹膜深褐色，嘴黑色，跗蹠被羽，灰白色，趾褐色。具明显冠羽，喉黑而带白色宽边。上体烟灰褐色，蠹状斑密布。两翼杂黑褐色，肩羽及翼上覆羽羽缘白色，成条带。尾羽青灰色，中央两枚褐色，具黑色横带，外侧尾羽带黑色次端斑而端白。下体皮黄，羽中部位带棕色及黑色月牙形点斑。两胁具棕色鳞状斑。红色的肉质眉垂不明显。喉黑色。下体余部暗褐色。

图 5-14　黑琴鸡

（自 John Mackinnon 等）

图 5-15　花尾榛鸡

（自 John Mackinnon 等）

为典型的森林鸟类，喜栖林中，善奔走，多成对或结群活动。

模仿其叫声能招引此鸟。爱在针叶林及柞、杨、桦等阔叶混交林中活动。本亚种分布在长白山、小兴安岭、大兴安岭南端及黑龙江流域，南可达辽宁及河北东北部，留鸟。亚种 *sibiricus* 在大兴安岭为留鸟。

斑翅山鹑（*Perdix dauurica*）（图 5-16）

体长 25~31 厘米。虹膜棕色，嘴近黄色，脚黄色。为雄鸟体形略小（28 厘米）的灰褐色雉类；脸、喉中部及腹部橘黄色，腹中部有一倒“U”字形黑色斑块；胸为黑色，喉部橘黄色延伸至腹部，喉部有羽须。雌鸟胸部无橘黄色及黑色，但有羽须。

爱在灌丛和草丛中活动，奔走迅速，受惊时蹲伏，不易发现，起飞突然。东北各地皆有分布，留鸟。

鹌鹑（*Coturnix japonica*）（图 5-17）

体小（18 厘米）而滚圆。虹膜红褐色，嘴灰色，脚肉棕色。褐色带明显的草黄色矛状条纹及不规则斑纹，雄雌两性上体均具红褐色及黑色横纹。雄鸟颏深褐色，喉中线向两侧上弯至耳羽，紧贴皮黄色项圈。皮黄色眉纹与褐色头顶及贯眼纹成明显对照。雌鸟亦有相似图纹但对照不甚明显。

常成对而非成群活动。栖息在草原、低山丘陵地带，喜栖息于溪流岸边、农耕区的谷物农田或草地。迁徙时成群活动，冬季常成对活动。营巢于地面。在黑龙江和内蒙古东部为夏候鸟，在吉林、辽宁为留鸟。

图 5-16 斑翅山鹑

（自 John Mackinnon 等）

图 5-17 鹌鹑

（自 John Mackinnon 等）

环颈雉（*Phasianus colchicus*）（图 5-18）

虹膜红褐色，嘴暗灰色，脚略灰。雄鸟体大（85 厘米），头部具黑色光泽，有显眼的耳羽簇，宽大的眼周裸皮鲜红色；有白色颈圈，身体披金挂彩，满身点缀着发光羽毛，从墨绿色至铜色至金色；两翼灰色，尾长而尖，褐色并带黑色横纹。雌鸟形小（60 厘米）而色暗淡，周身密布浅褐色斑纹。

雄鸟单独或成小群活动，雌鸟及其雏鸟偶尔与其他鸟合群。栖于不同高度的开阔林地、灌木丛、半荒漠、苇塘、沟谷及农耕地等多种生境。脚健，善奔走。具诸多的地域型亚种分化，亚种 *pallasi* 见于黑龙江及内蒙古东北部；亚种 *karpowi* 可见于辽宁、吉林及内蒙古东南部等地。留鸟。

图 5-18　环颈雉

（自 John Mackinnon 等）

5.2.2　雁形目（Anseriformes）

鸿雁（*Anser cygnoides*）（图 5-19）

体大（88 厘米）而颈长的游禽。虹膜褐色，嘴黑色，脚深橘黄色。黑且长的嘴与前额成一直线，一道狭窄白线环绕嘴基。上体灰褐但羽缘皮黄。前颈白，头顶及颈背红褐色，前颈与后颈有一道明显界线。腿粉红色，臀部近白，飞羽黑色。与小白额雁及白额雁区别在于嘴为黑色，额及前颈白色较少。叫声：飞行时作典型雁叫，升调的拖长音。

成群栖于沼泽、湖泊和水生植物丛生的水边，并在附近的草地、田野取食。迁徙时常数百只成“一”字或“人”字形队列飞行。全球性易危物种。夏候鸟，繁殖见于中国东北，迁徙途经中国东部。

豆雁（*Anser fabalis sibiricus*）（图 5-20）

体型大（80 厘米）。虹膜暗棕色；嘴橘黄色、黄色及黑色，嘴甲圆形具尖端，黑色，嘴基黑色；脚为橘黄色，爪黑色。雌雄体羽相似，颈色暗，上体为灰褐色或棕褐色；鼻孔前端与嘴甲之间有一黄色横斑，于嘴的两侧缘向后延伸几至嘴角，形成一条狭窄橙黄色带斑；头至颈部有暗褐色杂细斜纵纹，腰和下背黑褐色，胁部具有褐色横斑。飞行中较其他灰色雁类色暗而颈长。*serrirostris* 亚种与本亚种的区别是：个体较小，嘴基和嘴甲颜色较淡。

成群活动于近湖泊的沼泽地带及稻茬地。迁飞姿态与鸿雁相似，队形经常变换。本亚种及 *serrirostris* 亚种迁徙时见于中国东北部及北部。数量较多，夏候鸟。

图 5-19　鸿雁

（自 John Mackinnon 等）

图 5-20　豆雁

（自 John Mackinnon 等）

灰雁（*Anser anser*）（图 5-21）

约 76~88 厘米。虹膜褐色；嘴、脚为粉红色，嘴甲淡白色。头部、颈部为黑褐色；背部和飞羽为黑褐色，且飞羽翼缘为白色；胸部和腹部为灰褐色，两胎具有黑色横纹，尾下覆羽为白色，雌雄无明显差异。

灰雁主要栖息在不同生境的淡水水域中，常见其出入于富有芦苇和水草的湖泊、水库、河口、水淹平原、湿草原、沼泽和草地。营巢于水边草丛中，东北地区为夏候鸟。

大天鹅（*Cygnus cygnus*）（图 5-22）

体型高大的白色游禽。虹膜褐色；嘴黑而基部为黄色，黄色延至上喙侧缘成尖形，伸于鼻孔之下；脚黑色。亚成体羽色较灰暗，嘴色亦淡。游水时颈直立。

主要栖息于多蒲、苇的大型湖泊、水库或沼泽湿地，多成对活动，成群迁飞。繁殖于我国北方，每年 4 月份北迁、10 月份南迁时路过东北三省部分区域。数量很少，夏候鸟。

图 5-21　灰雁
（自 John Mackinnon 等）

图 5-22　大天鹅
（自 John Mackinnon 等）

绿头鸭（*Anas platyrhynchos*）（图 5-23）

中等体型（58 厘米），为家鸭的野生型。虹膜褐色，脚橘黄色，爪黑色。雄鸟嘴橄榄绿色，嘴甲黑色；脚橙红色；上体大都暗灰褐色，头、颈辉绿色带光泽，颈基具有白色领环；胸栗色，中央两对尾羽黑色，末端向上卷曲；翼镜蓝紫色，前后均有黑色、白色狭带，下体灰白色。雌鸟嘴暗橙黄色，上嘴杂褐色斑，背部羽色黑褐色，具有浅棕色羽缘；下体浅棕色，杂褐色斑点，翼镜与雄鸟相同；脚橙黄色，有深色的贯眼纹。

多见于湖泊、池塘、河流及河口。东北各地常见，数量很多，夏候鸟。

斑嘴鸭（*Anas poecilorhyncha*）（图 5-24）

体大（60 厘米）的深褐色游禽。虹膜褐色，嘴黑色而端黄，脚珊瑚红。头色浅，顶及眼线色深，嘴黑，嘴端黄，而且在繁殖期黄色嘴端顶尖有一黑点为本种特征。喉及颊皮黄，有过颊的深色纹，深色羽带及浅色羽缘使全身体羽呈浓密扇贝形。翼镜为蓝色泛金属光泽，白色的三级飞羽停栖时有时可见，飞行时甚明显。两性同色，但雌鸟较黯淡。

栖于湖泊、沼泽、河流及沿海海滨。水边草丛中营地面巢。常见，数量较多。在东北为夏候鸟。

图 5-23　绿头鸭

（自 John Mackinnon 等）

图 5-24　斑嘴鸭

（自 John Mackinnon 等）

凤头潜鸭（*Aythya fuligula*）（图 5-25）

中等体型（42 厘米）。虹膜黄色，嘴及脚灰色，蹼黑色。矮扁结实的游禽，头带特长羽冠。雄鸟黑褐色，腹部及体侧白；雌鸟深褐，两胁褐而羽冠短。飞行时二级飞羽呈白色带状。尾下羽偶为白色。雌鸟有浅色脸颊斑。雏鸟似雌鸟但眼为褐色。头顶部平而眉纹突出。

常见于湖泊及深池塘，潜水找食，飞行迅速。善于游泳和潜水，可潜入水中 3~5 分钟觅食。在东北南部为旅鸟，余为夏候鸟。

红头潜鸭（*Aythya ferina*）（图 5-26）

体长约 46 厘米。嘴黑色，中间蓝灰色；虹膜：雄鸟红色，雌鸟灰褐色；脚黑色。雄鸟头部栗红色，胸部黑色，背部及腹部灰白色，尾黑色，嘴蓝灰色且端部黑色；雌鸟头部及胸部暗褐色，背部及腹部灰色，尾部褐色，嘴基部色浅。

图 5-25 凤头潜鸭

（自 John Mackinnon 等）

图 5-26 红头潜鸭

（王拓摄影）

主要栖息于富有水生植物的开阔湖泊、水库、水塘、河湾等各类水域中。冬季也常出现在水流较缓的江河、河口和海湾。东北大兴安岭地区为夏候鸟，余为旅鸟。

绿翅鸭（*Anas crecca*）（图 5-27）

体长约 37 厘米。虹膜淡褐色，嘴黑色，脚灰黄色。翼镜绿色。雄鸟头部及颈部深栗色，具宽的金属绿色贯眼纹。肩部具一条白色细纹，胁部具灰色蠹状纹，腹部白色，尾下具皮黄色斑块。雌鸟体色为褐色，腹部浅棕色。

通常在水面摄食，也会把头埋到水里觅食，它主要吃水生无脊椎动物，如甲壳类、昆虫及其幼虫、软体动物和蠕虫。见于各省，东北地区为夏候鸟。

赤麻鸭（*Tadorna ferruginea*）（图 5-28）

大型橙栗色野鸭（58~70 厘米）。嘴、跗蹠黑色，虹膜暗褐色。体羽主体为棕栗色，雌雄基本相似。雄鸟头顶白色发暗，颏、喉、前颈及颈侧均淡棕黄色，下颈基部具有黑色颈环。翅上覆羽白色沾棕色，小翼羽及初级飞羽黑褐色；翼镜铜绿色，尾和尾上覆羽黑色，下体棕褐色，在上胸、下腹及尾下覆羽处最深。雌鸟颈基无黑色颈环，头顶及头侧均白色，其余体色比雄鸟略淡。

栖息于溪旁、水塘、河岸、湖边及水生植物丛生的沼泽水面。杂食性，以各种谷物、水生植物、昆虫、甲壳动物、软体动物、小鱼等为食。东北各地为夏候鸟或旅鸟。

图 5-27　绿翅鸭

（自 John Mackinon 等）

图 5-28　赤麻鸭

（自 John Mackinon 等）

翘鼻麻鸭（*Tadorna tadorna*）（图 5-29）

体形较大的一种鸭（55~65 厘米）。虹膜暗褐色；嘴赤红色，鼻孔周围和嘴甲黑色；跗蹠和趾肉红色，爪黑。体羽大都白色，头、颈及肩羽黑色，自背至胸有栗棕色环带。嘴上翘，繁殖期雄鸭嘴基具有大的红色皮质瘤。

栖息于江河、湖泊、河口、水塘及其附近的草原、荒地、沼泽、沙滩、农田和平原疏林等各类生境中，尤喜平原上的湖泊地带。主要在内陆淡水生活，有时也见于海边沙滩和咸水湖区及远离水域的开阔草原上。东北为夏候鸟或旅鸟。

丑鸭（*Histrionicus histrionicus*）（图 5-30）

体长 38~45 厘米，虹膜棕褐色，嘴青灰色，脚黑褐色，是一种体型小巧的结实型鸭。雄鸟头部、颈部和胸部为黑色，具白色眼环和白色斑纹；上体暗褐色，具白色斑点；翅上有白色翼镜；腹部白色，两侧具黑色斑点；尾下覆羽黑色。

栖息和生活于湖泊和河流地带。成对或集群活动，游泳时尾部上翘，飞行快而低，起飞前有助跑。东北地区为少见的旅鸟。

图 5-29　翘鼻麻鸭

（自 John Mackinnon 等）

图 5-30　丑鸭

（自 John Mackinon 等）

鸳鸯（*Aix galericulata*）（图 5-31）

体小（40 厘米）而色彩艳丽的游禽。虹膜褐色；嘴雄鸟红色，雌鸟灰色；脚近黄色。雄鸟有醒目的白色眉纹、金色颈、背部长羽以及拢翼后可直立的独特的棕黄色炫耀性“帆状饰羽”。雌鸟不甚艳丽，具亮灰色体羽及雅致的白色眼圈及眼后线。雄鸟的非婚羽似雌鸟，但嘴为红色。

栖息于山地的河谷、溪流，营巢于树上洞穴或河岸，活动于多林木的溪流，性机警。全球性近危物种。在东北地区南部为旅鸟，在东北地区其余部分为夏候鸟。

中华秋沙鸭（*Mergus squamatus*）（图 5-32）

体大（58 厘米）的绿黑色及白色游禽。虹膜褐色，嘴橘黄色，脚橘黄色。长而窄近红色的嘴，其尖端具钩。雄鸟黑色的头部具厚实的羽冠，较长，繁殖期超过颈黑色段的下缘。上颈、上背和肩黑色。两胁羽片白色而羽缘及羽轴黑色形成特征性鳞状纹，下颈、胸、腹部白色，脚红色。雌鸟色暗而多灰色，头颈棕褐，喉淡棕。有冠羽，远不及雄性长。体侧具同轴而灰色宽黑色窄的鳞状图案。

出没于湍急河流，在缓流处游泳。停栖在露出水面的大石块或高地上，有时在开阔湖泊活动觅食。成对或以家庭为群。潜水捕食鱼类。在树洞中营巢。全球性易危物种。在中国数量稀少且仍在下降。在吉林、黑龙江为夏候鸟，在辽宁为旅鸟。

图 5-31 鸳鸯

（自 John Mackinnon 等）

图 5-32 中华秋沙鸭

（自 John Mackinnon 等）

普通秋沙鸭（*Mergus merganser*）（图 5-33）

体型略大（68 厘米）的游禽。虹膜褐色，嘴红色，脚红色。细长的嘴具钩。繁殖期雄鸟头、上颈及上背绿黑，下颈白色，与光洁的乳白色胸部及下体成对比，上颈黑色段不及中华秋沙鸭长。飞行时翼白而外侧三级飞羽黑色。雌鸟及非繁殖期雄鸟上体深灰色，下体浅灰色，头棕褐色而颏白色。体羽具蓬松的副羽，冠羽较中华秋沙鸭为短。飞行时次级飞羽及覆羽全白。

图 5-33 普通秋沙鸭

（自 John Mackinnon 等）

结群活动于湖泊及湍急河流，喜开阔水面。潜水捕食鱼类。在树洞中营巢。东北南部为冬候鸟，余为夏候鸟。

斑头秋沙鸭（*Mergus albellus*）（图 5-34）

体长 41~44 厘米。嘴、脚铅灰色，虹膜红色。雄鸟繁殖羽头颈白色，眼周和眼先黑色，在眼区形成一黑斑。枕部两侧黑色，中央白色，各羽均延长形成羽冠。背黑色，上背前部白色而具黑色端斑，形成两条半圆形黑色狭带，往下到胸侧，下体白色，两胁具灰褐色波浪状细纹。雌鸟额、头顶一直到后颈栗色，眼先和脸黑色，颊、颈侧、颏和喉白色；背至尾上覆羽黑褐色，肩羽灰褐色，前颈基部至胸灰白色，两胁灰褐色。

常常在平静的湖面潜水觅食，属于杂食性鸟类，食物包括小型鱼类、甲壳类、贝类、水生昆虫石蚕等无脊椎动物，偶尔也吃少量植物性食物水草、种子、树叶等。除内蒙古东北部为夏候鸟，东北地区旅鸟。

红胸秋沙鸭（*Mergus serrator*）（图 5-35）

体长 53 厘米左右。虹膜红色，红色嘴细长而带钩，脚橙色。雄鸟头黑褐色，枕具有黑色长羽冠，上体黑色，翅有白色大型翼镜；下体白色，前颈及颈侧白色，前胸栗红色具黑点斑，两胁多具细密的黑色纹。雌鸟及非繁殖期雄鸟色暗而褐，近红色的头部渐变成颈部的灰白色，两胁灰褐色。

生活于河流、湖泊、海洋、苔原。常成家族群或小群迁飞，偶尔也见有单只飞行。营巢于灌丛地面隐蔽处，东北地区夏候鸟。

图 5-34　斑头秋沙鸭

（自 John Mackinnon 等）

图 5-35　红胸秋沙鸭

（自 John Mackinnon 等）

5.2.3　䴙䴘目（Podicipediformes）

小䴙䴘（*Podiceps ruficollis poggei*）（图 5-36）

体小（27 厘米）而矮扁的深色水鸟。虹膜黄色；嘴黑色；脚蓝灰色，趾尖浅色。繁殖羽：喉及前颈偏红，头顶及颈背深灰褐色，上体褐色，下体偏灰色，具明显黄色嘴斑。非繁殖羽：上体灰褐色，下体白色。

喜在清水及有丰富水生生物的湖泊、沼泽及涨过水的稻田中活动。通常单独或以分散小群活动。善游泳和潜水，遇惊吓时迅速潜入水中。翅短不善飞，起飞和降落时都要不停振翅于水面滑行数米远，脚极靠后不善行走。夏候鸟，广泛分布于东北地区中部。

凤头䴙䴘（*Podiceps cristatus*）（图 5-37）

体大（50 厘米）而外形优雅的水鸟。虹膜近红色；嘴黄色，下颚基部带红色，嘴峰近黑色；脚近黑色。颈修长，具显著的深色羽冠，下体近白色，上体纯灰褐色。繁殖期成鸟颈背栗色，颈具鬃毛状眼后饰羽。脸侧白色延伸过眼，嘴形长。叫声：成鸟发出深沉而洪亮的叫声。雏鸟乞食时发出笛声 ping-ping。

繁殖期成对作精湛的求偶炫耀，两性相互对视，身体高高挺起并同时点头，有时嘴上还衔着植物。夏候鸟，广布于东北各地。

图 5-36 小䴙䴘

（自 John Mackinnon 等）

图 5-37 凤头䴙䴘

（自 John Mackinnon 等）

黑颈䴙䴘（*Podiceps nigricollis*）（图 5-38）

体长 25~34 厘米。虹膜红色，嘴黑色，细而尖，微向上翘。夏羽头、颈和上体黑色，两胁红褐色，下体白色，眼后有呈扇形散开的金黄色饰羽。冬羽头顶、后颈和上体黑褐色，颏、喉和两颊灰白色，前颈和颈侧淡褐色，其余下体白色，胸侧和两胁杂有灰黑色，无眼后饰羽，野外易识别。

栖息于富有岸边植物的大小湖泊和水塘中。每窝产卵 4~6 枚，刚产出的卵为白色或绿白色。夏候鸟，广布于东北各地。

图 5-38 黑颈䴙䴘

（自 John Mackinnon 等）

5.2.4 鸽形目（Columbiformes）

山斑鸠（*Streptopelia orientalis*）（图 5-39）

中等体型（32 厘米）。颈侧有带明显黑白色条纹的块状斑。上体的深色扇贝斑纹，体羽羽缘棕色，腰灰色，尾羽近黑色，尾梢浅灰色。下体多偏粉色。虹膜黄色；嘴灰色；脚粉红色。叫声：似“咕咕 - 噔噔”。

图 5-39 山斑鸠

（自 John Mackinnon 等）

喜栖于多树木地区，成对活动，多在开阔农耕区、村庄及寺院周围，取食于地面，树上筑巢。在东北各地为夏候鸟。

珠颈斑鸠（*Spilopelia chinensis*）（图 5-40）

体长 27~33 厘米。虹膜褐色，嘴深角褐色，细长而柔软，脚和趾紫红色，爪角褐色。头为鸽灰色，上体大都褐色，下体粉红色，后颈有宽阔的黑色，其上满布以白色细小斑点形成的领斑，在淡粉红色的颈部极为醒目。尾甚长，外侧尾羽黑褐色，末端白色，飞翔时极明显。

栖息于有稀疏树木生长的平原、草地、低山丘陵和农田地带，也常出现于村庄附近的杂木林、竹林及地边树上或住家附近。常成小群活动，有时也与其他斑鸠混群活动。在吉林和辽宁为夏候鸟。

灰斑鸠（*Streptopelia decaocto*）（图 5-41）

体长 25~34 厘米。嘴近黑色，虹膜红色，脚暗红色，爪铅黑色。雌雄同色，前头灰色，向后至后颈沾浅粉红色，眼周灰白色；后颈两侧具有半月形黑色领斑，胸、腹淡灰色或淡葡萄灰色；背、腰淡褐色沾粉红色，胁和尾下覆羽淡蓝色；尾上覆羽和中央尾羽灰褐色，外侧尾羽基部上面褐色，下面黑褐色，端半部近白色；翼覆羽大都蓝灰色，飞羽褐色。

栖息于平原、山麓和低山丘陵地带树林中，也常出现于农田、耕地、果园、灌丛、城镇和村屯附近。每年 4 月中旬繁殖，以细树枝营巢于灌木或乔木水平枝杈上，巢呈简陋的浅盘状；窝卵数 2 枚，卵白色，孵化期 15~17 天。东北各地皆有分布，留鸟。

图 5-40　珠颈斑鸠

（自 John Mackinnon 等）

图 5-41　灰斑鸠

（自 John Mackinnon 等）

5.2.5　沙鸡目（Pterocliformes）

毛腿沙鸡（*Syrrhaptes paradoxus*）（图 5-42）

体大（36 厘米）。虹膜褐色；嘴偏绿；脚偏蓝，腿被羽。第一枚初级飞羽和中央尾羽甚尖长，上体沙棕色，具浓密黑色杂点，脸侧有橙黄色斑纹，眼周浅蓝。腹部具特征性的黑色斑块。雄鸟胸部浅灰，无纵纹，黑色的细小横斑形成胸带。雌鸟喉具狭窄黑色横纹，颈侧具细点斑。飞行时翼形尖，翼下白色，次级飞羽具狭窄黑色缘。

图 5-42　毛腿沙鸡

（自 John Mackinnon 等）

当远离其通常的分布区时，偶尔会出现数量的爆发。栖息于开阔的贫瘠原野、无树草场及半荒漠，也光顾耕地。繁殖见于内蒙古及吉林省西部。在黑龙江及辽宁为不定性冬候鸟。

5.2.6 夜莺目（Caprimulgiformes）

白腰雨燕（*Apus pacificus*）（图 5-43）

体型略大（18 厘米）。虹膜深褐色，嘴黑色，脚紫黑色。通体污褐色，尾长而尾叉深，颏偏白，腰上有马鞍形白斑。叫声：嗡嗡地叫或叽叽喳喳，并有长长的高音尖叫。

栖于高山、苔原、草原、荒漠及农田草地等生境，尤喜高山带岩壁区，成群活动于开阔地区，常常与其他雨燕混合。进食时做不规则的振翅和转弯。在东北各地为夏候鸟。

图 5-43 白腰雨燕

（自 John Mackinnon 等）

5.2.7 鹃形目（Cuculiformes）

四声杜鹃（*Cuculus micropterus*）（图 5-44）

中等体型（30 厘米）。虹膜红褐；上嘴黑色，下嘴偏绿；脚黄色。眼圈黄色，似大杜鹃，区别在于尾灰并具黑色次端斑，且虹膜较暗，灰色头部与深灰色的背部成对比。雌鸟较雄鸟多褐色。亚成鸟头及上背具偏白的皮黄色鳞状斑纹。叫声：响亮清晰的四声哨音似“割麦割谷”，不断重复，第四声较低。

通常栖于森林及次生林上层。常只闻其声不见其鸟。营巢寄生，与东北的其他杜鹃相同。在东北各地为夏候鸟。

大杜鹃（*Cuculus canorus*）（图 5-45）

中等体型（32 厘米）。虹膜及眼圈黄色；上嘴为深褐色，下嘴为黄色；脚黄色。上体灰色，尾偏黑色，腹部近白而具黑色横斑。与四声杜鹃区别在于虹膜黄色，尾上无次端斑。幼鸟枕部有白色块斑。叫声：响亮清晰的标准型两声，似“布谷”，通常只在繁殖地才能听到。

喜开阔的有林地带及大片芦苇地，停栖时翼端下垂。性孤独，多单独活动。在东北各地为夏候鸟。

图 5-44　四声杜鹃

（自 John Mackinnon 等）

图 5-45　大杜鹃

（自 John Mackinnon 等）

霍氏中杜鹃（*Cuculus saturatus*）（图 5-46）

体型略小（26 厘米）。虹膜红褐色，下嘴基黄色，脚橘黄色。眼圈黄色，腹部及两胁多具宽的横斑。雄鸟及灰色雌鸟胸及上体灰色，尾纯黑灰色而无斑。与大杜鹃及四声杜鹃区别在于胸部横斑较粗、较宽，鸣声也有异。棕红色型雌鸟与大杜鹃雌鸟区别在腰部具横斑。声音：为四声而无调。

隐于林冠的鸟种，除春季繁殖期叫声非常频繁时，很难见到。在东北各地为夏候鸟。

小杜鹃（*Cuculus poliocephalus*）（图 5-47）

体小（26 厘米），灰色。虹膜褐色；嘴黄色，端黑色；脚黄色。

腹部具横斑，上体灰色，头、颈及上胸浅灰。下胸及下体余部白色具清晰的黑色横斑，臀部沾皮黄色。尾灰，无横斑但端具白色窄边。雌鸟似雄鸟，但也具棕红色变型，全身具黑色条纹。眼圈黄色。似大杜鹃但体型较小，以叫声最易区分。叫声：哨音的叠叫，声如“阴天打酒喝喝”。

图 5-46　霍氏中杜鹃

（自 John Mackinnon 等）

图 5-47　小杜鹃

（自 John Mackinnon 等）

似大杜鹃，栖于多森林覆盖的乡野，喜次生林和林缘。在东北各地为夏候鸟。

5.2.8　鹤形目（Gruiformes）

丹顶鹤（*Grus japonensis*）（图 5-48）

体高（150 厘米）而优雅的白色涉禽。虹膜褐色，嘴绿灰色，脚铅黑色。裸出的头顶红色，眼先、脸颊、喉及颈侧黑色。自耳羽有宽白色带延伸至颈背，体羽余部白色，仅次级飞羽及长而下悬的三级飞羽黑色。叫声：繁殖时作洪亮号角叫声。

全球性易危物种。分布局限于宽阔河谷及沼泽湿地。在繁殖地的炫耀舞蹈姿态优美。飞行颈脚前后伸直，呈“V”字形编队。营地面巢，雌雄轮流孵化，雏鸟早成。在东北为夏候鸟。

蓑羽鹤（*Grus virgo*）（图 5-49）

体型小（105 厘米）而优雅的蓝灰色涉禽。虹膜雄鸟红色，雌鸟橘黄；嘴黄绿；脚黑色。头顶白色，白色丝状长羽的耳羽簇与偏黑色的头、颈及修长的胸羽成对比。三级飞羽形长但不浓密，不足覆盖尾部。胸部的黑色羽长垂。叫声：如号角，较尖而少起伏。

栖于干草原，亦见于沼泽边缘的草地和近农田的草甸，性怯，善奔走，一般不与其他鹤类混群。营地面巢，繁殖期雄鸟有求偶“舞蹈”。飞行时呈“V”字编队，颈伸直。在东北地区西部为夏候鸟。

图 5-48　丹顶鹤

（自 John Mackinnon 等）

图 5-49　蓑羽鹤

（自 John Mackinnon 等）

白头鹤（*Grus monacha*）（图 5-50）

体长约 92~97 厘米。虹膜深褐色，嘴黄绿色，腿和爪均为黑色。除头部和颈的上部为白色外，其余各部羽毛均为灰色；眼先至额部为黑色，头顶上的皮肤裸露无羽毛，呈鲜红色。雌雄相似，雌鸟较小，头颈也较细。

栖息于河流、湖泊的岸边泥滩、沼泽和芦苇沼泽及湿草地中，也出现于泰加林的林缘和林中的开阔沼泽地上。常成对或成家族群活动。繁殖期为 5 月至 7 月，在 4 月下旬到 5 月上旬产卵，6 月初孵化。其配偶仪式为婚舞与对唱。雄鹤叫声为两声一度，雌鹤为一长一短。在对唱时张开三级飞羽，头颈反复伸长，每巢产 2 枚卵，雏鸟早成。在东北地区为夏候鸟或旅鸟。

白鹤（*Leucogeranus leucogeranus*）（图 5-51）

体长 130~140 厘米。虹膜黄色，喙橘黄色，脚粉红色。脸上裸皮红色，腿粉红色，初级飞羽黑色，展翅时才可见；雌雄羽色相同，但雌鹤略小。白鹤因其通身羽毛洁白，只有翅的前端是黑色，故又称“黑袖鹤”。

图 5-50　白头鹤

（自 John Mackinnon 等）

图 5-51　白鹤

（自 John Mackinnon 等）

主要栖息于开阔平原沼泽草地、苔原沼泽和大的湖泊岸边及浅水沼泽地带，对浅水湿地依恋性强。在富有植物的水边浅水处觅食。白鹤杂食性，以苦草、眼子菜、苔草等植物的茎和块根为食，也吃水生植物的叶、嫩芽和少量蚌、螺、软体动物等动物性食物。白鹤繁殖期为 5 月至 6 月，每窝产卵 2 枚，卵为椭圆形，早成鸟。在黑龙江和内蒙古东部为夏候鸟，在东北地区其余部分为旅鸟。

黑水鸡（*Gallinula chloropus*）（图 5-52）

中等体型（31 厘米）。虹膜红色；额甲及嘴基红色，嘴短、端黄；脚绿色，裸胫红。体羽全青黑色，仅两胁有白色细纹而成的线条以及尾下有两块白斑，尾上翘时此白斑尽显。叫声：响而粗的嘎嘎声。

多见于湖泊、河流、稻田及近水灌丛。常在水中慢慢游动或潜水觅食。也取食于开阔草地。在陆地或水中，尾不停上翘。不善飞，起飞前先在水上助跑很长一段距离，飞行距离短，飞时两脚下垂。在东北各地为夏候鸟。

白骨顶（*Fulica atra*）（图 5-53）

体大（40 厘米）。虹膜红色，嘴白色，脚灰绿。具显眼的白色嘴及额甲。整个体羽深黑灰色，仅飞行时可见翼上狭窄近白色后缘。

为中国北方湖泊及溪流的常见繁殖鸟。强水栖性和群栖性，常潜入水中在湖底找食水草。繁殖期相互争斗追打。起飞前在水面上长距离助跑。筑巢于柳丛或水生植物丛中，在东北各地为夏候鸟。

图 5-52　黑水鸡

（自 John Mackinnon 等）

图 5-53　白骨顶

（自 John Mackinnon 等）

小田鸡（*Porzana pusilla*）（图 5-54）

体长 15~20 厘米。嘴黄褐色，上嘴基部和下嘴灰绿色，虹膜红色。雌雄同色，上体大部橄榄褐色，杂黑褐色轴纹；头侧和颈侧蓝灰色，贯眼纹棕褐色；背、肩羽和尾上覆羽有不规则的斑点；颊、喉及上胸及前腹部浅灰色；下体余部黄褐色杂有白色横斑。

栖息于河流岸边、沼泽、苇荡、蒲丛和水田。食物以水生动物为主，如昆虫、甲壳类、小鱼，有时也吃水藻。每年 5 月至 6 月繁殖，营巢多在植物丛中，窝卵数 6~10 枚，孵化期 19~21 天。

图 5-54　小田鸡

（自 John Mackinnon 等）

东北地区为夏候鸟。

5.2.9 鸨形目（Otidiformes）

大鸨（*Otis tarda*）（图 5-55）

体型硕大（100 厘米）。虹膜黄色，嘴偏黄，脚黄褐。头灰色，颈棕色，上体具宽大的棕色及黑色横斑，下体及尾下白色。繁殖雄鸟颈前有白色丝状羽，颈侧丝状羽棕色。飞行时翼偏白，次级飞羽黑色，初级飞羽具深色羽尖。叫声：雄鸟炫耀时发出呻吟声。

图 5-55 大鸨

（自 John Mackinnon 等）

全球性易危物种。栖于草原及半荒漠，越冬时多栖于农耕地。以 5~15 只鸟为群。步态审慎，飞行有力。雄鸟炫耀时翅膀翻转膨出胸部羽毛。在东北地区西北部为夏候鸟，部分地区为留鸟，余部为旅鸟。

5.2.10 鹳形目（Ciconiiformes）

东方白鹳（*Ciconia ciconia*）（图 5-56）

体大（105 厘米）的纯白色涉禽。两翼和厚直的嘴黑色，腿红，眼周裸露皮肤粉红。飞行时黑色初级飞羽及次级飞羽与纯白色体羽成强烈对比。与白鹳的区别在嘴黑色而非偏红。亚成体污黄白色。虹膜稍白；嘴黑色；脚红色。叫声：嘴叩击的声。

图 5-56　东方白鹳

（王拓摄影）

繁殖于中国东北，栖于开阔原野及森林。越冬在长江下游的湖泊，偶有鸟至陕西南部、西南地区及香港特别行政区越冬。在东北的吉林和黑龙江为夏候鸟，偶见于内蒙古西部鄂尔多斯高原。在黑龙江的繁殖地对人工营造供其繁殖的“树”有所采用。也有人见其营巢于高压输电塔柱上。全球性易危物种。

5.2.11　鹈形目（Pelecaniformes）

苍鹭（*Ardea cinerea*）（图 5-57）

体大（92 厘米）的涉禽。虹膜黄色，嘴黄绿色，脚偏黑。贯眼纹及冠羽黑色，飞羽、翼角及两道胸斑黑色，头、颈、胸及背白色，颈具黑色纵纹，余部灰色。幼鸟的头及颈灰色较重，但无黑色。

性孤僻，在浅水中捕食。冬季有时成大群。飞行时翼显沉重，煽翅频率低，两翼略呈弧形，颈呈“Z”字形。停栖于树上，或站立于水边及浅水中，头颈缩于两肩，久立不动。夏候鸟，广布于东北各地。

草鹭（*Ardea purpurea manilensis*）（图 5-58）

体大（80 厘米）的涉禽。虹膜黄色，嘴褐色，脚红褐色。顶冠黑色并具两道饰羽，颈棕色且颈侧具黑色纵纹。背及覆羽灰色，飞羽黑，其余体羽红褐色。

喜稻田、芦苇地、湖泊及溪流。性孤僻，常单独在有芦苇的浅水中，低歪着头伺机捕鱼及其他食物。飞行时振翅显缓慢而沉重。结大群营巢。夏候鸟，东北各地均有分布，不如苍鹭常见。

图 5-57 苍鹭

（自 John Mackinnon 等）

图 5-58 草鹭

（自 John Mackinnon 等）

绿鹭（*Butorides striatus*）（图 5-59）

体小（43 厘米）的深灰涉禽。成鸟顶冠及松软的长冠羽闪绿黑色光泽，一道黑色线从嘴基部过眼下及脸颊延至枕后。两翼及尾青蓝色并具绿色光泽，羽缘皮黄色。腹部粉灰色，颏白色。雌鸟体型比雄鸟略小。幼鸟具褐色纵纹。虹膜黄色，嘴黑色，脚偏绿色。

性孤僻羞怯。栖于池塘、溪流及稻田，也栖于芦苇地、灌丛等地方。结小群营巢。夏候鸟，见于东北各地。

大白鹭（*Egretta alba*）（图 5-60）

中等体型（60 厘米）的白色涉禽。虹膜黄色，嘴及腿黑色，趾黄色。繁殖羽纯白，颈背具细长饰羽，背及胸具蓑状羽。脸部裸露皮肤黄绿，于繁殖期为淡粉色。叫声：于繁殖巢群中发出呱呱叫声，其余时候寂静无声。

喜栖于稻田、河岸、沙滩、泥滩及沿海小溪流。成散群进食，常与其他种类混群。有时飞越沿海浅水区追捕猎物。夜晚飞回栖处时呈“V”字队形。与其他鹭鸟集群营巢。夏候鸟，亚种 *modesta* 可见于吉林和辽宁各地，亚种 *alba* 可见于黑龙江和辽宁。

图 5-59 绿鹭

（自 John Mackinnon 等）

图 5-60 大白鹭

（自 John Mackinnon 等）

夜鹭（*Nycticorax nycticorax*）（图 5-61）

中等体型（61 厘米）、头大而体壮的黑白色涉禽。虹膜亚成鸟黄色，成鸟鲜红；嘴黑色；脚污黄。成鸟顶冠黑色，颈及胸白，颈背具两条白色丝状羽，背黑色，两翼及尾灰色。雌鸟体型较雄鸟小，繁殖期腿和眼先呈红色。叫声：飞行时发出深沉喉音，受惊扰时发出粗哑的呱呱声。

白天群栖于树上休息。黄昏时鸟群分散觅食，发出深沉的呱呱叫声。取食于稻田、草地及水渠两旁。结群营巢于水上悬枝或湿地边缘的树木上，甚喧哗。夏候鸟，见于东北各地。

池鹭（*Ardeola bacchus*）（图 5-62）

体长 40~50 厘米。嘴、脚黄色，嘴端黑色，虹膜黄色。雌雄体羽相似，夏羽头、羽冠、后颈和前胸栗红色，喉和腹白色；肩背具有分散的蓝黑色蓑羽，向后延伸至尾羽末端；初级飞羽第一枚外翈及羽端黑色，余羽为乳白色；尾上下皆白色。

栖息于沼泽、稻田、池塘等处，或群栖于树上。营巢于水域附近高大树木的冠层，群巢。在东北地区除黑龙江外为夏候鸟。

图 5-61　夜鹭
（自 John Mackinnon 等）

图 5-62　池鹭
（自 John Mackinnon 等）

5.2.12　鲣鸟目（Suliformes）

[普通]鸬鹚（*Phalacrocorax carbo*）（图 5-63）

体大（90 厘米），游禽。虹膜蓝色；嘴黑色，下嘴基裸露皮肤黄色；脚黑色。嘴厚重，脸颊及喉白色。繁殖期颈及头饰以白色丝状羽，两胁具白色斑块。亚成鸟：深褐色，下体污白。四趾均向前，各趾间均具蹼。叫声：繁殖期发出带喉音的咕哝声，其他时候无声。

图 5-63　[普通]鸬鹚
（自 John Mackinnon 等）

繁殖于湖泊中砾石小岛或沿海岛屿。在水里追逐鱼类。游泳时似其他鸬鹚，半个身子在水下，常停栖在岩石或树枝上晾翼。夏候鸟，东北各地可见，但数量不多。

5.2.13 鸻形目（Charadriiformes）

黑翅长脚鹬（*Himantopus himantopus*）（图 5-64）

体长 35~40 厘米，两脚特长。虹膜红色；嘴黑色，细长且笔直；腿和足呈粉红色。头颈部的颜色在个体间变异较大，一些个体的头顶、羽冠、颈部至上背为白色；一些个体的头顶和后颈黑色或白色杂以黑色；上背、肩和两翅深黑色并带有绿色金属光泽；尾上覆羽白色，部分羽毛灰色；尾羽灰色；外侧尾羽颜色偏淡；身体其他部分体羽纯白色。

栖息于开阔平原草地中的湖泊、浅水塘和沼泽地带。非繁殖期也出现于河流浅滩、水稻田、鱼塘和海岸附近之淡水或盐水水塘和沼泽地带。见于东北各地，在吉林、辽宁为夏候鸟。

反嘴鹬（*Recurvirostra avosetta*）（图 5-65）

体长 38~45 厘米，是一种中型涉禽。嘴黑色，脚蓝灰色，虹膜黑褐色。眼先、前额、头顶、枕和颈上部绒黑色或黑褐色，形成一个经眼下到后枕，然后弯下后颈的黑色帽状斑。其余颈部、背、腰、尾上覆羽和整个下体白色。背和肩部各具两条黑色长带斑。细长而上翘；尾白色，末端灰色。腿细长，趾间具蹼。

主要栖息于平原和半荒漠地区的湖泊、水塘和沼泽地带，有时也栖息于海边水塘和盐碱沼泽地。东北地区部分为夏候鸟，部分地区为旅鸟。

图 5-64 黑翅长脚鹬

（自 John Mackinnon 等）

图 5-65 反嘴鹬

（自 John Mackinnon 等）

凤头麦鸡（*Vanellus vanellus*）（图 5-66）

体型略大（30 厘米）。具长窄的黑色反翻型凤头。上体具绿黑色金属光泽；尾白而具宽的黑色次端带；头顶色深，耳羽黑色，头侧及喉部污色白；胸近黑色；腹白色。虹膜褐色；嘴近黑色；腿及脚橙褐色。

栖息于河湖岸边、沼泽湿地、农耕地、稻田或矮草地，甚常见。跑动中觅食，飞行方向多变，非繁殖季节集群。地面营巢，在东北各地为夏候鸟。

灰头麦鸡（*Vanellus cinereus*）（图 5-67）

体长 32~36 厘米。嘴黄色，先端黑色；脚黄色；虹膜红色。头、颈灰色，后颈沾褐色；后胸沾褐色，后缘具有黑色环；腹白色，背、肩、翼上小覆羽和三级飞羽土褐色；腰至尾白色，尾端黑色；初级飞羽黑色，次级飞羽、大覆羽和近翼角处的中覆羽白色，翼下覆羽白色。

栖于湖泊、沼泽湿地、草原和农田等生境中。食物主要是甲虫、蝗虫等鞘翅目和直翅目昆虫，也食蚯蚓、软体动物及植物种子。每年 5 月至 7 月繁殖，营巢于河滩、盐碱地及沼泽地干燥处。每年繁殖 1 窝，窝卵数 3~4 枚。卵梨形，黄绿色具有黑褐色斑点。孵化期 27~30 天，早成鸟。

图 5-66　凤头麦鸡

（自 John Mackinnon 等）

图 5-67　灰头麦鸡

（自 John Mackinnon 等）

金眶鸻（*Charadrius dubius*）（图 5-68）

体小（16 厘米）的黑、灰及白色涉禽。具黑或褐色的全胸带，腿黄色。黄色眼圈明显，翼上无横纹。成鸟黑色部分在亚成鸟为褐色。飞行时翼上无白色横纹。虹膜褐色；嘴灰色；腿黄色。叫声：飞行时发出清晰而柔和的拖长降调音似 diao-diao-。

通常出现在河滩、湖滩、沿海溪流及河流的沙洲，也见于沼泽地带及沿海滩涂。觅食时小步急行，走走停停；产卵于沙滩或卵石滩，巢仅为地面凹窝，无巢材，通常产卵 4 枚。在东北各地为夏候鸟。

环颈鸻（*Charadrius alexandrinus*）（图 5-69）

体小（16 厘米）。虹膜黑褐色，眼圈暗黄色不显著；嘴黑色；脚褐色至暗橙黄色。上体为柔和的沙褐色，下体纯白色；额至眉纹白色，额基和头顶前部黑色；头顶、枕和后颈沙褐色略泛栗色；眼先至耳覆羽有横带状黑色贯眼纹；翼褐色，覆羽具白缘，飞羽黑褐色具大白斑；尾褐色，带黑色亚端斑和白色端斑。

栖息于河岸沙滩、沼泽草地上，通常单独或者 3~5 只集群活动于海边潮间带、河口三角洲、泥地、盐田、沿海沼泽和水田；在内陆的河岸沙滩、沼泽草地、湖滨、盐碱滩和近水的荒地中亦比较常见。见于东北各地，为旅鸟。

图 5-68　金眶鸻

（自 John Mackinnon 等）

图 5-69　环颈鸻

（自 John Mackinnon 等）

白腰杓鹬（*Numenius arquata*）（图 5-70）

体大（55 厘米）。虹膜褐色，嘴褐色，脚青灰色。嘴甚长而下弯，腰白色，渐变成尾部色及褐色横纹。叫声为响亮而哀伤的升调哭腔。

喜栖于沼泽湿地、河岸、潮间带河口及沿海滩涂。多见单独活动，有时结小群或与其他种类混群。地面营巢，在东北地区北部、中部为夏候鸟，在东北地区南部为旅鸟。

白腰草鹬（*Tringa ochropus*）（图 5-71）

中等体型（23 厘米）。虹膜褐色，嘴暗橄榄色，脚橄榄绿色。矮壮型，体深绿褐色，腹部及臀白色。飞行时黑色的下翼、白色的腰部以及尾部的横斑极显著。上体绿褐色杂白点；两翼及下背几乎全黑；尾白，端部具黑色横斑。飞行时脚伸至尾后。野外看黑白色非常明显。与林鹬区别在近绿色的腿较短，外形较矮壮，下体点斑少，翼下色深。

常单独活动，喜小水塘及池塘、沼泽地及沟壑。受惊时起飞，似沙锥而呈锯齿形飞行。地面营巢，东北北部夏候鸟，余部旅鸟。

图 5-70　白腰杓鹬

（自 John Mackinnon 等）

图 5-71　白腰草鹬

（自 John Mackinnon 等）

林鹬（*Tringa glareola*）（图 5-72）

体型略小（20 厘米）。虹膜褐色，嘴黑色，脚淡黄至橄榄绿色。体纤细，褐灰色，腹部及臀偏白，腰白。上体灰褐色而极具斑点；眉纹长，白色；尾白而具褐色横斑。飞行时尾部的横斑、白色的腰部及下翼以及翼上无横纹为其特征。脚远伸于尾后。与白腰草鹬区别在腿较长，黄色较深，翼下色浅，眉纹长，外形纤细。

喜沿海多泥的栖息环境，但也出现在内陆高至海拔 750 米的稻田及淡水沼泽。通常结成松散小群可多达 20 余只，有时也与其他涉禽混群。地面营巢，东北北部、中部夏候鸟，南部旅鸟。

矶鹬（*Tringa hypoleucos*）（图 5-73）

体型略小（20 厘米）。虹膜褐色，嘴深灰，脚浅橄榄绿。嘴短，性活跃，翼不及尾。上体褐色，飞羽近黑色；下体白色，胸侧具褐灰色斑块。特征为飞行时翼上具白色横纹，腰无白色，外侧尾羽无白色横斑。翼下具黑色及白色横纹。叫声：细而高的管笛音。

栖息于各种不同的生境，从沿海滩涂和沙洲至海拔 1500 米的山地稻田及溪流、河流两岸。行走时头不停地点动，并具两翼僵直滑翔的特殊姿势。地面营巢，在黑龙江、吉林为夏候鸟，在辽宁为旅鸟。

图 5-72　林鹬

（自 John Mackinnon 等）

图 5-73　矶鹬

（自 John Mackinnon 等）

红脚鹬（*Tringa totanus*）（图 5-74）

中等体型（28 厘米）。虹膜褐色；嘴基部红色，端黑色；脚橙红色。腿橙红色，嘴基半部为红色；上体褐灰色，下体白色，胸具褐色纵纹。比红脚的鹤鹬体型小，矮胖，嘴较短、较厚，嘴基红色较多。飞行时腰部白色明显，次级飞羽具明显白色外缘。尾上具黑白色细斑。

栖息于沼泽、草地、河流、湖泊、水塘、沿海海滨、河口沙洲等水域或其附近湿地上。在平原、荒漠、半荒漠、山地、丘陵和高原以及泰加林地带等各类生境中的水域和湿地均有栖息。在东北地区为旅鸟。

大沙锥（*Gallinago megala*）（图 5-75）

体型略大（28 厘米）而多彩。虹膜褐色，嘴褐色，脚橄榄灰。两翼长而尖，头形大而方，嘴长。尾较长，腿较粗而多黄色，飞行时，脚伸出较少，初级飞羽长过三级飞羽。与扇尾沙锥区别在尾端两侧白色较多，飞行时尾长于脚，翼下缺少白色宽横纹，飞行时翼上无白色后缘。叫声：粗哑喘息的大叫声，通常只叫一声。

栖居于沼泽及湿润草地，包括稻田。数量很少。习性与其他沙锥相同，但不喜飞行，起飞及飞行都较缓慢、较稳定。地面营巢，在东北地区为旅鸟。

图 5-74　红脚鹬

（自 John Mackinnon 等）

图 5-75　大沙锥

（自 John Mackinnon 等）

扇尾沙锥（*Gallinago gallinago*）（图 5-76）

中等体型（26 厘米）。虹膜褐色，嘴褐色，脚橄榄色。两翼细而尖，嘴长；脸皮黄色，眼部上下条纹及贯眼纹色深；上体深褐色，具白及黑色的细纹及蠹斑；下体淡皮黄色，具褐色纵纹。色彩与大沙锥及针尾沙锥相似，但扇尾沙锥的次级飞羽具白色宽后缘，翼下具白色宽横纹，飞行较迅速，较高，较不稳健，并常作急叫声。皮黄色，眉线与浅色脸颊成对比。肩羽边缘浅色，比内缘宽。肩部线条较居中线条为浅。

栖于沼泽地带及稻田，通常隐蔽在高大的芦苇草丛中，被赶时边跳出并作“锯齿形”飞行，边发出警叫声。空中炫耀为向上攀升并俯冲，外侧尾羽伸出，颤动有声。地面营巢，在东北北部为夏候鸟，在东北南部为旅鸟。

红嘴鸥（*Chroicocephalus ridibundus*）（图 5-77）

体形和毛色都与鸽子相似，雌雄同色。体长 37~43 厘米，翼展 94~105 厘米。嘴红色，虹膜暗褐色，脚和趾为赤红色，冬时转为橙黄色，爪黑色。夏羽眼周白色，头、颏和喉暗棕褐色，上背、外侧大覆羽和初级覆羽白色；下背、肩、腰、内侧覆羽和次级飞羽蓝灰色，飞羽先端白色；颈、尾和下体白色。

栖息于平原和低山丘陵地带的湖泊、河流、水库、河口、鱼塘、海滨和沿海沼泽地带，也出现于森林和荒漠与半荒漠中的河流、湖泊等水域。常成小群活动。休息时多站在水边岩石或沙滩上，也飘浮于水面休息。有时也出现于城市公园湖泊。在东北地区为夏候鸟或旅鸟。

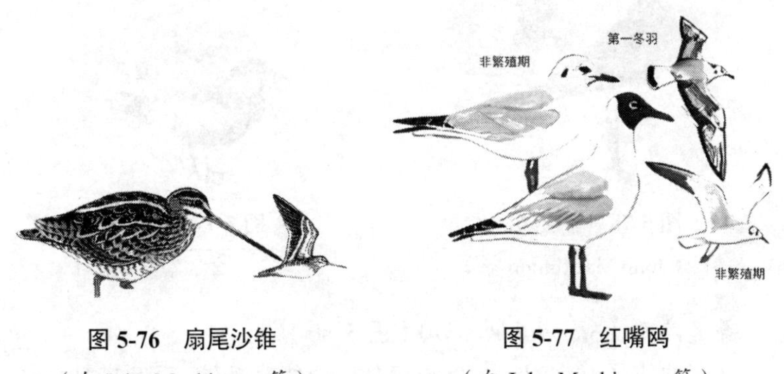

图 5-76　扇尾沙锥
（自 John Mackinnon 等）

图 5-77　红嘴鸥
（自 John Mackinnon 等）

普通燕鸻（*Glareola maldivarum*）（图 5-78）

中等体型（25 厘米）。虹膜深褐色；嘴黑色，嘴基猩红色；脚深褐色。翼长，叉形尾，喉皮黄色具黑色边缘。上体棕褐色具橄榄色光泽；两翼近黑色；尾上覆羽白色；腹部灰色；尾下白色；叉形尾黑色，但基部及外缘白色。

形态优雅，以小群至大群活动，性喧闹。与其他涉禽混群，栖于开阔地、草原沼泽、荒漠水域及稻田。善走，头不停点动。飞行优雅似燕，在空中捕捉昆虫。地面营巢，在东北北部、中部为夏候鸟，在东北南部为旅鸟。

须浮鸥（*Chlidonias hybridus*）（图 5-79）

体型略小（25 厘米）的浅色游禽。虹膜深褐色，嘴红色（繁殖期）或黑色，脚红色。腹部深色，尾浅开叉。繁殖期：额黑色，胸腹灰色。非繁殖期：额白，头顶具细纹，顶后及颈背黑色，下体白，翼、颈背、背及尾上覆羽灰色。幼鸟似成鸟但具褐色杂斑。

见于沿海、河川、湖沼地带，结小群活动，偶成大群，常至离海 20 千米左右的内陆，在漫水地和稻田上空觅食，取食时扎入浅水或低掠水面。在沼泽集群营巢。在东北各地为夏候鸟。

图 5-78　普通燕鸻

（自 John Mackinnon 等）

图 5-79　须浮鸥

（自常家传）

普通燕鸥（*Sterna hirundo*）（图 5-80）

体型略小（35 厘米）。虹膜褐色；嘴冬季黑色，夏季嘴基红色；脚偏红，冬季较暗。头顶黑色。尾深叉型。繁殖期：整个头顶黑色，胸灰色。非繁殖期：上翼及背灰色，尾上覆羽、腰及尾白色，额白，头顶具黑色及白色杂斑，颈背最黑，下体白。飞行时，非繁殖期成鸟及亚成鸟的特征为前翼具近黑的横纹，外侧尾羽羽缘近黑。第一冬鸟上体褐色浓重，上背具鳞状斑。

喜沿海水域，有时在内陆淡水区。歇息于突出的高地，如钓鱼台及岩石。飞行有力，从高处冲下海面取食。在东北各地为夏候鸟。

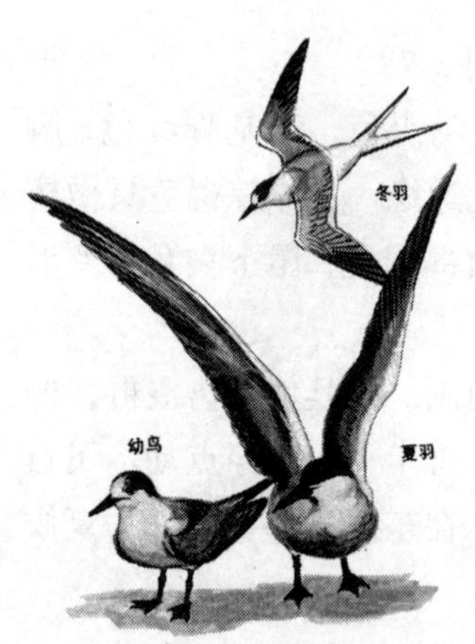

图 5-80　普通燕鸥

（自赵正阶）

5.2.14　鸮形目（Strigiformes）

纵纹腹小鸮（*Athene noctua*）（图 5-81）

体小（23 厘米），无耳羽簇。头顶平，眼亮黄。浅色的眉纹及宽阔的白色髭纹使其看似狰狞。上体褐色，具白色纵纹及点斑。下体白色，具褐色杂斑及纵纹。肩上有两道白色或皮黄色的横斑。虹膜亮黄色；嘴黄白沾绿；脚白色，被羽；眼先的羽端黑。

常见于丘陵荒坡、民房附近的乔木或电线杆及多岩石的山林。矮胖而好奇，常神经质地点头或转动。在东北各地为留鸟。

红角鸮（*Otus sunia*）（图 5-82）

体小（17~21 厘米）。虹膜黄色，嘴暗绿色，脚褐灰。雌雄同色，上体布满虫蠹状黑褐细斑纹，头、背杂白沾棕斑点；体羽多纵纹；面盘周围污白；耳羽突出，羽基棕色；尾具不完整的棕色横斑；腿羽淡棕色。有棕色型和灰色型之分。叫声：为深沉单调的似"陈刚哥"叫声，约三秒钟重复一次。雌鸟叫声较雄鸟略高。

纯夜行性的小型角鸮，栖息于多种生境中，喜有树丛的开阔原野。营巢于树洞或旧鹊巢中。在东北各地为夏候鸟。

图 5-81　纵纹腹小鸮

（自 John Mackinnon 等）

图 5-82　红角鸮

（自常家传等）

北领角鸮（*Otus semitorques*）（图 5-83）

体长 24~26 厘米。嘴灰褐色沾绿色，趾淡黄色被羽，虹膜橙色或红色。雌雄鸟相似。上体和翼棕灰色杂深褐色细小蠹状斑，额、面盘棕白色，杂以黑褐色点斑；耳羽外侧羽片黑褐色而具有横斑，内侧羽片棕色杂以黑褐色斑点；下体灰褐色而具有黑褐色纵纹，翅深棕色，尾羽棕灰色，并带有白色的狭长条纹。

栖息于山地次生林中，主要在针叶林、针阔混交林和阔叶林中活动。昼伏夜出。主要以啮齿类、直翅目蝗虫、小鸟为食，也捕食蛙类。每年 4 月中下旬开始繁殖，营巢于天然树洞中。窝卵数 3~7 枚，卵白色。在东北地区为留鸟或夏候鸟。

长耳鸮（*Asio otus*）（图 5-84）

中等体型（36 厘米）。虹膜橙黄，嘴角灰色，脚和趾被棕色羽，爪暗褐色，端黑。皮黄色，圆面庞，缘以褐色及白色，具两只长长的耳突。眼红黄色，显呆滞。嘴以上的面庞中央部位具明显白色“X”图纹。上体褐色，具暗色块斑及皮黄色和白色的点斑。下体皮黄色，具棕色杂纹及褐色纵纹或斑块。与短耳鸮的区别在于其耳羽簇较长；脸上白色的图纹较明显；下胸及腹部细纹较少。

图 5-83　北领角鸮

（王拓摄影）

图 5-84　长耳鸮

（自 John Mackinnon 等）

栖于山地森林，也见于居民点的树上，喜栖针叶林。白天常集群停栖于树上。树上筑巢，营巢于林中的喜鹊或乌鸦旧巢，也在树洞、岩缝及土洞中营巢。夜行性。两翼长而窄，飞行从容无声。在在东北各地为留鸟。

长尾林鸮（*Strix uralensis*）（图 5-85）

体长 45~54 厘米。虹膜暗褐色，嘴黄色，爪角褐色。头部较圆，没有耳簇羽，面盘显著，为灰白色，具细的黑褐色羽干纹。皱领也很显著。体羽大多为浅灰色或灰褐色，有暗褐色条纹，下体的条纹特别延长，而且只有纵纹，没有横斑。尾羽较长，稍呈圆形，具显著的横斑和白色端斑。

栖息于山地针叶林、针阔混交林和阔叶林中，特别是阔叶林和针阔叶混交林较多见，偶尔也出现于林缘次生林和疏林地带。每窝产卵 2~6 枚，卵白色无斑。孵化期为 27~28 天。晚成鸟。在东北地区为留鸟。

雕鸮（*Bubo bubo*）（图 5-86）

大型枭类，59~73 厘米。虹膜金黄色；喙和爪均铅色，端部黑色。体羽棕黄杂以黑褐色轴纹和蠹状斑纹；喉白色，头有耳簇羽；面盘显著，淡棕色至近白色，具有长耳突；后颈和上背棕色，有黑色羽干纹；颏白色，胸棕色贯以黑色粗纹；下腹中央棕白色；覆腿羽和尾下覆羽微杂褐色细横斑；腋羽白色或棕色，具褐色横斑。

图 5-85　长尾林鸮

（自 John Mackinnon 等）

图 5-86　雕鸮

（王拓摄影）

主要栖息于山地森林、平原、荒野、林缘灌丛、疏林，以及裸露的高山和峭壁等环境中。以农田鼠、野兔及雉类为食，有时也吃蛙、蛇和蜥蜴等。雕鸮繁殖期在中国东北为 4 月至 7 月，窝卵数通常 3 枚。东北的黑龙江、吉林、辽宁等地区都有分布，留鸟。

5.2.15 鹰形目（Accipitriformes）

鹗（*Pandion haliaetus*）（图 5-87）

体长 50~65 厘米。虹膜黄色，嘴黑色，蜡膜铅蓝色，脚、趾黄色，爪黑色。雄鸟上体暗褐色，头顶和后颈白色杂以黑色纵纹；从耳羽到颈侧具有黑色纵纹，肩、背、翼覆羽和尾上覆羽褐色，飞羽黑褐色；下体白色，上胸具有棕褐色粗纹。雌鸟头褐色，胸部褐色横斑较宽，羽缘淡黄色和白色。

栖息于江河、湖泊、河流和海岸等水域地带，主要以鱼类为食，捕食草鱼、鲫鱼、鲤鱼等。窝卵数为 3 枚，卵白色，具有锈红色斑块。在东北地区为夏候鸟。

凤头蜂鹰（*Pernis ptilorhynchus*）（图 5-88）

中型猛禽，55~65 厘米。虹膜为金黄色或橙红色，嘴黑色，蜡膜黄色，脚和趾为黄色，爪黑色。其头顶暗褐色至黑褐色，头侧具有短而硬的鳞片状羽毛，头的后枕部通常具有短的黑色羽冠。眼先羽片短小而致密，飞羽和尾羽黑褐色。

栖息于阔叶林、针叶林和混交林的林缘。飞翔时主要鼓翼飞行，少盘旋。主食黄蜂等蜂类的蜂蜜、蜂蜡和幼虫，也吃其他昆虫和小型动物。繁殖期在 4 月至 6 月，营巢于大树上，窝卵数 2~3 枚，雏鸟晚成。在东北地区为夏候鸟。

图 5-87 鹗

（自 John Mackinnon 等）

图 5-88 凤头蜂鹰

（自 John Mackinnon 等）

秃鹫（*Aegypius monachus*）（图 5-89）

大型猛禽，体长 108~120 厘米。嘴黑褐色，蜡膜铅蓝色，虹膜褐色，脚肉灰色。通体黑褐色，头裸出，仅被短的黑褐色绒羽；后颈完全裸露无羽，颈基部被长的黑色或淡褐白色羽簇形成的皱领。

主要栖息于低山丘陵和高山荒原与森林中的荒岩草地、山谷溪流和林缘地带，冬季偶尔也到山脚平原地区的村庄、牧场、草地以及荒漠和半荒漠地区。繁殖期在每年 3 月至 5 月，每窝产卵一枚，雏鸟晚成。在东北地区为留鸟。

草原雕（*Aquila nipalensis*）（图 5-90）

体大（65 厘米）的全深褐色猛禽。虹膜浅褐色，嘴灰色，蜡膜黄色，脚黄色。容貌凶狠，尾型平。成鸟与其他全深色的雕易混淆，但下体具灰色飞羽及稀疏的横斑，两翼具深色后缘。有时翼下大覆羽露出浅色的翼斑似幼鸟。飞行时两翼平直，滑翔时两翼略弯曲。幼鸟咖啡奶色，翼下具白色横纹，尾黑，尾端的白色及翼后缘的白色带与黑色飞羽成对比。翼上具两道皮黄色横纹，尾上覆羽具“V”字形皮黄色斑。

图 5-89　秃鹫

（自 John Mackinnon 等）

图 5-90　草原雕

（自 John Mackinnon 等）

主要栖息、活动于开阔的草原、田野，以猎捕中小型兽类和鸟类为食。性懒散，迁徙时有时结大群，常见于北方的干旱平原。在内蒙古草原为夏候鸟，东北余部不常见，为旅鸟。

金雕（*Aquila chrysaetos*）（图 5-91）

体大（85 厘米）的浓褐色猛禽。虹膜褐色，嘴灰色，蜡膜、脚黄色。头具金色羽冠，嘴巨大。飞行时腰部白色明显可见。尾长而圆，两翼呈浅“V”形。与白肩雕的区别是肩部无白色。亚成体翼下有一条内狭外宽的白横带，尾基部白色。

栖于高山林地和草原、岩崖山区及开阔原野，捕食雉类、土拨鼠及其他哺乳动物，也食尸体。飞行十分迅速，随上升气流作壮观的直线或圆圈状高空翱翔。繁殖期在 3 月至 4 月，营巢在树上或悬崖下。在辽宁为旅鸟，在吉林、黑龙江及内蒙古为留鸟。

赤腹鹰（*Accipiter soloensis*）（图 5-92）

体长 27~36 厘米，小型猛禽。雄鸟虹膜红色，雌鸟虹膜黄色，嘴近黑色，蜡膜黄色，脚棕黄色。翅膀尖而长，因外形像鸽子，所以也叫鸽子鹰。雌、雄鸟体色大致相同。翼短而尖，后缘平直，尾羽短，有数条黑色横斑。成鸟头部至背面灰黑色，胸腹部橙色，翼尖黑色，飞羽外缘黑色，形成一条细黑带，翼下及腹面没有斑纹。

栖息于山地森林和林缘地带，也见于低山丘陵和山麓平原地带的小块丛林、农田地缘和村庄附近。常单独或成小群活动，休息时多停息在树木顶端或电线杆上。每窝产卵 2~5 枚，卵为淡青白色，具不明显的褐色斑点。雏鸟为晚成性。除黑龙江少见，东北地区其余部分为夏候鸟。

图 5-91　金雕

（自 John Mackinnon 等）

图 5-92　赤腹鹰

（自 John Mackinnon 等）

日本松雀鹰（*Accipiter gularis*）（图 5-93）

日本松雀鹰体小（23~30 厘米）。虹膜为黄色，嘴为蓝灰色，端黑色，蜡膜绿黄色，脚为绿黄色。外形甚似赤腹鹰及松雀鹰，但体型明显较小且更显威猛，尾上横斑较窄；成年雄鸟的上体深灰，尾灰并具几条深色带，胸浅棕色，腹部具非常细羽干纹，无明显的髭纹。

主要栖息于山地针叶林和混交林中，也出现在林缘和疏林地带，是典型的森林猛禽。白天活动，喜欢出入于林中溪流和沟谷地带。在东北地区为夏候鸟。

雀鹰（*Accipiter nisus*）（图 5-94）

体长 31~41 厘米。嘴暗灰色，末端黑色；蜡膜、虹膜和脚黄色。雄鸟头、背青灰色，眉纹白色，喉布满褐色纵纹，下体具细密的红褐色横斑；雌鸟上体灰褐色，头后杂有少许白色，眉纹白色，喉具褐色细纵纹，无中央纹，下体白色或淡灰白色，具褐色横斑，尾具 4~5 道黑褐色横斑。

栖息于针叶林、混交林、阔叶林等山地森林和林缘地带，冬季主要栖息于低山丘陵、山脚平原、农田边以及村庄附近，尤其喜欢在林缘、河谷、采伐迹地的次生林和农田附近的小块丛林地带活动。喜在高山幼树上筑巢。在东北地区为夏候鸟。

图 5-93　日本松雀鹰

（自 John Mackinnon 等）

图 5-94　雀鹰

（自 John Mackinnon 等）

苍鹰（*Accipiter gentilis*）（图 5-95）

体长可达 60 厘米。中小型猛禽。嘴黑色，基部沾蓝色；蜡膜和脚黄绿色，虹膜金黄色。头顶、枕和头侧黑褐色，枕部有白羽尖，眉纹白杂黑纹；背部棕黑色；胸以下密布灰褐色和白色相间横纹；尾灰褐色，有 4 条宽阔黑色横斑，尾方形。飞行时，双翅宽阔，翅下白色，但密布黑褐色横带。雌鸟显著大于雄鸟。

栖息于不同海拔高度的针叶林、混交林和阔叶林等森林地带。产完 3~4 枚卵后，雌鸟整日卧于巢内，不鸣叫，也很少抬头。雄鸟除捕食外，多在附近栖落，偶尔在巢上空盘旋，不鸣叫。在东北地区为夏候鸟。

白尾鹞（*Circuus cyaneus*）（图 5-96）

体型中等大小，体长：雄鸟 43 厘米，雌鸟 53 厘米左右。虹膜黄色；蜡膜黄绿色，嘴黑色，基部沾蓝色；脚黄色。雌雄异色。雄鸟头、颈及上体银灰色，胸腹洁白，尾上、下覆羽均为白色，尾羽银灰色；飞行时见显眼的白色腰部及黑色翼尖，翼背面除初级飞羽黑色外，余为银灰色。雌鸟头部淡褐色，具黑褐色纵纹，眉纹及眼周淡棕色，具棕褐色颊斑；颈、胸及腹部淡棕色，具褐色纵纹，尾上覆羽白色，尾羽淡褐色，具数条宽的黑褐色横斑，背褐色具暗色纵纹。

图 5-95 苍鹰

（自 John Mackinnon 等）

图 5-96 白尾鹞

（自 John Mackinnon 等）

喜开阔原野、沼泽、草地及农耕地，地面营巢。飞行缓慢而沉重。较常见，在东北地区北部为夏候鸟，在东北地区南部为留鸟。

玉带海雕（*Haliaeetus leucoryphus*）（图 5-97）

大型猛禽，体长 76~84 厘米，全身呈棕色。嘴铅黑色，虹膜赭褐色，蜡膜和嘴裂铅灰色；脚和趾暗白色，爪黑色。翼展 200~250 厘米。嘴稍细，头细长，颈也较长。空中展开双翅达 2 m 长。玉带海雕头部和颈部沙皮黄色，喉部皮黄白色，颈部的羽毛较长，上背为褐色，其余上体为暗褐色，初级飞羽为黑色，下体棕褐色，尾羽为圆形，暗褐色，中间具有一个宽阔的白色横带，尾尖黑色。

图 5-97　玉带海雕

（自 John Mackinnon 等）

玉带海雕栖息于高海拔的河谷、山岳、草原的开阔地带，常到荒漠、草原、高山湖泊及河流附近寻捕猎物，有时亦见在水域附近的渔村和农田上空飞翔，在东北地区为夏候鸟。

虎头海雕（*Haliaeetus pelagicus*）（图 5-98）

体型硕大（85~105 厘米）。虹膜、蜡膜、跗蹠和趾均为黄色；爪黑色。嘴特大，黄色；体羽大都黑褐色，具灰褐色纵纹；额、肩、腰、尾上及尾下覆羽、腿覆羽及尾羽均为白色；下体浓褐色，胸羽有淡色纵纹；尾楔形，尾羽有 14 枚。

主要栖息于海岸及河谷地带，有时也沿着河流进入到离海较远的内陆地区。每窝产卵 1~3 枚。卵的颜色为白色，稍微缀以绿色。在东北地区为冬候鸟或旅鸟。

白尾海雕（*Haliaeetus albicilla*）（图 5-99）

大型猛禽（84~91 厘米）。嘴、腿、虹膜和蜡膜皆为黄色；跗蹠和趾黄色，爪黑色。尾羽呈楔形，为白色。身体其余部分主要为暗褐色，具淡色羽缘。头和胸部羽毛为浅褐色，嘴裂较浅，鼻孔呈椭圆形，具明显的蜡膜。

栖息于近水而开阔的高原草甸、湖泊、沼泽等生境，也见于河流附近。繁殖期为每年 4 月至 6 月，每窝通常产卵 2 枚。在东北地区为夏候鸟或旅鸟。

图 5-98　虎头海雕

（自 John Mackinnon 等）

图 5-99　白尾海雕

（自 John Mackinnon 等）

灰脸鵟鹰（*Butastur indicus*）（图 5-100）

全长约 45 厘米。嘴为黑色，虹膜黄色，嘴基部和蜡膜为橙黄色；跗蹠和趾为黄色，爪为角黑色。上体暗棕褐色，翅上的覆羽也是棕褐色；尾羽为灰褐色，上面具有 3 道宽的黑褐色横斑。脸颊和耳区为灰色，眼先和喉部均为白色，较为明显，喉部还有具有宽的黑褐色中央纵纹，胸部以下为白色，具有较密的棕褐色横斑。它的眼睛为黄色，与白眼鵟鹰不同。

在繁殖期主要栖息于阔叶林、针阔叶混交林以及针叶林等山林地带，秋冬季节则大多栖息于林缘、山地、丘陵、草地、农田和村屯附近等较为开阔的地区，有时也出现在荒漠和河谷地带。每窝产卵 3~4 枚，卵的颜色为白色，具锈色或红褐色斑。在东北地区为夏候鸟。

大鵟（*Buteo hemilasius*）（图 5-101）

体长约 70 厘米的大型猛禽。虹膜黄或偏白，嘴铅灰色，蜡膜黄绿色，脚蜡黄色。具淡色型、暗色型和中间型等几种色型。上体通常暗褐色；头顶和后颈灰白色，具有褐色纵纹；下体白色至棕黄色，具棕褐色纵纹；尾上偏白并常具 5~8 条横斑，腿深色，次级飞羽具深色条带；飞行时可见明显深色腕斑，翼端黑色。

栖息于山地、山脚平原和草原等地区，也出现在高山林缘和开阔的山地草原与荒漠地带。主要以啮齿动物、蛙、野兔、黄鼠、鼠兔、旱獭、雉鸡等动物为食。繁殖期为 5 月至 7 月，通常营巢于悬崖峭壁上或树上，巢呈盘状。在东北地区为留鸟。

图 5-100 灰脸鵟鹰

（自 John Mackinnon 等）

图 5-101 大鵟

（自 John Mackinnon 等）

毛脚鵟（*Buteo lagopus*）（图 5-102）

体长 50~60 厘米。嘴黑褐色，嘴基及蜡膜淡黄色，虹膜褐色；贯眼纹褐色，跗蹠部被羽达趾基部。雌雄体羽相似，雌鸟体大。成体头顶、颈、上背均为白色，具有棕色羽干纹；下背棕褐色，羽缘淡黄色，羽尖白色；下体白色沾棕色，具有褐色斑；尾基部白色，末端具有宽阔的黑褐色横斑；飞行时，翅下白色，与腕斑对比明显。

栖息于低山丘陵、农田附近的空旷地，常单独活动。主要以中小型鸟类和啮齿类为食。营巢于岩壁或树上，每年繁殖 1 窝，窝卵数 3~4 枚；卵呈白色或黄白色，具有褐色或灰色斑纹。在东北地区为冬候鸟或旅鸟。

普通鵟（*Buteo buteo*）（图 5-103）

体型略大（55 厘米）的红褐色猛禽。虹膜黄色至褐色，蜡膜黄色；嘴黑褐色，端黑；脚黄色。上体深红褐色，具暗色细轴纹；头颈灰褐色沾棕色，后颈露白；脸侧皮黄具近红色细纹，栗色的髭纹显著；下体偏白具棕色纵纹，两胁及大腿沾棕色。飞行时两翼宽而圆，初级飞羽基部具特征性白色块斑。尾近端处常具黑色横纹。翼上覆羽大都为棕褐色，在高空翱翔时两翼略呈“V”形。

喜开阔原野且在空中热气流上高高翱翔，在裸露树枝上歇息，飞行时常悬停在空中振翅。在东北地区为夏候鸟。

图 5-102　毛脚鵟

（自 John Mackinnon 等）

图 5-103　普通鵟

（自 John Mackinnon 等）

5.2.16　犀鸟目（Bucerotiformes）

戴胜（*Upupa epops*）（图 5-104）

中等体型（30 厘米），色彩鲜明。虹膜褐色，嘴黑色，脚黑色。具长而尖黑的耸立型粉棕色丝状冠羽。头、上背、肩及下体粉棕色，两翼及尾具黑白相间的条纹。嘴长且下弯。冠羽羽尖下具次端白色斑。叫声：低柔的单音调似“咕 - 啵啵”，同时作上下点头的演示，繁殖季节雄鸟偶有银铃般悦耳叫声。

图 5-104　戴胜

（自 John Mackinnon 等）

性活泼，喜开阔潮湿地面，长长的嘴在地面翻动以寻找食物。有警情时冠羽立起，起飞后松懈下来。次级洞巢鸟，在东北各地为夏候鸟。

5.2.17 佛法僧目（Coraciiformes）

普通翠鸟（*Alcedo atthis*）（图 5-105）

体小（15 厘米）。虹膜褐色，嘴黑色（雄鸟），下嘴橘黄色（雌鸟）；脚红色。上体金属浅蓝绿色，颈侧具白色点斑；下体橙棕色，颏白。幼鸟色黯淡，具深色胸带。橘黄色条带横贯眼部及耳羽。

常出没于开阔郊野的淡水湖泊、溪流、运河、鱼塘及红树林。栖于岩石或探出的枝头上，转头四顾寻鱼而入水捉之。在土洞中营巢，在东北各地为夏候鸟。

三宝鸟（*Eurystomus orientalis*）（图 5-106）

中等体型（30 厘米）。虹膜褐色；嘴珊瑚红色，端黑；脚红色。具宽阔的嘴（亚成鸟嘴为黑色）。整体色彩为暗蓝灰色，但喉为亮丽蓝色。飞行时两翼中心有对称的天蓝色圆圈状斑块。头黑色，颈至尾上覆羽、三级飞羽铜锈绿色，翼覆羽偏蓝色；初级飞羽黑褐色，基部天蓝色。

常栖于近林开阔地的枯树上，偶尔起飞追捕过往昆虫，或向下俯冲捕捉地面昆虫。飞行姿势独特，怪异、笨重，胡乱盘旋或拍打双翅。三两只鸟有时于黄昏一道翻飞或俯冲。有时遭成群小鸟的围攻，因其头和嘴看似猛禽。次级洞巢鸟，在东北各地为夏候鸟。

图 5-105 普通翠鸟

（自 John Mackinnon 等）

图 5-106 三宝鸟

（自 John Mackinnon 等）

蓝翡翠（*Halcyon pileata*）（图 5-107）

体长 27~31 厘米。嘴、脚珊瑚红色，虹膜暗褐色。雌雄异色。雄鸟：头顶、头侧、枕、后颈和翼内侧覆羽绒黑色，颊、喉和前胸白色，颈具有一条宽的白色领环；背、腰、尾、初级覆羽和次级飞羽钻蓝色，初级飞羽黑褐色，基部外翈淡蓝色，内翈白色，下体余部棕黄色。雌鸟：颏、上胸、后颈等白色沾棕色，上背前缘黑色。

栖息于山溪、河流、水塘及沼泽及红树林等地。以小鱼、虾、蛙和昆虫等为食。繁殖期 5 月至 7 月，在水域附近的土崖或沙崖上开凿隧洞繁殖。雌雄亲鸟共同孵卵，但以雌性为主。

赤翡翠（*Halcyon coromanda*）（图 5-108）

体长 25~27 厘米。虹膜褐色，跗蹠和趾亮皮黄色，嘴粗大，亮红色，尖端亮淡白色。雌雄同色。上体棕红色，具紫色光泽。头、颈、背、腰、尾上覆羽、尾羽棕赤色，腰中央和尾上覆羽基部中央翠蓝色。翼也棕赤色，和背一样。颏、喉白色，杂以皮黄色；从嘴下延至后颈两侧为一粗的黄白色纹；胸棕红色，腹和尾下覆羽橙红色。雌鸟上体紫色光泽不显著。

栖息于针阔混交林的小溪和河流附近，完全肉食性，主要食昆虫和其他小型节肢动物及小蜗牛和蜥蜴。沿海地区的赤翡翠也吃小龙虾、鱼、青蛙、蝌蚪、蟹。繁殖期在 5 月至 7 月。多选择大榆树、落叶松等老龄树的天然树洞营巢。东北各地有分布，在吉林、辽宁为夏候鸟。

图 5-107　蓝翡翠

（自 John Mackinnon 等）

图 5-108　赤翡翠

（自 John Mackinnon 等）

5.2.18 啄木鸟目（Piciformes）

蚁䴕（*Jynx torquilla*）（图 5-109）

体小（17 厘米），虹膜淡褐，嘴紫褐色，脚灰褐色。通体灰褐色。特征为体羽斑驳杂乱，下体具小横斑。嘴相对短形，呈圆锥形。就啄木鸟而言，其尾较长，具不明显的横斑。

不同于其他啄木鸟，蚁䴕栖于树枝而不攀树，也不啄树干取食。人近时做头部往两侧扭动的动作，似蛇形。通常单独活动。取食地面蚂蚁。喜灌丛。洞巢鸟，在辽宁为旅鸟，在东北地区余部为夏候鸟。

灰头绿啄木鸟（*Picus canus*）（图 5-110）

中等体型（27 厘米）的绿色啄木鸟。虹膜红褐，嘴黑灰色，脚暗绿灰色。识别特征为下体全灰，颊及喉亦灰。雄鸟前顶冠猩红，眼先及狭窄颊纹黑色。枕部及尾部黑色，背、翼覆羽和肩羽暗绿色，腰和尾上覆羽绿黄色。雌鸟顶冠灰色而无红斑，嘴相对短而钝。叫声：朗声大叫但声较轻细，尾音稍缓，似人的笑声。常有响亮、快速、持续至少 1 秒的啄木声。

常活动于小片林地及林缘，亦见于大片林地。多在树干上活动、觅食，有时下至地面寻食蚂蚁。洞巢鸟，在东北各地为留鸟。

图 5-109 蚁䴕

（自 John Mackinnon 等）

图 5-110 灰头绿啄木鸟

（自 John Mackinnon 等）

白背啄木鸟（*Picoides leucotos*）（图 5-111）

中等体型（25 厘米）。虹膜红褐色，嘴铅灰色，脚黑褐色。特征为下背白色，胸、腹、胁有黑纵纹。雄鸟顶冠全绯红（雌鸟顶冠黑），额白。下体白而具黑色纵纹，臀部浅绯红。两翼及外侧尾羽呈明显白点斑。有力地啄木约 1.7 秒，然后突然加速，结束时有所减低。

栖于原始针阔混交林及阔叶杂木林，喜栖于老朽树木，筑巢于树木枯死的侧枝上。不胆怯。洞巢鸟，在东北各地为留鸟。

图 5-111　白背啄木鸟

（自常家传等）

小斑啄木鸟（*Picoides minor amurensis*）（图 5-112）

体小（15 厘米）。虹膜红褐色，嘴角灰色，脚黑褐色。黑色的上体点缀着成排白斑，下体近白。雄鸟顶红，枕黑，前额近白；枕至尾上覆羽黑，下背白缀黑横斑，翼黑有白点斑；胸以下灰白，具黑褐色纵纹，胸侧最显著；翼下覆羽主白；外侧尾羽白，杂黑斑。雌鸟头顶黑，无红斑。幼鸟下体沾褐色，纵纹模糊，枕灰褐而非黑色。啄击树干声比大斑啄木鸟慢且弱。

飞行时大幅度地波浪起伏。喜落叶林、混交林、亚高山桦木林及果园。洞巢鸟，在东北各地为留鸟。亚种 *kamtschatkensis* 在黑龙江为冬候鸟。

图 5-112　小斑啄木鸟

（自常家传等）

大斑啄木鸟（*Picoides major brevirostris*）（图 5-113）

体型中等（24 厘米）。虹膜近红；嘴铅灰色；脚棕褐色。雄鸟枕部具狭窄红色带而雌鸟无。两性臀部均为红色，但带黑色纵纹的近白色胸部上无红色或橙红色，头顶至尾黑色，枕部红色；3 对外侧尾羽外翈有白色横斑；头侧、颈侧至前胸白而有 Y 形黑斑。雌鸟枕无红斑。叫声：啄木声响亮，并有刺耳尖叫声。

在中国为分布最广泛的啄木鸟，见于整个温带林区、农作区及城市园林。亚种 *Japonicus* 在辽宁、吉林为留鸟；亚种 *cabanisi* 在辽宁为留鸟；本亚种在辽宁为旅鸟，在吉林、黑龙江和内蒙古为留鸟。洞巢鸟。

三趾啄木鸟（*Picoides tridactylus*）（图 5-114）

中等体型（23 厘米）。虹膜褐色，嘴黑色，脚黑褐色。头顶前部黄色（雌鸟白色），仅具三趾。体羽无红色，上背及背部中央部位白色，腰黑。有力的啄木声在 1.3 秒后突然加速。

栖于阴湿的针叶林和针阔混交林，尤喜有死树的林间沼泽和火烧迹地。洞巢鸟，巢筑于朽木上。在吉林、黑龙江和内蒙古为留鸟。

图 5-113　大斑啄木鸟

（自常家传等）

图 5-114　三趾啄木鸟

（自 John Mackinnon 等）

棕腹啄木鸟（*Dendrocopos hyperythrus*）（图 5-115）

体长 17~20 厘米。嘴黑绿色，下嘴基部黄色；脚铅灰色，虹膜红色。背部为黑、白横斑相间；腰至中央尾羽黑色；外侧一对尾羽白而具黑横斑。贯眼纹及颏白色，下体余部大都呈淡赭石色，仅尾下覆羽粉红色。翼上小覆羽黑色，翅余部大都为黑色并缀白色点斑，内侧三级飞羽具白横斑。雄鸟顶冠及枕红色；雌鸟头顶无红色斑，黑、白相杂，顶冠黑而具白点。

栖息于低山丘陵阔叶和针阔混交林。主要以鞘翅目和鳞翅目幼虫、蚂蚁等昆虫为食；4 月至 5 月繁殖，营巢于心材腐朽的树干，在东北地区夏候鸟。

小星头啄木鸟（*Picoides kizuki*）（图 5-116）

体长 12~17 厘米。嘴暗灰色，脚橄榄灰色，虹膜红色。雌雄异色。雄鸟额、头顶至枕灰褐色，枕两侧各有一深红色小纵纹；颊纹和眉纹白色，颈项两侧围绕眼具一圈白色，其余上体茶褐色，具规则白色横斑。翅黑色，大覆羽、中覆羽和飞羽具白色点斑。颏、喉至前胸正中无斑纹，胸、腹大部分至尾下覆羽污白色，具淡色纵纹。翼下覆羽和腋羽白色，杂以灰黑斑点。雌鸟头部灰褐色，无深红色小纵纹。

图 5-115　棕腹啄木鸟

（自 John Mackinnon 等）

图 5-116　小星头啄木鸟

（自 John Mackinnon 等）

小星头啄木鸟主要栖息于山地针叶林、针阔叶混交林和阔叶林内，栖于长白山甚至海拔1700米的岳桦林中，早春和秋冬季节亦常到林缘和次生林觅食。4月至5月繁殖，每窝产卵4~7枚，通常5枚。卵白色、光滑无斑。在吉林、黑龙江东部、辽宁中东部和内蒙古中东部为留鸟。

5.2.19　隼形目（Falconiformes）

游隼（*Falco peregrinus*）（图5-117）

体长41~50厘米的大型隼。虹膜暗褐色，眼睑和蜡膜黄色；嘴铅蓝灰色，嘴基部黄色；脚和趾橙黄色，爪黑色。雄鸟上体及两翅内侧覆羽灰蓝色，具有黑褐色横斑；额、头顶、后头、后颈均黑色，有蓝色金属光泽；上胸和下胸至尾上覆羽均布满黑色横斑，尾羽蓝灰色，具有黑色横斑。雌性羽色较淡。

图5-117　游隼

（自 John Mackinnon 等）

栖息于森林、灌木林、稀树草原、湿地、岩石区、沙漠、海洋潮间带等。窝卵数3~4枚，孵化期约28~29天。在东北地区为旅鸟。

猎隼（*Falco cherrug*）（图5-118）

体长42~60厘米的大型隼。嘴黄褐色，尖端蓝黑色；蜡膜暗黄色，虹膜淡黄色；脚淡黄褐色。雌雄同色，头、颈和后背黄白色，具有黑色轴纹，眉纹白色；上体暗褐色，具有砖红色点斑和横斑；翼羽和尾黑褐色，尾羽具狭窄白色羽端，下体淡棕色；胸、腹均杂以宽阔的褐色纵纹。

栖息于山区、丘陵、河谷和草原地带。食物以鼠类为主，也捕食鸟类和小型兽类、蛇、蛙等。每年4月至5月繁殖，营巢于峭壁垂岩下平台或裂缝中以及洞穴中。孵化期约30天。在除黑龙江省外的东北地区为夏候鸟。

红隼（*Falco tinnunculus*）（图 5-119）

体小（33 厘米）的赤褐色猛禽。虹膜褐色；嘴灰而端黑，蜡膜黄色；脚黄色。雄鸟头顶及颈背灰色，尾蓝灰无横斑，上体赤褐略具黑色横斑，下体皮黄而具黑色纵纹。雌鸟体型略大，上体全褐色，比雄鸟少赤褐色而多粗横斑。亚成鸟似雌鸟，但纵纹较重。尾呈圆形，具髭纹。

飞行姿态特别优雅，捕食时懒懒地盘旋或斯文不动地停在空中。发现猎物突然猛扑，常从地面捕捉猎物。停栖在柱子或枯树上。营巢在树上或岩隙中，常利用喜鹊、乌鸦等的旧巢或强占其新巢，也利用人工巢箱，喜开阔原野。亚种 *interstinctus* 在东北各地有分布，留鸟；亚种 *tinnunculus* 分布在东北地区北部，留鸟。

图 5-118　猎隼

（自 John Mackinnon 等）

图 5-119　红隼

（自 John Mackinnon 等）

红脚隼（*Falco amurensis*）（图 5-120）

体小（30 厘米）的灰色、棕红色猛禽。虹膜褐色；嘴灰色，蜡膜橙红；脚橙红。雄鸟背石板灰色，飞羽银灰，翅下覆羽白色，两腿和尾下覆羽棕红色。雌鸟上体灰蓝色，带暗色横斑，髭纹甚著，下体及翼下覆羽棕白，杂以黑斑，腿和尾下覆羽棕黄，尾具 9~11 道暗横斑。幼鸟下体偏白而具粗大纵纹，翼下黑色横斑均匀，眼下的黑色条纹似燕隼。

多栖于森林、防护林、草地及荒坡，善振翅悬停俯视地面，发现猎物即直下捕捉。营巢于树上或灌丛上，常利用喜鹊的旧巢或强占其新巢。在东北各地都有分布，夏候鸟。

燕隼（*Falco subbuteo*）（图 5-121）

体小（30 厘米）翼长的黑白色猛禽。虹膜褐色；嘴灰色，端黑，蜡膜黄色；脚黄色。腿及臀棕色，上体深灰，胸乳白而具黑色纵纹，后颈有一乳白色领斑。头、后颈、颊和耳羽黑色，颏、喉纯白，覆腿羽和尾下覆羽锈红色（夏羽棕黄）。雌鸟体型比雄鸟大而羽毛多褐色，腿及尾下覆羽细纹较多。

飞行中捕捉昆虫及鸟类，飞行迅速，姿态似燕，喜开阔地及有林地带。5 月份繁殖，营巢于疏林或林缘和田间的高大树木上，常抢占乌鸦、喜鹊旧巢和新巢。以鼠类、雀形目小鸟等为食，也取食昆虫。孵化期 26~28 天。在东北地区南部为旅鸟，余部为夏候鸟。

图 5-120　红脚隼

（自 John Mackinnon 等）

图 5-121　燕隼

（自 John Mackinnon 等）

5.2.20　雀形目（Passeriformes）

黑枕黄鹂（*Oriolus chinensis*）（图 5-122）

中等体型（26 厘米）。虹膜红色，嘴粉红色，脚近黑。贯眼纹及颈背黑色，飞羽多为黑色。雄鸟体羽余部艳黄色。雌鸟色较暗淡，背橄榄黄色。亚成鸟背部橄榄色，下体近白而具黑色纵纹。叫声：清澈如流水般的笛音，有多种变化。也会发出粗哑的似猫叫声及平稳哀婉的轻哨音。

栖于开阔林、人工林、园林、村庄及红树林。成对或以家族为群活动。常留在树上，有时下至低处捕食昆虫。营巢于阔叶树平枝末端的枝丫处，呈吊篮状。飞行呈波状，振翼幅度大，缓慢而有力。在东北各地为夏候鸟。

灰山椒鸟（*Pericrocotus divaricatus*）（图 5-123）

体长 18~20 厘米。嘴黑色，脚黑色，虹膜暗褐色。上体灰色或石板灰色，两翅和尾黑色，翅上具斜行白色翼斑，外侧尾羽先端白色。前额、头顶前部、颈侧和下体均白色，具黑色贯眼纹。雄鸟头顶后部至后颈黑色，雌鸟头顶后部和上体均为灰色。

主要栖息于茂密的原始落叶阔叶林和红松阔叶混交林中，也出现在林缘次生林、河岸林。常成群在树冠层上空飞翔，边飞边叫，鸣声清脆，停留时常单独或成对栖于大树顶层侧枝或枯枝上。以叩头虫、甲虫、瓢虫、毛虫、蟥象等鞘翅目、鳞翅目、同翅目昆虫及其幼虫为食。在辽宁、吉林和内蒙古东北部为夏候鸟或旅鸟，黑龙江夏候鸟。

图 5-122　黑枕黄鹂

（自 John Mackinnon 等）

图 5-123　灰山椒鸟

（自 John Mackinnon 等）

红尾伯劳（*Lanius cristatus*）（图 5-124）

中等体型（18 厘米）。虹膜褐色，嘴黑色，脚灰黑色。雌雄鸟相似，喉白，前额灰，眉纹白，贯眼纹黑色，头顶及上体褐色。雄鸟头顶和额淡灰色，头顶后部、上背、肩和两翼内侧覆羽灰褐色，下背和腰转为棕褐色，尾上覆羽红棕褐色，尾羽棕褐色，下体棕白色，两侧棕色较浓；雌鸟棕色较苍淡，贯眼纹转为黑褐色，胸腹两侧具褐色横纹。

喜开阔耕地及次生林，包括庭院及人工林。单独栖于灌丛、电线及小树上，捕食飞行中的昆虫或猛扑地面上的昆虫和小动物。亚种 *confusus* 繁殖于黑龙江，经中国东部南迁，夏候鸟；亚种 *cristatus* 繁殖于吉林、辽宁等地，夏候鸟。

虎纹伯劳（*Lanius tigrinus*）（图 5-125）

中等体型（19 厘米），虹膜褐色；嘴铅黑色，端黑；脚黑褐色。背部棕色。较红尾伯劳明显嘴厚、尾短而眼大。雄鸟：顶冠及颈背灰色；背、两翼及尾浓栗色而多具黑色横斑；贯眼纹宽且黑；下体白，两胁具褐色横斑。雌鸟似雄鸟但眼先及眉纹色浅。亚成鸟为较暗的褐色，贯眼纹黑色具模糊的横斑；眉纹色浅；下体皮黄，腹部及两胁的横斑较红尾伯劳为粗。叫声：粗哑似喘息的吱吱叫声。

图 5-124　红尾伯劳

（自 John Mackinnon 等）

图 5-125　虎纹伯劳

（自 John Mackinnon 等）

典型的伯劳习性，喜在多林地带，通常在林缘突出树枝上捕食昆虫。不如红尾伯劳显眼，多藏身于林中。在东北各地为夏候鸟。

牛头伯劳（*Lanius bucephalus*）（图 5-126）

中等体型（19 厘米）。虹膜深褐色；嘴灰色，端黑色；脚铅灰色。头顶褐色，尾端白色。雄鸟：贯眼纹黑色，眉纹白，背灰褐色，飞羽黑褐色具棕色边缘，翼上有一白斑，下体偏白而两胁沾棕。雌鸟：褐色较重，贯眼纹栗褐色，具棕褐色耳羽，下体具明显的棕色波状细横纹，夏季色较淡而较少赤褐色。

喜次生植被及耕地，栖于开阔的林地，营巢于乔木或灌木上。食昆虫，兼食小型鸟兽。在东北各地为夏候鸟。

楔尾伯劳（*Lanius sphenocercus*）（图 5-127）

体长 25~31 厘米。嘴、脚和虹膜皆褐色。上体灰色，中央尾羽及翅羽黑色，初级飞羽具大型白色翅斑；尾特长，凸形尾。眼先、眼周和耳羽黑色，形成一条较宽的贯眼纹。贯眼纹上缘即为白色眉纹。颊、颈侧、颏、喉直至整个下体白色。肩羽与背同色。翼上覆羽黑色，初级覆羽具白色羽端和羽缘。尾凸形，中央 2 对尾羽黑色。其余尾羽基部黑色，端部白色，越往外者白色区域越大，至最外 3 枚尾羽呈白色，羽轴黑色。

主要栖息于低山、平原和丘陵地带的疏林和林缘灌丛草地。窝卵数 5~6 枚，淡青色布以灰褐色及灰色斑。在黑龙江东部、吉林东部、辽宁和内蒙古为夏候鸟或旅鸟。

图 5-126　牛头伯劳
（自 John Mackinnon 等）

图 5-127　楔尾伯劳
（自 John Mackinnon 等）

松鸦（*Garrulus glandarius*）（图 5-128）

体小（35 厘米）。虹膜浅褐色，嘴黑色，脚肉棕色。特征为翼上具黑色及蓝色镶嵌图案，腰白，尾黑。髭纹黑色，两翼黑色具白色块斑，头顶具黑色纵纹。眼周与颧纹黑色，头顶、头侧、后颈、颈侧、上背和肩羽棕褐色，余部灰黯。飞行时两翼显得宽圆。飞行沉重，振翼无规律。叫声：粗哑短促的叫声或哀怨的咪咪叫，冬季有似“滴 - 沟 -”的叫声。

性喧闹，林栖，冬季游荡到半山区和村屯附近。以果实、鸟卵、尸体及橡树子为食。主动围攻猛禽。树上营巢。亚种 *brandtii* 分布于东北全境，留鸟；亚种 *pekingensis* 分布在东北的西部地区，留鸟。

灰喜鹊（*Cyanopica cyana stegmanni*）（图 5-129）

体小（35 厘米）。虹膜褐色，嘴黑色，脚黑色。顶冠、耳羽及后枕黑色具蓝光，两翼灰蓝色，后颈至尾上覆羽土灰色，尾长并呈灰蓝色，中央一对尾羽最长且端部白色。

性吵嚷，结群栖于开阔松林及阔叶林、公园甚至城镇。飞行时振翼快，作长距离的无声滑翔。在树上、地面及树干上取食，食物为果实、昆虫及动物尸体。营巢于灌木的主干枝丫处，距地面不高。亚种 *cyana* 分布于东北的西北部，留鸟；亚种 *pallescens* 为留鸟，分布于小兴安岭；本亚种分布于东北全境，留鸟。

图 5-128　松鸦

（自 John Mackinnon 等）

图 5-129　灰喜鹊

（自 John Mackinnon 等）

喜鹊（*Pica pica*）（图 5-130）

体略小（45 厘米）。虹膜褐色，嘴黑色，脚黑色。体羽除肩部和尾部白色外，全为黑色，两翼和长尾具蓝色光泽。叫声：为响亮粗哑的嘎嘎声。

适应性强，中国北方的农田或城市的摩天大厦均可为家。多从地面取食，食性很杂。结小群活动。营巢于高大的阔叶树上，也见于输电铁塔，巢为胡乱堆搭的拱圆形树棍结构，内有泥土。分布于东北全境，留鸟。

达乌里寒鸦（*Corvus dauuricus*）（图 5-131）

体型略小（37 厘米）。虹膜蓝色，嘴黑色，脚黑色。嘴小且短。淡色型体羽除后颈、颈侧、胸和腹为白色外，其余均为黑色并具紫色光泽，眼后耳羽和枕部具银色细纹。寒鸦幼鸟耳羽无银色细纹，体羽无光泽。有些个体白色部分为无光泽的黑色，即暗色型。叫声：典型的突发而急促的鸦叫声。

栖于林地、泥沼地、多岩地区、城镇及村庄，也见于山区农田。喜群栖，常结成喧闹的小群，也可见两种色型的混群。营巢于悬崖的缝隙或树洞中。分布几遍东北全境，留鸟。

图 5-130　喜鹊

（自 John Mackinnon 等）

图 5-131　达乌里寒鸦

（自常家传等）

小嘴乌鸦（*Corvus corone*）（图 5-132）

体大（50 厘米）。虹膜褐色，嘴黑色，脚黑色。嘴基部被黑色羽，额弓较低，嘴虽强劲但形显细，体羽黑色，上体具紫蓝光泽，下体暗而无光，喉和胸部的羽毛呈矛状。幼鸟体羽略带褐色，无光泽。

栖息生境比较广泛，喜结大群栖息，取食于矮草地及农耕地，以无脊椎动物为主要食物，但喜吃尸体，常在道路上吃被车辆压死的动物，也常见到垃圾堆觅食。巢多营于高大的树上，分布于东北全境，留鸟。

大嘴乌鸦（*Corvus macrorhynchus*）（图 5-133）

体大（50 厘米）。虹膜褐色，嘴黑色，脚黑色。嘴甚粗厚，与小嘴乌鸦的区别在嘴粗厚而尾圆，头顶更显拱圆形。通体黑色，上体除头和颈外，均带绿色金属光泽，翅和尾具暗紫色光泽，下体暗褐带灰绿色，几无光泽。叫声：粗哑的喉音 a- a-。

栖于山区和平原，喜栖于村庄周围，喜结群，性机警，飞行呈直线。在高大树木上营巢，在东北地区为留鸟。

图 5-132　小嘴乌鸦

（自 John Mackinnon 等）

图 5-133　大嘴乌鸦

（自 John Mackinnon 等）

沼泽山雀（*Parus palustris*）（图 5-134）

体小（12.5 厘米）。虹膜深褐；嘴偏黑；脚深灰。头顶至后颈及颏黑色具蓝光，后缘与背界线分明。上体偏褐色或橄榄色，下体近白，两胁皮黄，无翼斑或项纹。叫声：似 zi-jiu-, zizi-jiujiujiu, zizi-ga-ga-ga，各种叫声的多种组合。

主要栖息于次生林和有灌木的开阔地，一般单独或成对活动。喜栎树林及其他落叶林、灌草丛、树篱、河边林地及果园，也见于山区居民点附近。营巢于天然树洞，在东北各地为留鸟。

褐头山雀（*Parus montanus*）（图 5-135）

体小（11.5 厘米）。虹膜褐色，嘴略黑，脚深蓝灰。头顶至后颈及颏褐黑色，头顶无光泽，后缘与背界线不分明。上体褐灰，下体近白，两胁皮黄，无翼斑或项纹。与沼泽山雀易混淆，但一般具浅色翼纹，黑色顶冠较大而少光泽，头比例略显大。叫声：似 ziziga-ga-ga-。

生境似沼泽山雀但喜栖于湿润森林。营巢于天然树洞，在东北各地为留鸟。

图 5-134　沼泽山雀

（自 John Mackinnon 等）

图 5-135　褐头山雀

（自 John Mackinnon 等）

煤山雀（*Parus ater*）（图 5-136）

体小（11 厘米）。虹膜褐色；嘴黑色，边缘灰色；脚青灰。头顶、颈侧、喉及上胸黑色。翼上具两道白色翼斑以及颈背部的大块白斑使之有别于褐头山雀及沼泽山雀。背灰色或橄榄灰色，白色的腹部或有或无皮黄色。

栖息于各种林型，主要栖息于针叶林中。储藏食物以备冬季之需。冬季于冰雪覆盖的树枝下取食。营巢于树洞、石缝、墙隙等处，在东北各地为留鸟。

大山雀（*Parus major artatus*）（图 5-137）

体大（14 厘米）。虹膜褐色，嘴黑色，脚紫褐色。头及喉辉黑，与脸侧白斑及颈背块斑形成强烈对比；翼上具一道醒目的白色条纹，一道黑色带沿胸中央而下。雄鸟黑胸带较宽，幼鸟胸带减为胸兜。叫声：似 zi-zi-hei, zi-zi-gagaga, zijiu-gagaga 等。

栖于开阔林地及半山区，常光顾红树林、林园及居民点。性活跃，成对或成小群活动。营巢于树洞、石缝及人工构筑物，在东北各地为留鸟。亚种 *kapustini* 下体偏黄而背偏绿，腹面两侧为黄色，主要分布于大兴安岭和呼伦贝尔盟，留鸟。

图 5-136　煤山雀

（自 John Mackinnon 等）

图 5-137　大山雀

（自常家传等）

攀雀（*Remiz consobrinus*）（图 5-138）

体型纤小（11 厘米）。虹膜黑褐色；嘴灰色，嘴峰淡黑色；脚铅灰色。雌雄相似。雄鸟前额、贯眼纹、耳覆羽黑色，头淡灰色带褐色斑纹；眉纹和颊纹白色，后颈和颈侧暗栗色；背棕褐色，飞羽和尾羽褐色，边缘淡皮黄色；喉近白色，下体皮黄色。雌鸟及幼鸟似雄鸟但色浅，贯眼纹棕栗色。

栖息于杨树、榆树等阔叶林缘或疏林地带。多成对或成小群，喜在树枝上倒悬翻来转去。冬季成群，特喜芦苇地栖息环境。多营巢于靠近河溪树木的树枝远端，也见于远离水源的灌丛中孤立树上，巢呈袋状，随风摇荡。主要分布于东北地区西北部，夏候鸟。

图 5-138　攀雀

（自 John Mackinnon 等）

[蒙古]百灵（*Melanocorypha mongolica*）（图 5-139）

体大（18 厘米），虹膜褐色，嘴肉黄色，脚肉黄色。体呈锈褐色。胸具一道黑色横纹，下体白色。头部图纹特征为浅黄褐色的顶冠缘以栗色外圈，下有白色眉纹伸至颈背，在栗色的后颈环上相接。栗色的翼覆羽于白色的次级飞羽和黑色初级飞羽之上而成对比性的翼上图纹，飞翔时翼上有明显的白色。叫声：鸣声甜美，边飞边鸣。

栖于丘陵或平原地带的较干旱的草原，善奔走。地面营巢，在辽宁为旅鸟，在吉林、内蒙古为夏候鸟，在黑龙江为留鸟。

云雀（*Alarda arvensis intermedia*）（图 5-140）

中等体型（18 厘米）。虹膜深褐色；嘴黑色，下嘴基部黄褐色；脚肉色。具灰褐色杂斑。顶冠及耸起的羽冠具细纹，尾分叉，外侧一对尾羽白色，后翼缘的白色于飞行时可见。上体沙褐色，具较粗的黑褐色纵纹；胸部淡棕褐色，具黑褐色纵纹。叫声：鸣声在高空中振翼飞行时发出，为持续的成串颤音及颤鸣。

栖于丘陵或平原地带的较干旱的草原，善奔走。地面营巢。告警时发出多变的吱吱声。亚种 *kiborti* 在辽宁为冬候鸟，在吉林、内蒙古为夏候鸟，在黑龙江为旅鸟；亚种 *pekinensis* 在东北三省为冬候鸟；本亚种在辽宁为冬候鸟，在东北地区余部为夏候鸟。

图 5-139 [蒙古]百灵

（自 John Mackinnon 等）

图 5-140 云雀

（自 John Mackinnon 等）

日本树莺（*Cettia diphone*）（图 5-141）

中等体型（15 厘米）。虹膜褐色，嘴褐色，脚粉红。上体橄榄褐色，两翼褐色，羽外缘淡棕色，具明显的皮黄白色眉纹和近黑色的贯眼纹。颏、喉、胸、腹和尾下覆羽污白色沾棕黄，两胁淡棕褐色。

栖于低山丘陵的灌丛间，也栖于田园宅旁的灌丛。营巢于灌木上，在东北三省为夏候鸟。

黑眉苇莺（*Acrocephalus bistrigiceps*）（图 5-142）

中等体型（13 厘米）。虹膜褐色；上嘴黑色深，下嘴色浅；脚粉色。眼纹皮黄白色，其上下具清楚的黑色条纹，下体偏白，两胁暗棕色。鸣声甜美多变，包括许多重复音。

典型的苇莺栖于近水的低山林缘、高芦苇丛、高草丛及沼泽地带的灌丛。营巢于灌丛或草丛上，在东北各地为夏候鸟。

图 5-141　日本树莺（短翅树莺）

（自 John Mackinnon 等）

图 5-142　黑眉苇莺

（自 John Mackinnon 等）

东方大苇莺（*Acrocephalus orientalis*）（图 5-143）

体大（20 厘米）。虹膜褐色；嘴色深，下嘴基色浅；脚灰褐色。嘴厚大而端部色深。上体橄榄褐色，眉纹淡黄色，贯眼纹黑褐色，不明显。颏、喉及胸污白而沾黄，胸具不明显的黑褐色纵纹。腹部中央污白色，两侧淡棕色。腰及尾上覆羽棕色。

栖于芦苇地及近水灌丛。在芦苇地笨拙地移动，常把芦苇茎弄得乱糟糟。在地面时似鸫类，飞行时尾羽扇形散开。营巢于苇丛或灌丛，在东北各地为夏候鸟。

巨嘴柳莺（*Phylloscopus schwarzi*）（图 5-144）

中等体型（12.5 厘米）。虹膜褐色；上嘴褐色，下嘴色浅；脚黄褐色。上体橄榄褐色，尾较大而略分叉，嘴形厚似山雀。眉纹前端皮黄色至眼后成奶油白色；贯眼纹深褐色，脸侧及耳羽具散布的深色斑点。下体污白，胸及两胁沾皮黄，尾下覆羽黄褐色，背有些驼。鸣声为短促的悦耳低音渐高而以颤音结尾。

栖于低山丘陵的林缘灌丛及杨树、桦树次生林间，常隐匿并取食于地面，看似笨拙沉重。尾及两翼常神经质地抽动。营巢于地面草丛中，在东北各地为夏候鸟。

图 5-143　东方大苇莺

（自 John Mackinnon 等）

图 5-144　巨嘴柳莺

（自 John Mackinnon 等）

黄腰柳莺（*Phylloscopus proregulus*）（图 5-145）

体小（9 厘米）。虹膜褐色；嘴黑色，嘴基橙黄色；脚粉红色。腰黄色；具两道浅色翼斑；上体橄榄绿色，下体灰白色，臀及尾下覆羽沾浅黄色；具黄色的粗眉纹，头顶黄色中央线明显。

图 5-145　黄腰柳莺

（自 John Mackinnon 等）

栖于针叶或针阔混交林，迁徙时常混于黄眉柳莺群中。多营巢于针叶树的侧枝上，在辽宁省为旅鸟，在东北地区其余部分为夏候鸟。

褐柳莺（*Phylloscopus fuscatus*）（图 5-146）

中等体型（11 厘米）。虹膜褐色；上嘴色深，下嘴偏黄；脚偏褐色。外形甚显紧凑而墩圆，两翼短圆，尾圆而略凹。眉纹淡皮黄色，暗褐色贯眼纹前端至嘴基，向后延至头后。下体乳白色，胸及两胁沾黄褐色。上体灰褐色较重，与巨嘴柳莺易混淆，不同处在于嘴纤细且色深。叫声：鸣声为一连串响亮单调的清晰哨音，以一颤音结尾，见人时发出似竹板敲击声。

隐匿于溪流沿岸、沼泽周围及森林中潮湿灌丛的浓密矮植被之下，停栖时常翘尾并轻弹尾及两翼。营巢于灌木上，在东北各地为夏候鸟。

家燕（*Hirundo rustica*）（图 5-147）

中等体型（20 厘米），虹膜暗褐色，嘴及脚黑色。体呈辉蓝色及白色。颏、喉栗色，上体钢蓝色；上胸具一道蓝黑色胸带，腹白；尾甚长，近端处具白色斑点。亚成鸟体羽色暗，尾无延长。

在高空滑翔及盘旋，或低飞于地面或水面捕捉小昆虫。降落在枯树枝、电柱及电线上。各自寻食，但大量的鸟常取食于同一地点，有时结大群夜栖一处。营巢于建筑物内的墙壁上和老式房屋内的木梁上。在东北地区为夏候鸟。

图 5-146　褐柳莺

（自 John Mackinnon 等）

图 5-147　家燕

（自 John Mackinnon 等）

金腰燕（*Hirundo daurica japonica*）（图 5-148）

中等体型（18 厘米）。虹膜褐色，嘴及脚黑色。浅栗色的腰与深蓝色的上体成对比，下体白且多具黑色细纹，尾长而叉深。飞行时发出尖叫。

习性似家燕。营巢于建筑物外的伞檐下。亚种 *daurica* 在东北各地为夏候鸟；本亚种在吉林、黑龙江和内蒙古为夏候鸟。

白头鹎（*Pycnonotus sinensis*）（图 5-149）

体长 18~20 厘米。虹膜黑褐色，嘴黑色，跗蹠、爪深褐色。雌雄羽色相似，头部白色宽纹从眼睛后部延伸到颈背，头顶黑色；颏、喉部白色，颊、耳羽、颧纹黑褐色，耳羽后有白色斑块；上体灰褐色，下体灰白色，翅缘为黄绿色；胸部灰色，臀部白色；翅尾深褐色；幼鸟头部为橄榄色，胸部有灰色斑纹。

栖息于低山丘陵至平原地区的森林等地。常呈3~5只至10多只小群活动，性格活泼，擅长鸣叫；为杂食性鸟类，主要以昆虫、种子和水果为食，食物偏好具有季节变化性。每窝通常有3~5枚，卵壳椭圆形，卵白色，密布赭紫色斑点，钝端尤密。吉林中部有分布，在辽宁为夏候鸟。

图 5-148　金腰燕

（自 John Mackinnon 等）

图 5-149　白头鹎

（自 John Mackinnon 等）

栗耳短脚鹎（*Hypsipetes amaurotis*）（图 5-150）

体长27~29厘米。嘴黑褐色，脚褐色，虹膜暗褐色。雌雄鸟羽色相似。头顶和枕部羽毛呈近似矛状的短羽冠，灰色而具有银白色斑；耳羽栗色，背、肩、翅和尾均为褐色，背羽羽缘沾灰色；颏和喉淡灰色，胸淡褐色，各羽先端银灰色。

生态习性栖息于杂木林或稀疏阔叶林。食物以植物种子和浆果为主，也取食昆虫。在黑龙江这迷鸟，在吉林、辽宁为旅鸟。

银喉［长尾］山雀（*Aegithalos caudatus*）（图 5-151）

体细长（16厘米）。虹膜深褐色，嘴黑色，脚深褐。嘴细小，尾甚长，黑色而带白边。头部银灰色，肩、下背和腰、腹后部至尾下覆羽、两胁为葡萄红色。上背、两翼、尾上覆羽和尾羽黑色，翼上有白色斑块，胸和腹的前部白色。

栖息于山林，也见于山区居民点，性活泼，结小群在树冠层及低矮树丛中找食昆虫及种子。冬季垂直迁徙和游荡，夜宿时挤成一排。营巢于树的枝杈处，巢球形。分布于东北各地，留鸟。

图 5-150　栗耳短脚鹎

（自 John Mackinnon 等）

图 5-151　银喉 [长尾] 山雀

（李英杰摄影）

山鹛（*Rhopophilus pekinensis*）（图 5-152）

体长（17 厘米）。虹膜褐色；上嘴灰褐色，下嘴沾黄色；脚黄褐色。尾宽而长，眉纹偏灰，髭纹近黑。上体烟褐色而密布近黑色纵纹；外侧尾羽羽缘白色；颏、喉及胸白；下体余部白，两肋及腹部具醒目的栗色纵纹，有时沾黄褐色；尾下覆羽沾棕色。

栖于灌丛及芦苇丛。于隐蔽处之间作快速飞行，善在地面奔跑。不惧生。营巢于灌丛中，繁殖期外结群活动。在辽宁、吉林和内蒙古有分布，留鸟。

棕头鸦雀（*Sinosuthora webbiana*）（图 5-153）

体长 11~13 厘米。嘴、脚黑褐色，虹膜褐色。雌雄鸟羽色相似。通体棕色，两翅表面棕红色，尾暗褐色；嘴短而粗，颏、喉和上胸玫瑰棕色；后胸和腹部黄褐色。雌鸟羽色较雄鸟淡。幼鸟与成鸟相似，但体色苍淡，翅表面为淡棕色，上体呈黄棕褐色，下体棕黄色。

栖息于阔叶林、灌木林及荒山地带。主要以昆虫、蜘蛛和杂草种子等为食。每年 5 月至 7 月繁殖，营巢于灌木或矮树的枝杈间，窝卵数 5 枚，卵绿蓝色。在黑龙江东部、吉林、辽宁和内蒙古东部为留鸟。

图 5-152　山鹛

（自 John Mackinnon 等）

图 5-153　棕头鸦雀

（李英杰摄影）

震旦鸦雀（*Paradoxornis heudei*）（图 5-154）

体长 18~20 厘米。嘴黄色，粗壮具钩，虹膜红褐色，跗蹠粉黄色。雌雄鸟羽色相似。头部、头侧至后颈蓝灰色，黑色眉纹延至颈侧；背至尾赤褐色，背部具有黑色条纹；翼上小覆羽少数白色，颏、喉和上胸灰白色；下体余部赤褐色，后胸颜色较深。

图 5-154　震旦鸦雀

（自 John Mackinnon 等）

集小群栖息于芦苇塘中。繁殖期 5 月至 8 月，窝卵数多为 5 枚，卵淡黄白色或白色沾绿色，具有栗色或深红褐色斑块和斑纹；营巢于芦苇丛中；孵化期 15~17 天，育雏期 16~17 天。在黑龙江西北部、辽宁和内蒙古东北部为留鸟，在吉林部分地区为夏候鸟。

红胁绣眼鸟（*Zosterops erythropleurs*）（图 5-155）

中等体型（12 厘米）。虹膜红褐色；夏季上嘴褐色，下嘴肉色；冬季上嘴褐色，下嘴蓝色而先端褐色；脚灰色。眼先黑，眼周白，上体绿色，两胁栗色（有时不显露），下颚色较淡，颏、喉、前胸和尾下硫黄色，头顶无黄色，后胸和腹中央乳白色，后胸两侧苍灰。

栖息于有林地带，有时与暗绿绣眼鸟混群。树上营吊篮式巢，在辽宁省为旅鸟，在吉林和黑龙江省为夏候鸟。

暗绿绣眼鸟（*Zosterops simplex*）（图 5-156）

体长 8~12 厘米。喙黑色，喙基色浅；虹膜红褐色，白色眼圈明显，眼先黑色，额基黄色；脚铅灰色。耳区和颊黄绿色，上体绿色，飞羽和尾羽黑褐色；颏、喉、颈侧和上胸鲜黄色，下胸及腹部灰白色，尾下覆羽鲜黄色。雌雄同型。

栖息于中低山地、丘陵和平原的树林、灌丛和果园等生境中。喜群居。以各类昆虫等动物性食物以及植物的果实和种子等为食。繁殖期为 4 月至 7 月，1 年繁殖 1~2 窝，每窝产卵 3~4 枚，孵化期为 10~12 天。辽宁和内蒙古有分布，在吉林为夏候鸟。

图 5-155　红胁绣眼鸟

（自 John Mackinnon 等）

图 5-156　暗绿绣眼鸟

（自 John Mackinnon 等）

普通䴓（*Sitta europaea amurensis*）（图 5-157）

中等体型（13 厘米）。虹膜深褐色，嘴黑色，脚深灰色。雌雄相似，上体蓝灰色，贯眼纹黑色达于颈侧，狭窄的眉纹白色或棕白色。中央一对尾羽与上体同色，其余尾羽黑色，外侧两枚具白斑。翅黑，颏、喉近白，下体余部肉桂色，两胁沾栗色。尾下覆羽栗红具白色端斑。亚种 *asiatica* 与本亚种的区别是：其体型较大，喉至腹部皆为白色。

在树干的缝隙及树洞中啄食橡树籽及坚果。飞行起伏呈波状。偶尔于地面取食。成对或结小群活动。常营巢于啄木鸟的旧洞及天然树洞中，洞口涂泥。亚种 *asiatica* 分布于中国东北的大兴安岭，本亚种分布于中国东北的其余地区，留鸟。

黑头䴓（*Sitta villosa*）（图 5-158）

小型鸣禽（10~12 厘米）。嘴铅黑色，下嘴基部石板灰色；脚铅褐色，虹膜褐色。头顶黑色，颈短，上体石板灰蓝色具白色或皮黄色眉纹和污黑色细贯眼纹。雌雄异色。雄鸟头顶至颈黑色，贯眼纹黑色，具有灰端的外侧尾羽黑褐色；上体灰蓝色，下体纯棕黄色。雌鸟头顶黑褐色，上体羽色较淡，下体淡棕色。幼鸟腹部棕黄色较深。

栖息于针叶林和针阔混交林中，食物主要为昆虫及其幼虫。繁殖期 5 月至 6 月，多为自己啄树洞营巢，也利用旧洞筑巢。每年繁殖 1 窝，窝卵数 4~9 枚，卵白色具有朱红色及紫红色斑点。孵化期 15~17 天，育雏期 17~18 天。在东北地区，主要分布于吉林东部和辽宁，留鸟。

图 5-157　普通䴓

（自 John Mackinnon 等）

图 5-158　黑头䴓

（自 John Mackinnon 等）

鹪鹩（*Troglodytes troglodytes*）（图 5-159）

体小（9~11 厘米）。嘴暗褐色，脚黑褐色，虹膜褐色。雌雄鸟相似。上体棕褐色，上背至尾满布黑褐色横斑；眉纹浅棕白色，头侧浅褐色杂棕白色细纹，翼羽及背羽同色；下体浅棕白色杂褐色，自胸以下至尾下密布大型黑褐色横斑，尾短小。停立时，尾常高举呈弓形。幼鸟体色似成鸟，色更深，黑色斑纹甚显著，眉纹不明显。

栖息于潮湿的森林地带、沿溪岩壁、林间隙地等处，以昆虫、蜘蛛、小型水生动物等为食。每年 5 月上旬至 7 月繁殖，营巢在高山森林带的近水旁灌丛、枯枝堆、树洞中或岩石裂隙等潮湿处；每年繁殖 1 窝，窝卵数 4~6 枚，卵白色，杂红褐色小斑点；孵化期 13~14 天，育雏期 15~16 天。东北三省及内蒙古东部都有分布，留鸟。

褐河乌（*Cinclus pallasii*）（图 5-160）

体型略大（21 厘米）。虹膜褐色，嘴深褐色，脚深褐色。有时眼上的白色小块斑明显。雄鸟全身羽毛黑褐色，上体羽毛具棕色羽缘，眼圈白色，常被周围黑褐色羽毛掩盖；雌鸟全身羽色稍淡。

栖于山区河谷溪流间，成对活动于高海拔的繁殖地，略有季节性垂直迁移。常栖于巨大砾石，头常点动，翘尾并偶尔抽动。在水面游泳，然后潜入水中似小鸊鷉。炫耀表演时两翼上举并振动。营巢于近水的石缝、树根下，分布于东北地区的东部及南部，留鸟。

图 5-159　鹪鹩

（自 John Mackinnon 等）

图 5-160　褐河乌

（自 John Mackinnon 等）

灰椋鸟（*Sturnus cineraceus*）（图 5-161）

中等体形（24 厘米）。虹膜偏红；嘴橙红色，尖端黑色；脚暗橘黄色。额、头顶、后颈及颈侧黑色，额杂以白色羽毛，头侧具白色纵纹，耳羽白色杂以黑色羽毛，臀、外侧尾羽羽端及次级飞羽狭窄横纹白色。颏白，喉、前颈和前胸黑色，后胸、两胁和腹部淡灰色。雌鸟色浅而暗。

常见于有稀疏树木的开阔郊野及农田。群栖性，取食于农田，营巢于天然树洞或空心水泥电柱内。在东北各地为夏候鸟。

北椋鸟（*Agropsar sturninus*）（图 5-162）

全长约 18 厘米。嘴角褐色，下嘴基部蓝白色；脚褐色，虹膜暗褐色。背部辉紫色，两翼辉绿黑色并具醒目的白色翼斑；头及胸灰色，颈背具黑色斑块；腹部白色。雌雄鸟基本相似。雄鸟头、颈、胸、腹灰色，枕部具有紫黑色斑块，背、肩、两翼和尾羽金属紫黑色，肩羽外侧具有棕白色羽端，在翼上形成带斑；初级飞羽黑绿色，外翈近基部具有黄褐色斑；尾上覆羽棕白色，尾羽黑色；下体棕白色，尾下覆羽棕褐色。雌鸟枕部斑块和背羽偏褐色，无紫色光泽。

栖息于开阔林地、平原疏林。主要以各种昆虫、蠕虫、植物种子为食。5 月至 7 月营巢于天然树洞、墙缝、水泥电线杆顶部，每年繁殖 1 窝，窝卵数 4~6 枚，卵淡蓝色。在东北地区为夏候鸟。

图 5-161　灰椋鸟

（自 John Mackinnon 等）

图 5-162　北椋鸟

（自 John Mackinnon 等）

白眉地鸫（*Geokichla sibirica*）（图 5-163）

体长 21~24 厘米。嘴黑色，脚橙黄色，虹膜褐色。雌雄异色。雄鸟眉纹白色，上体大都深蓝黑色；中覆羽具有小的白色端斑，大覆羽具淡棕褐色端斑；下体浅蓝灰色，腹侧白色，具有横斑纹。雌鸟上体橄榄褐色，眉纹皮黄色带褐色斑，喉黄白色；下体土黄色，具有褐色横斑，腹部中央白色。

栖息于山地丘陵带的针叶林、混交林和溪边等处。主要以昆虫及其幼虫、蜘蛛等为食，秋季也吃浆果。繁殖期 5 月至 8 月，营巢于林下灌木较浓密的沟谷中，巢多筑在林下灌木的枝杈间，每年繁殖 1 窝，窝卵数 4~5 枚，卵浅蓝绿色，具有红褐色斑点。在东北地区为夏候鸟。

虎斑地鸫（*Zoothera aurea*）（图 5-164）

体长 27~30 厘米。上嘴褐色，下嘴暗肉黄色；虹膜褐色，脚肉色。雌雄鸟羽色相似。颏、喉棕白色，具有不明显的黑色羽端；上体深棕褐色，各羽具有黑色端斑和棕色次端斑；翅和外侧尾羽暗褐色，翅下具有白色带斑；尾羽均具有白端斑，下体两侧棕褐色，具有黑褐色鳞状横斑，腹部中央至尾下覆羽白色。

图 5-163　白眉地鸫

（自 John Mackinnon 等）

图 5-164　虎斑地鸫

（自 John Mackinnon 等）

栖息于密林中，也在沟谷、丘陵和疏林山岗活动。食物主要为昆虫及其幼虫，也吃植物种子和浆果，幼鸟多食浆果。每年 5 月至 8 月繁殖，在阔叶树主干分叉处营巢。每年繁殖 1 窝，窝卵数 4~5 枚。卵浅绿色，具有少量锈褐色斑点。在东北地区为夏候鸟。

灰背鸫（*Turdus hortulorum*）（图 5-165）

体型略小（24 厘米）。虹膜褐色，嘴黄色，脚肉色。雄鸟上体深灰色，喉灰或偏白色，胸灰色，腹中心及尾下覆羽白色，两胁及翼下橘黄色。雌鸟上体褐色较重，喉及胸白色，胸侧及两胁具黑色斑点。发出优美悦耳的鸣声，告警时发出轻笑声及似喘息声。

栖息于各种林型，阔叶林更常见，在林地及公园的腐叶间跳动。繁殖期常站于树冠上鸣叫，响亮持久。营巢于小树的枝丫处，黑龙江省为旅鸟，在东北地区其余部分为夏候鸟。

白腹鸫（*Turdus pallidus*）（图 5-166）

中等体型（24 厘米）。虹膜褐色；上嘴灰色，下嘴黄色；脚浅褐色。腹部及臀白色。雄鸟上体茶褐色，头部色深，胸和两胁灰褐色，腹中央和尾下覆羽白色；雌鸟头褐色，喉偏白而略具细纹，翼衬灰或白色，外侧两枚尾羽的羽端白色甚宽。叫声：告警时发出粗哑连嘟声，受驱赶时发出高音叫声。

栖于低地森林、次生植被、公园及花园。性羞怯，藏匿于林下。地面觅食，营巢于树丫处，在东北各地为夏候鸟。

图 5-165　灰背鸫

（自 John Mackinnon 等）

图 5-166　白腹鸫

（自 John Mackinnon 等）

红尾斑鸫（*Turdus naumanni*）（图 5-167）

中等体型（25 厘米）。虹膜褐色；上嘴偏黑色，下嘴黄色；脚棕褐色。雌雄相似，上体橄榄褐色，中央尾羽褐色，其余尾羽淡棕红色，眉纹棕色。胸、两胁和尾下覆羽棕红色，羽端白色，下体余部白色。叫声：轻柔而甚悦耳的尖细叫声，也有似椋鸟的叫声。

图 5-167　红尾斑鸫

（自 John Mackinnon 等）

栖于山地林间、林缘及村落、公园等开阔的多草地带及田野。冬季见成大群活动，地面取食。在东北各地为旅鸟或冬候鸟。

斑鸫（*Turdus eunomus*）（图 5-168）

中等体型（25 厘米）。虹膜褐色；上嘴偏黑，下嘴黄色；脚褐色。雌雄相似，上体黑褐色，两翼具棕栗色，眉纹、颏、喉黄白色。胸和两胁具黑褐斑点，腹中央至尾下覆羽白或灰白色，尾羽黑褐色。耳羽及胸上横纹黑色而与白色的喉、眉纹及臀形成对比，下腹部白色且具黑色鳞状斑纹。

栖息于开阔草原和田野，冬季集大群。在东北各地为旅鸟或冬候鸟。

蓝歌鸲（*Luscica cyane*）（图 5-169）

中等体型（14 厘米）。虹膜褐色，嘴黑色，脚粉白。雄鸟上体青石蓝色，宽宽的黑色过眼纹延至颈侧和胸侧，下体白。雌鸟上体橄榄褐色，喉及胸褐色并具皮黄色鳞状斑纹，腰及尾上覆羽沾蓝。亚成鸟及部分雌鸟的尾及腰具些许蓝色。鸣声清脆婉转。

从越冬地迁来时栖息于林缘、灌丛或山溪沿岸疏林间，繁殖期栖于近水的山地针叶林、针阔混交林和疏林灌丛，地栖性。营地面巢，在辽宁省为旅鸟，在东北地区其余部分为夏候鸟。

图 5-168　斑鸫

（自 John Mackinnon 等）

图 5-169　蓝歌鸲

（自 John Mackinnon 等）

红喉歌鸲（*Luscinia calliope*）（图 5-170）

中等体型（16 厘米）。虹膜褐色，嘴深褐色，脚粉褐色。具醒目的白色眉纹和颊纹，尾褐色，两胁皮黄色，腹部皮黄白。雌鸟胸带近褐色，头部黑白色条纹独特。成年雄鸟的特征为喉红色。叫声：善模仿蟋蟀等昆虫的叫声，鸣声婉转悦耳。

栖息于低山丘陵和山脚平原的林缘和丛林地带，为典型地栖鸟类，常在林下灌丛或草丛中的地面奔走。多单个或成对活动，常将尾上翘，略展如扇状，一般在近溪流处活动。营巢于灌丛间的地面，在辽宁省为旅鸟，在东北地区其余部分为夏候鸟。

蓝喉歌鸲（*Luscinia special*）（图 5-171）

中等体型（14 厘米）。虹膜深褐色，嘴深褐色，脚粉褐色。雄鸟特征为喉部具栗色、蓝色及黑白色图纹，眉纹近白，外侧尾羽基部的棕色于飞行时可见。头顶具黑褐色纵纹,上体灰褐色,下体白色,尾深褐色。雌鸟喉白而无橘黄色及蓝色，黑色的细颊纹与由黑色点斑组成的胸带相连。雌性尾部的斑纹不同。鸣声饱满似铃声，能部分模仿其他鸟的鸣声。

常留于近水的植被茂密处。多在地面取食。筑巢于地面的灌丛中。在吉林省和辽宁省为旅鸟，在东北地区其余部分为夏候鸟。

图 5-170　红喉歌鸲 [红点颏]
（自 John Mackinnon 等）

图 5-171　蓝喉歌鸲 [蓝点颏]
（自 John Mackinnon 等）

红尾歌鸲（*Luscinia calliope*）（图 5-172）

体小（13 厘米）。虹膜褐色,嘴黑色,脚粉褐色。上体橄榄褐色,尾棕红色，下体近白色，胸部具橄榄色扇贝形纹。与其他雌歌鸲及鹟类的区别在于其尾棕色。短促而甜美的鸣声。

领域性强，常栖于森林中茂密多荫的地面或低矮植被覆盖处，尾颤动有力。次级洞巢鸟，在辽宁省为旅鸟，在东北地区其余部分为夏候鸟。

红胁蓝尾鸲（*Tarsiger cyanurus*）（图 5-173）

体型略小（15 厘米）。虹膜褐色，嘴黑色，脚灰色。橙棕色两胁与白色腹部及臀形成对比。雄鸟上体蓝色，眉纹白；亚成鸟及雌鸟褐色，尾蓝。雌鸟上体橄榄褐色，两胁橙棕色稍淡。

长期栖于湿润山地森林及次生林的林下低处。从越冬地迁来时多在低山丘陵、果园、灌丛中活动。营巢于地面，在辽宁为旅鸟，在东北地区其余部分为夏候鸟。

图 5-172　红尾歌鸲

（自 John Mackinnon 等）

图 5-173　红胁蓝尾鸲

（自 John Mackinnon 等）

北红尾鸲（*Phoenicueus auroreus*）（图 5-174）

中等体型（15 厘米）。虹膜褐色，嘴黑色，脚黑色。具明显而宽大的白色翼斑。雄鸟眼先、头侧、喉、上背及两翼褐黑色，仅翼斑白色；头顶及颈背灰色而具银色边缘；体羽余部栗褐色，中央尾羽深黑褐色。雌鸟褐色，白色翼斑显著，眼圈及尾皮黄色似雄鸟，但色较黯淡。臀部有时为棕色。叫声：为一连串轻柔哨音接轻柔的叫声；鸣声：为一连串欢快的哨音，第一音节细而长。

图 5-174　北红尾鸲

（自 John Mackinnon 等）

栖于森林、灌木丛、村庄及林间空地等多种生境，常立于突出的栖处，尾颤动不停。营巢于石缝、树洞及木垛等处。在东北各地为夏候鸟。

白腹蓝［姬］鹟（*Ficedula cyanomelana cumatilis*）（图 5-175）

体大（17 厘米）。虹膜褐色，嘴及脚黑色。雄鸟特征为脸、喉及上胸近黑色，上体闪光钴蓝色，下胸、腹及尾下的覆羽白色。外侧尾羽基部白色，深色的胸与白色腹部截然分开。雌鸟上体灰褐色，两翼及尾褐色，喉中心及腹部白。雄性幼鸟的头、颈背及胸近烟褐色，但两翼、尾及尾上覆羽蓝色。鸣声悠扬。

喜栖于原始林及次生林的多林地带，在高林层取食。营巢于岩石缝隙及树洞中。本亚种在东北三省为夏候鸟，另一亚种

cyanomelana 在吉林省为夏候鸟，在东北地区其余部分为旅鸟。

红喉［姬］鹟（*Ficedula parva*）（图 5-176）

体型小（13 厘米）。虹膜深褐色，嘴黑色，脚黑色。尾色暗，尾及尾上覆羽黑色，基部外侧明显白色。雄鸟颏和喉橙红色，但冬季难见，胸和两胁棕灰色。雌鸟及非繁殖期雄鸟暗灰褐色，喉近白色，眼圈狭窄白色。

栖于林缘及河流两岸的较小树上。有险情时冲至隐蔽处，尾展开显露基部的白色并发出粗哑的咯咯声，营巢于树洞中。在辽宁和吉林为旅鸟，在黑龙江和内蒙古为夏候鸟。

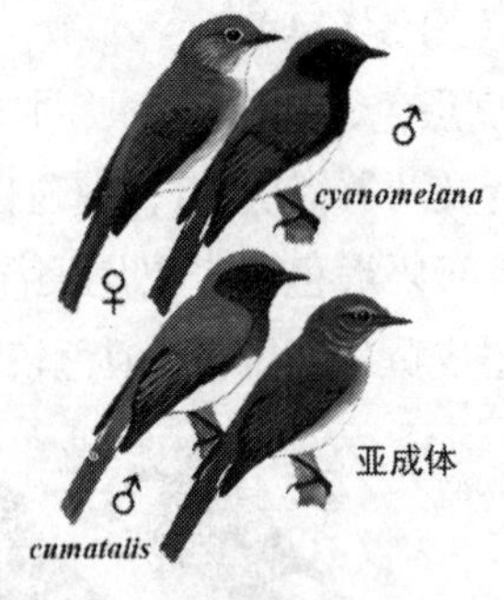

图 5-175　白腹蓝［姬］鹟

（自 John Mackinnon 等）

图 5-176　红喉［姬］鹟

（自 John Mackinnon 等）

白眉［姬］鹟（*Ficedula zanthopygia*）（图 5-177）

体小（13 厘米）。虹膜褐色，嘴黑色，脚黑色。雄鸟腰、喉、胸及上腹黄色，下腹、尾下覆羽白色，其余黑色，仅眉线及翼斑白色。雌鸟上体暗褐色，下体色较淡，腰暗黄。叫声：响亮而婉转，繁殖期鸣叫频繁。

栖息于阔叶林或针阔混交林，喜灌丛及近水林地。营巢于树洞中，在东北各地为夏候鸟。

鸲［姬］鹟（*Ficedula mugimaki*）（图 5-178）

体型略小(13 厘米)。虹膜深褐色,嘴暗黑色,脚深褐色。雄鸟：上体灰黑色，狭窄的白色眉纹延伸到眼后；翼上具明显的白斑，尾基部羽缘白色；喉、胸及腹侧赭红色；腹中心及尾下覆羽白色。雌鸟：上体包括腰褐色，下体似雄鸟但色淡，尾无白色。

喜栖于林缘地带、林间空地及山区森林。营巢于树的枝丫间。在东北各地为夏候鸟。

图 5-177　白眉 [姬] 鹟
（自 John Mackinnon 等）

图 5-178　鸲 [姬] 鹟
（自 John Mackinnon 等）

乌鹟（*Muscicapa sibirica*）（图 5-179）

体型略小（13 厘米）。虹膜深褐色，嘴黑色，脚黑色。雌雄相似，上体深灰，翼上具不明显皮黄色斑纹，下体白色，两胁深色具烟灰色杂斑，上胸具灰褐色模糊带斑；白色眼圈明显，喉白，通常具白色的半颈环；下脸颊具黑色细纹，翼长达尾的 2/3。叫声：活泼的金属般丁当声；鸣声：鸣声复杂，为重复的一连串单薄音加悦耳的颤音及哨音。

栖于山区或山麓森林的林下植被层及林间。立于裸露低枝，冲出捕捉过往昆虫。营巢于树木的侧枝上，在辽宁和内蒙古为旅鸟，吉林和黑龙江为夏候鸟。

北灰鹟（*Muscicapa dauurica*）（图 5-180）

体型略小（13 厘米）。虹膜褐色；嘴黑色，下嘴基黄色；脚黑色。雌雄相似，头顶黑褐色，上体灰褐，下体偏白，胸侧及两胁褐灰色，眼先和眼圈白色，翼和尾羽黑褐色，飞羽内翈浅黄白色，腋羽白色。叫声：为尖而干涩的颤音；鸣声：为短促的颤音间杂短哨音。

喜栖于树木的中下层，常见从栖处飞捕昆虫，回至栖处后尾作独特的颤动。营巢于阔叶树的枝杈上，在辽宁和内蒙古为旅鸟，在吉林和黑龙江为夏候鸟。

图 5-179 乌鹟

（自 John Mackinnon 等）

图 5-180 北灰鹟

（自 John Mackinnon 等）

蓝矶鸫（*Monticola solitarius*）（图 5-181）

中等体型(23 厘米)。虹膜褐色,嘴黑色,脚黑色。雄鸟暗蓝灰色,具淡黑及近白色的鳞状斑纹。腹部及尾下深栗色。雌鸟上体灰色沾蓝，下体皮黄色且密布黑色鳞状斑纹。雄鸟亚成体似雌鸟但上体具黑白色鳞状斑纹，腹部与雄鸟同色。叫声：恬静的呱呱叫声及粗喘的高叫声；鸣声：短促甜美的笛音。

生活于低山丘陵地带，多在山林溪边、林间路旁、杂木林和林缘灌丛活动，常栖于突出位置如岩石、房屋柱子及死树，冲向地面捕捉昆虫。营巢于悬崖的缝隙间，在东北各地为夏候鸟。

白喉矶鸫（*Monticola gularis*）（图 5-182）

体小（19 厘米）。虹膜深褐色，嘴黑色，脚灰褐色。雌雄鸟喉部皆有白色块斑，两性异色。雄鸟：头顶至后颈钴蓝色，贯眼纹至背和肩黑色，翼黑褐色，前有钴蓝色斑，中部有白色块斑，腰和尾上覆羽赤褐色，尾黑褐色。头侧、胸和腹两侧浓栗色，腹中央至尾下覆羽棕黄色。雌鸟：上体橄榄褐色，背部具白色横斑；下体具白色及深褐色的扇贝纹，尾下覆羽白色。叫声：告警时发出粗哑喘息叫声；鸣声：为单调重复的多种声音，音不甚清楚。

性喜隐蔽，林栖性；有警情时立姿甚直。炫耀表演时从树顶拍打双翅而下，两翼伸展，同时鸣唱。通常独处，但冬季与其他鸟混群。营地面巢，在辽宁省为旅鸟，在东北地区其余部分为夏候鸟。

图 5-181 蓝矶鸫

（自 John Mackinnon 等）

图 5-182 白喉矶鸫

（自常家传等）

东亚石䳭（*Saxicola stejnegeri*）（图 5-183）

体长 13~15 厘米。嘴、脚黑色，虹膜暗褐色。雌雄异色。雄鸟夏羽额至腰黑色，头侧、颏、喉为黑色；背、肩部杂以棕色羽缘，腰白色；翼黑褐色，具有白色斑，尾上覆羽白色沾棕色，尾羽黑色；胸栗红色，腹和尾下覆羽棕白色。雌鸟头至背黄褐色，具有黑色纵纹，眉纹白色；耳羽暗褐色，颈侧、颏、喉等淡棕色；胸、胁和腰橙黄色，其余部分与雄鸟相似。

栖息于低山丘陵和山脚平原地带的开阔林缘、林间沼泽、灌丛、小灌木枝上。食物主要为昆虫，也吃蜘蛛和少量杂草种子。5 月中旬开始繁殖，营巢于灌丛地面、林间草甸中；每年繁殖1窝，窝卵数4~9枚，卵青色杂棕褐色斑点；孵化期约 12 天，育雏期 12~13 天。在东北地区为夏候鸟。

图 5-183 东亚石䳭

（唐景文摄影）

太平鸟（*Bombycilla garrulus*）（图 5-184）

体型略大（18 厘米）的太平鸟。虹膜褐色，嘴褐色，脚褐色。与小太平鸟易区别，不同处在于其尾尖端为黄色而非绯红。额、头顶前部和头两侧紫红色，头顶后部为褐色羽冠。嘴至头后羽冠下为黑色贯眼纹，尾下覆羽栗色，初级飞羽羽端外侧黄色排列形成翼上的黄色带，三级飞羽羽端及外侧覆羽羽端白色排列形成白色横纹。成鸟次级飞羽的羽端具蜡样红色点斑。

多见于天然次生林、针阔混交林内，群栖性，喜食浆果类。在东北各地为冬候鸟。

小太平鸟（*Bombycilla japonica*）（图 5-185）

体型略小（16 厘米）的太平鸟。虹膜褐色，嘴近黑，脚褐色。尾端绯红色显著。与太平鸟的区别在于其黑色的过眼纹绕过冠羽延伸至头后，臀绯红。次级飞羽端部无蜡样附着，但羽尖绯红。缺少黄色翼带。

栖于低山丘陵和平原地带，结群在果树及灌丛间活动。在辽宁为旅鸟，在东北地区其余部分为冬候鸟。

图 5-184　太平鸟

（自 John Mackinnon 等）

图 5-185　小太平鸟

（自 John Mackinnon 等）

领岩鹨（*Prunella collaris*）（图 5-186）

体大（17 厘米）的褐色具纵纹的岩鹨。虹膜深褐色；嘴近黑色；脚红褐色。黑色大覆羽羽端的白色形成对比的两道点状翼斑。头及下体中央部位灰褐色，两胁浓栗而具纵纹，尾下覆羽黑而羽缘白色，喉白而具由黑点形成的横斑。初级飞羽褐色，与棕色羽缘成对比的翼缘。尾深褐而端白。亚成鸟下体褐灰色，具黑色纵纹。鸣声清晰悦耳并具颤音及一些刺耳音。

栖息于高海拔多岩石的林地和灌丛，营巢于石缝或灌丛下，一般单独或成对活动，极少成群。常坐立突出岩石上。飞行快速流畅，波状起伏后扎入灌丛中。甚不惧人。在辽宁为冬候鸟，在东北地区其余部分为夏候鸟。

棕眉山岩鹨（*Prunella montanella*）（图 5-187）

体型略小（15 厘米）的褐色斑驳的岩鹨。虹膜黄色，嘴黑色，脚暗黄。头部图纹醒目，头顶及头侧近黑，余部赭黄。眉纹宽，棕黄色。耳羽栗褐色，颏、喉和胸棕色，两胁栗色，后颈、背和肩棕褐色，具栗色纵纹，腰和尾上覆羽灰褐色沾棕。

迁徙时见于林缘、矮林、人工林及农田，常藏隐于森林及灌丛的林下植被。越冬喜有岩石及灌丛的山地，春季食昆虫，冬季吃草籽。在辽宁为冬候鸟，在东北地区其余部分为旅鸟。

图 5-186　领岩鹨

（自 John Mackinnon 等）

图 5-187　棕眉山岩鹨

（自 John Mackinnon 等）

山鹡鸰（*Dendronanthus indicus*）（图 5-188）

中等体型（17 厘米），主要羽色为褐色及黑白色。头部和上体橄榄褐色，眉纹淡黄白色，从嘴基直达耳羽上方；贯眼纹暗褐色。中覆羽和大覆羽黑色，先端白色。飞羽黑褐色，除第一枚飞羽外，其余基部白色，端部外翈缀以黄白色；两翼黑褐色，具两条明显的黄白色横斑。下体白色，胸部具有两道黑色横斑纹，下面的横斑纹有时不连续。尾上覆羽黑色。

停栖时，尾轻轻往两侧摆动，不似其他鹡鸰尾上下摆动。飞行时为典型鹡鸰类的波浪式飞行。甚驯服，受惊时作波状低飞仅至前方几米处停下。在林间捕食，主要以昆虫为食，常见的有鞘翅目、鳞翅目、双翅目、膜翅目的昆虫。此外也吃蜗牛、蛞蝓等小型无脊椎动物。在东北各地为夏候鸟。

白鹡鸰（*Motacilla alba ocularis*）（图 5-189）

中等体型（20 厘米），虹膜褐色，嘴及脚黑色。体呈黑、白色。雌雄鸟羽色相似。雄鸟通体黑白相间。上体枕至尾部黑色，额、头顶、头颈侧和喉白色，胸部有一半圆形黑斑，下体白，两翼及尾黑白相间；雌鸟背部色淡而发灰，胸部黑斑略小。冬羽头后、颈背及胸具黑色斑纹但不如繁殖期显著。亚成鸟灰色取代成鸟的黑色。叫声：清晰而生硬的似 ji-ling 声。

栖于近水的开阔地带、稻田、溪流边、农田及道路上。不胆怯，呈波浪形飞行，边飞边鸣。善奔走，停落时尾上下摆动。巢在草地、灌木丛、石缝和居民房屋的瓦下。*baicalensis* 亚种在东北各地为夏候鸟；本亚种在辽宁为旅鸟，在东北地区其余部分为夏候鸟。

图 5-188　山鹡鸰

（自 John Mackinnon 等）

图 5-189　白鹡鸰

（自 John Mackinnon 等）

灰鹡鸰（*Motacilla cinrea*）（图 5-190）

中等体型（19 厘米）。虹膜褐色；嘴黑褐色；脚粉灰色。腰黄绿色，下体黄色。上背灰色，飞行时白色翼斑和黄色的腰显现，且尾较长。

栖息于山区离水域较近的地带，也见于居民点附近，常光顾多岩溪流并在潮湿砾石或沙地觅食。营巢于土坎下、石缝中、草地、倒木和柴垛中。在东北各地为夏候鸟。

黄鹡鸰（*Motacilla tschutschensis*）（图 5-191）

中等体型（15~19 厘米）。嘴、脚黑色，虹膜褐色。额、头顶、头侧、枕和后颈为蓝灰色，细长的眉纹黄白色，眼下略缀黄白色；上体灰褐绿色，腰泛黄色；翼黑褐色，翼上覆羽和内侧飞羽的白端在翼上形成黄白色横斑；尾较为窄长，为黑褐色，外侧两对尾羽几乎全白色；下体鲜黄色，有的颜部白色，两胁泛有灰绿色。飞行时翅膀在鼓翼间隙频频收拢，呈波浪式前进，常边飞边发出“唧、唧”的叫声。

图 5-190　灰鹡鸰

（自 John Mackinnon 等）

图 5-191　黄鹡鸰

（自 John Mackinnon 等）

喜栖于河边或水中的石头上，尾部不停上下摆动，或沿水边来回行走，黄鹡鸰主要以昆虫为食。黄鹡鸰繁殖期为每年 5 月至 7 月，窝卵数通常 5 枚，孵化期 14 天，雌雄亲鸟共同营巢和育雏。多个亚种在东北为旅鸟或夏候鸟。

红喉鹨（*Anthus cervinus*）（图 5-192）

中等体型（13~17 厘米）。上嘴和下嘴先端黑褐色，下嘴基部角黄色，脚暗肉色，虹膜褐色，雄鸟颜色较深。头、喉、颈和胸部红褐色，头顶至后颈具有细黑纵纹；眉纹深棕色，耳羽深红褐色，背灰褐色，具有黄白和暗绿色羽缘；胸、上腹和两胁具有黑褐色纵纹，腹部沙黄色，尾羽褐色，最外侧尾羽白色，非繁殖期仅耳羽红褐色。尾常做有规律的上下摆动，腿细长，后趾具长爪，适于在地面行走。多成对活动，受惊动即飞向树枝或岩石上。

栖息于林缘、灌丛、农田、水边等较开阔地带。以昆虫、植物果实和杂草种子为食。繁殖期6月至7月，通常产卵4~6枚。雌雄轮流孵卵育雏，孵化期10天。在东北各地这旅鸟。

田鹨（*Anthus richardi*）（图5-193）

体大（18厘米）而站姿高的鹨。虹膜褐色；嘴黑褐色，下嘴基部肉色；脚肉黄色。雌雄羽色相似。额、头顶和后颈暗褐色，上体余部黄褐色而具黑色纵纹，眉纹黄白色，颊与耳羽褐色。喉黄白色，胸沙黄色具褐色纵纹，两胁黄褐色，下体余部白色。

主要栖息于平原和林木较少的丘陵地区的沼泽地和草地。地面营巢。呈波浪形飞行，善奔走。在东北各地为夏候鸟。

图5-192　红喉鹨

（自 John Mackinnon 等）

图5-193　田鹨

（自 John Mackinnon 等）

树鹨（*Anthus hodgsoni*）（图5-194）

中等体型（15厘米）的橄榄色鹨。虹膜红褐色；上嘴黑色，下嘴肉黄色；脚肉黄色。头顶有细而密的黑色羽干纹，具粗显的白色眉纹，耳羽褐色，后部有一白色斑。喉及两胁皮黄色，胸及两胁黑色纵纹浓密。后趾的爪甚弯曲，与其他鹨相区别。

比其他的鹨更喜有林的栖息生境，受惊扰时降落于树上。营巢于地面草丛中。在辽宁为旅鸟，在东北地区其余部分为夏候鸟。

水鹨（*Anthus spinoletta*）（图 5-195）

体长约 17 厘米。嘴暗褐色，脚暗肉色，虹膜褐色。体羽偏灰色而具纵纹。上体橄榄绿色具褐色纵纹，尤以头部较明显。眉纹棕白色，耳羽灰褐色，耳后有一白斑。两翼黑褐色，中覆羽和大覆羽先端、三级飞羽外翈羽缘淡灰白色。下体灰白色，胸具黑褐色纵纹。尾黑色，最外侧一对尾羽外翈白色，先端灰色。野外停栖时，尾常上下摆动。腿细长，后趾具长爪，适于在地面行走。

栖息于平原及丘陵地带的河流、沼泽、溪流附近的草地与农田等处，主要以昆虫和其他小型无脊椎动物、植物种子等为食。每窝产卵 4~5 枚，卵灰绿色，被有黑褐色斑点。孵卵主要由雌鸟承担，孵化期 14 天。见于吉林、辽宁和内蒙古，旅鸟。

图 5-194　树鹨

（自 John Mackinnon 等）

图 5-195　水鹨

（王拓摄影）

[树]麻雀（*Passer montanus*）（图 5-196）

体型略小（14 厘米）。虹膜深褐色；嘴黑色，嘴基黄色；脚粉褐色。顶冠及颈背褐色，两性同色。成鸟上体近褐色，下体皮黄灰色，颈背具完整的灰白色领环。脸颊具明显黑色斑点且喉部黑色较少。

栖于有稀疏树木的地区、村庄及农田并为害农作物。多营巢于房脊两端及瓦片下，东北各地皆有分布，留鸟。

金翅[雀]（*Carduelis sinica*）（图 5-197）

体小（13 厘米）。具宽阔的黄色翼斑。成体雄鸟顶冠及颈背灰色，背纯褐色，翼斑、外侧尾羽基部及臀黄色。雌鸟色暗，幼鸟色淡且多纵纹。虹膜深褐色；嘴偏粉色；脚粉褐色。飞行叫声似铃声。

栖于灌丛、旷野、人工林、林园及林缘地带，树上营巢。东北各地皆有分布，留鸟。

图 5-196　[树]麻雀

（自 John Mackinnon 等）

图 5-197　金翅[雀]

（自 John Mackinnon 等）

黄雀（*Carduelis spinus*）（图 5-198）

体型甚小（11.5 厘米）。虹膜深褐色，嘴偏粉色，脚近黑色。特征为嘴短，翼上具醒目的黑色及黄色条纹。成体雄鸟的顶冠及颏黑色，头侧、腰及尾基部亮黄色。雌鸟色暗而多纵纹，顶冠和颏无黑色。幼鸟似雌鸟但褐色较重，翼斑多橘黄色。鸣声为丁当作响的金属音啾叫、颤音及喘息声的混合。

多栖息于针叶林，活动于疏林和灌丛，冬季结大群作波状飞行。多营巢于松树侧枝上或林下小树上，在辽宁为旅鸟，在吉林和黑龙江为夏候鸟。在吉林和黑龙江的部分黄雀为留鸟。

白腰朱顶雀（*Carduelis flammea*）（图 5-199）

体小（14 厘米）。头顶有红色点斑。雄鸟背部灰褐满布浅黑纵纹，翼上两条白横斑，腰灰白沾红并有黑褐色纵纹，颏具黑斑，嘴基两侧和胸红色，下体余部白，两侧具纵纹。雌鸟似雄鸟，但胸无粉红。虹膜深褐色；嘴黄色；脚黑色。

多在林缘活动，冬季食植物种子。结群而栖，多在地面取食，受惊时飞至高树顶部。营巢于乔木上或灌丛中，在辽宁和吉林为冬候鸟，在东北地区其余部分为留鸟。

图 5-198 黄雀

（自 John Mackinnon 等）

图 5-199 白腰朱顶雀

（自 John Mackinnon 等）

普通朱雀（*Carpodacus erythrinus*）（图 5-200）

体型略小（15 厘米）。虹膜深褐色，嘴灰色，脚近黑色。上体灰褐色，腹白。繁殖期雄鸟头、胸、腰及翼斑多具鲜亮红色，下体淡粉红色。雌鸟无粉红色，上体清灰褐色，下体近白色。幼鸟似雌鸟但褐色较重且有纵纹。雄鸟与其他朱雀的区别在于红色鲜亮。无眉纹，腹白，脸颊及耳羽色深而有别于多数相似种类。雌鸟色暗淡。

图 5-200 普通朱雀

（自 John Mackinnon 等）

栖于亚高山林带，但多在林间空地、灌丛及溪流旁。单独、成对或结小群活动。飞行呈波状。不如其他朱雀隐秘。在黑龙江为夏候鸟，在东北地区其余部分为旅鸟。

北朱雀（*Carpodacus roseus*）（图 5-201）

中等大小（16 厘米）而体型矮胖的朱雀。虹膜褐色，嘴近灰色，脚褐色。雄鸟头、下背及下体绯红；头顶色浅，额及颏霜白；无对比性眉纹；上体及覆羽深褐色，边缘粉白色；胸绯红色，腹部粉色，具两道浅色翼斑。雌鸟色暗，上体具褐色纵纹，额及腰粉色，下体皮黄色而具纵纹，胸沾粉色，臀白。一般不发声；发声为短促的低哨音和轻柔抑扬顿挫的鸣声。

栖于针叶林，但在雪松林及有灌丛覆盖的山坡越冬。为东北地区冬候鸟。

长尾雀（*Carpodacus sibiricus ussuriensis*）（图 5-202）

嘴淡褐色，圆锥状，脚黑褐色，虹膜褐色。雌雄异色。雄鸟前额、眼先至眼后暗玫瑰红色，头顶、头侧、喉、上胸银白色杂淡粉红色；翼、尾黑褐色，翼上具有两道白色横斑；肩、背灰褐色，上背沾红色；腰、尾上覆羽玫瑰红色，飞羽羽缘白色；下胸以下玫瑰红色，腹部中央白色；尾长，外侧尾羽具有楔形白色斑。雌鸟体羽灰褐色，无银白色。

图 5-201　北朱雀

（自 John Mackinnon 等）

图 5-202　长尾雀

（自 John Mackinnon 等）

栖息于林缘及灌丛中。食植物种子及昆虫等。每年 6 月至 7 月繁殖，营巢于灌木或乔木的树杈上。窝卵数 3~5 枚，卵深天蓝色，杂少量黑色斑。孵化期 13~14 天，育雏期 11~12 天。东北各地有分布，本亚种分布在东北地区南部，另亚种 *sibiricus* 分布在东北地区北部，为夏候鸟（吉林文献记为留鸟）。

红交嘴雀（*Loxia curvirostra*）（图 5-203）

中等体型（16.5 厘米）的雀。虹膜深褐色，嘴近黑色，脚近黑色。与除白翅交嘴雀外的所有其他雀类的区别为上下嘴相侧交。繁殖期雄鸟的砖红色随亚种而有异，从橘黄至玫红及猩红，但一般比任何朱雀的红色多些黄色调。红色一般多杂斑，嘴较松雀的钩嘴更弯曲。雌鸟似雄鸟但为暗橄榄绿而非红色。幼鸟似雌鸟而具纵纹。雄雌两性的成鸟、幼鸟与白翅交嘴雀的区别在于它们均无明显的白色翼斑，且三级飞羽无白色羽端。极个别红交嘴雀翼上略显白色翼斑，但绝不如白翅交嘴雀醒目而完整，头形也不如其拱出。

冬季游荡且部分鸟结群迁徙。波浪形迅速飞行。倒悬进食，用嘴嗑开松子。在东北地区为留鸟或旅鸟。

黑尾蜡嘴雀（*Eophona migratoria*）（图 5-204）

体型略大（17 厘米）而墩实的雀鸟。虹膜褐色，黄色的嘴硕大而端黑，脚粉褐色。雄鸟头顶、颊及嘴基至颈侧、颏、喉亮黑色，后颈、背和肩部灰褐色，翅、尾灰黑色；飞羽和初级覆羽先端白色，胸、腹淡灰褐色，两胁橙黄色。雌鸟头部灰褐色，翼羽白色端较狭，尾羽大都灰褐色，眼先黑色。体灰，两翼近黑色。与黑头蜡嘴雀的区别在于嘴端黑色，初级飞羽、三级飞羽及初级覆羽羽端白色，臀黄褐色。

栖息于平原和低山林地。食物为植物芽、种子、果实和昆虫等。每年 5 月至 6 月繁殖，利用林地及果园，营巢于树上，从不见于密林。窝卵数 4~5 枚，卵浅蓝绿色，具有暗褐色斑纹。孵化期 11~13 天，育雏期 15~17 天。在东北地区为夏候鸟。

图 5-203　红交嘴雀

（自 John Mackinnon 等）

图 5-204　黑尾蜡嘴雀

（自 John Mackinnon 等）

白翅交嘴雀（*Loxia leucoptera*）（图 5-205）

中等体型（15 厘米）。虹膜深褐色，嘴近黑色，上下嘴交叉，脚近黑色。与红交嘴雀相似，雌雄异色。雄鸟体羽除翼和尾黑色外，余部基本为朱红色；翼上具有两道白色横斑，耳羽暗褐色，贯眼纹细而黑色，下腹白色。雌鸟体羽暗绿色，纵纹较多。

栖息于针叶林或针阔混交林带的针叶林中。食物主要为松树种子，如云杉、落叶松。在俄罗斯境内繁殖，在黑龙江漠河县有少量繁殖。每年3月至4月开始繁殖，每年可能繁殖2窝，窝卵数3~4枚。卵绿白色，杂暗紫色斑点。在东北地区为夏候鸟。

松雀（*Pinicola enucleator*）（图 5-206）

体长18~22厘米。虹膜深褐色，嘴黑灰色，上嘴端下弯，下嘴基粉红，脚深褐色。雄鸟头和颈淡玫瑰色，具别致的脸部灰色图纹，背羽暗灰色，各羽具有淡色羽轴斑并缀以红色羽缘；翼和尾黑褐色，翼上具有两道白色斑；胸和两胁淡玫瑰红色。雌鸟体羽大都呈鼠灰色，微沾橄榄黄色，腰沾橙黄色；头、颈、上背具有橄榄色羽端并具有橙黄色羽缘，头部似雄鸟但用橄榄绿色取代淡玫瑰色。

多栖息于针阔混交林中，秋冬季节多集群活动。以松、云杉、落叶松种子、树木冬芽及谷物等为食。每年5月至6月繁殖；多营巢于松、柏或林下灌丛；窝卵数2~5枚；卵灰绿色，杂紫褐色、黑紫斑点；孵化期13~14天。分布于黑龙江东部和南部、吉林和辽宁，为冬候鸟。

图 5-205 白翅交嘴雀
（自 John Mackinnon 等）

图 5-206 松雀
（自 John Mackinnon 等）

灰腹灰雀（*Pyrrhula pyrrhula griseiventris*）（图 5-207）

嘴短，具黑色，上嘴端下弯。雌雄异色。雄鸟额、头顶、眼周具有光泽的黑色，背青灰色稍沾红色；下腰白色，翼、尾羽黑色，翼斑灰色；颊、耳羽和喉暗红色，胸和腹灰色稍沾红色；尾上覆羽和尾下覆羽白色。雌鸟黑色部分同雄鸟，仅后颈灰色；对应雄鸟红色和灰色部分为灰褐色。本亚种又称红腹灰雀。亚种 *pyrrhula* 胸腹鲜红色。

栖息于针阔混交林带，冬季见于丘陵和平原以及常出没于松树、杉树和落叶松等针叶林和针阔混交林中。以落叶松等的种子、树芽、浆果等为食，也捕食昆虫。繁殖期为每年 4 月至 7 月。每窝产卵 3~4 枚，卵呈淡蓝色，具红褐色或紫褐色点斑，并有紫粉色和淡灰色斑痕。在东北地区为冬候鸟。

锡嘴雀（*Coccothraustes coccothraustes*）（图 5-208）

体大（17 厘米）而胖墩的偏褐色雀鸟。夏季嘴铅黑色，冬季肉色；脚肉色，爪黄褐色；虹膜淡黄色。雌雄异色。雄鸟眼先、嘴基、颏和喉中央黑色，额和头顶浅褐色，后头至颈淡棕黄色；颈具有一灰色宽带，背和肩茶褐色，两翅黑色，具有蓝紫色金属光泽；腰淡皮黄色，尾端白色，胸、腹黄褐色。雌鸟头部黄褐色。幼鸟额和头顶较暗，翅膀也稍暗。

栖息于平原或山地林区的针叶林或针阔混交林。成对或结小群栖于林地、花园及果园，高可至海拔 3000 米，通常惧生而安静。食物以植物种子和昆虫为主。营巢于阔叶树上，每年繁殖 1 窝，窝卵数 3~7 枚；卵灰绿色，杂淡紫色和褐色斑纹；孵化期 11~14 天，育雏期 11~14 天。在东北地区为留鸟。

图 5-207　灰腹灰雀

（自 John Mackinnon 等）

图 5-208　锡嘴雀

（自 John Mackinnon 等）

黄喉鹀（*Emberiza elegans*）（图 5-209）

中等体型（15 厘米）的鹀。虹膜深栗褐色，嘴近黑色，脚浅灰褐色。腹白，头部图纹为清楚的黑色及黄色，具短羽冠。雌鸟似雄鸟但色暗，褐色取代黑色，皮黄色取代黄色。

栖于丘陵及山脊的干燥落叶林及针阔混交林。在多荫林地、森林及次生灌丛越冬。在东北地区为夏候鸟。

三道眉草鹀（*Emberiza cioides*）（图 5-210）

体型略大（16 厘米）。虹膜深褐色，嘴双色，上嘴色深，下嘴蓝灰而嘴端色深，脚粉褐色。雄鸟头顶、枕和后颈栗红色，眉纹和颊灰白色，头侧和颧纹黑色，颏、喉、颈侧和上胸近白色，背栗红色具黑色纵纹，胸和腹侧棕红色，腹中央淡棕色。雌鸟色较淡，头顶具纵纹，眉纹及喉皮黄色，胸深皮黄色。雄雌两性均似栗斑腹鹀，但三道眉草鹀的喉与胸对比强烈，耳羽褐色而非灰色，白色翼纹不醒目，上背纵纹较少，腹部无栗色斑块。

栖居于高山丘陵的开阔灌丛及林缘地带，冬季下至较低的平原地区。营巢于地面或小树上，在东北各地为留鸟。

图 5-209　黄喉鹀

（自 John Mackinnon 等）

图 5-210　三道眉草鹀

（自 John Mackinnon 等）

灰头鹀（*Emberiza spodocephala*）（图 5-211）

体小（14 厘米）的黑色及黄色鹀。虹膜深栗褐，上嘴近黑并具浅色边缘，下嘴偏粉色且嘴端深色，脚粉褐色。上体余部浓栗色而具明显的黑色纵纹；下体浅黄或近白；肩部具一白斑，尾色深而带白色边缘。雌鸟及冬季雄鸟头橄榄色，贯眼纹及耳羽下的月牙形斑纹黄色。

在森林、林地及灌丛的地面取食。不断地弹尾以显露外侧尾羽的白色羽缘。在芦苇地、灌丛及林缘越冬。在东北地区为夏候鸟。

栗斑腹鹀（*Emberiza jankowskii*）（图 5-212）

体型略大（16 厘米）。虹膜深褐色，嘴双色，上嘴色深，下嘴蓝灰且嘴端色深，脚橙而偏粉。具白色的眉纹和深褐色的下髭纹。似三道眉草鹀但耳羽灰色，上背多纵纹，翼斑白色；下体、喉及胸不成对比，腹中央具特征性深栗色斑块；当腹部斑块不明显时，与三道眉草鹀相比胸偏白。雌鸟似雄鸟但色较淡，也似三道眉草鹀，但区别为耳羽灰色较重，上背多纵纹，翼斑白，胸中央浅灰色。

由于不清楚的原因，其数量及分布范围有所缩减，现已列为全球性易危物种。栖于低缓山丘及峡谷的灌丛和草地，尤其是常绿沙丘及沙地矮林。在黑龙江南部、内蒙古东南部和吉林为夏候鸟，在辽宁为夏候鸟或冬候鸟。

图 5-211 灰头鹀

（自常家传等）

图 5-212 栗斑腹鹀

（自 John Mackinnon 等）

小鹀（*Emberiza pusilla*）（图 5-213）

体小（13 厘米）。虹膜深红褐色，嘴灰色，脚红褐色。头具条纹，雄雌同色。繁殖期成鸟体小而头具黑色和栗色条纹，眼圈色浅。冬季雄雌两性耳羽及顶冠纹暗栗色，颊纹及耳羽边缘灰黑，眉纹及第二道下颊纹暗皮黄褐色。上体褐色而带深色纵纹，下体偏白，胸及两胁有黑色纵纹。

常与鹨类混群。藏隐于浓密灌丛中和芦苇地。在东北地区为旅鸟。

黄眉鹀（*Emberiza chrysophrys*）（图 5-214）

体型略小（15 厘米）。虹膜深褐色；上嘴黑褐色，下嘴基部肉色，嘴峰及下嘴端灰色；脚粉红色。头具条纹，头顶中央冠纹白色，额、侧冠纹、头侧黑色；似白眉鹀但眉纹前半部黄色，喉白色具有黑色细织纹，下体更白而多纵纹，翼具有两道细白色斑，前胸和体侧褐色且具有黑色纵纹。腰更显斑驳且尾色较重，背棕褐色具有黑褐色纵纹，腰和尾上覆羽栗褐色。黑色下颊纹比白眉鹀明显，分散并融入胸部纵纹中。与冬季灰头鹀的区别是腰棕色，头部多条纹且反差明显。雌鸟头顶栗褐色，颏白色。

栖息于低山丘陵的疏林、林缘、灌丛、草地和农田等处，以杂草种子、谷物和昆虫为食。繁殖于西伯利亚，每年 6 月至 7 月繁殖，窝卵数 4 枚。卵灰白色，有铅灰色和黑褐色斑点。在东北地区为旅鸟。

图 5-213　小鹀

（自 John Mackinnon 等）

图 5-214　黄眉鹀

（自 John Mackinnon 等）

铁爪鹀（*Calarius lapponicus*）（图 5-215）

中等体型（16 厘米）。虹膜栗褐色；嘴黄色，嘴端深色；脚深褐色。头大而尾短，后趾及爪甚长。繁殖期雄鸟脸及胸黑色，颈背棕色，头侧具白色的“之”字形图纹；雌鸟特色不显著，但颈背及大覆羽边缘棕色，侧冠纹略黑，眉线及耳羽中心部位色浅。非繁殖期成鸟及幼鸟顶冠具细纹，眉线皮黄色，大覆羽、次级飞羽及三级飞羽的羽缘为亮棕色。在东北地区为旅鸟。

群栖，常与云雀混群。于地面奔跑、行走或跳动，停栖于地面或砾石。习性似百灵。

芦鹀（*Emberiza schoeniclus*）（图 5-216）

小型鸣禽（15~17 厘米）。虹膜暗褐色，嘴、脚黑褐色。雌雄异色。雄鸟夏羽头、颊、颏和喉黑色，颚纹白色并与颈部的白色环相连，背部棕红色具有粗的黑色纵纹；两翼小覆羽和中覆羽栗色，基部黑色；大覆羽和三级飞羽黑色，具有栗色羽缘，外侧两对尾羽具有楔形白色斑，其余尾羽黑色，下体灰白色。冬羽头部黑色而羽端灰黄色,眉纹土黄色,胸和腹两侧具有褐色纵纹。雌鸟近似雄鸟冬羽,喉灰褐色，头部的黑色多褪去，头顶及耳羽具杂斑，眉线皮黄色。

栖息于丘陵、芦苇地及具有灌丛的沼泽地等处。以杂草种子、谷物及昆虫为食。每年 5 月至 7 月繁殖，营巢于地面、沼泽草丛或水柳上。每年繁殖 1~2 窝，窝卵数 4~6 枚，卵橄榄褐色，缀有少许褐色至黑褐色斑。孵化期 13~14 天，育雏期 12~14 天。在东北地区为夏候鸟。

图 5-215　铁爪鹀

（自 John Mackinnon 等）

图 5-216　芦鹀

（自 John Mackinnon 等）

田鹀（*Emberiza rustica*）（图 5-217）

体型略小（15 厘米）。虹膜暗褐色，上嘴黑褐色，下嘴肉色，脚肉色。雄鸟头顶羽毛可竖起形成羽冠，夏羽头顶、后颈和头侧黑色，眉纹白色。背至尾上覆羽栗红色，背部具有黑色纵纹。翼具有两道白色翼斑，颏和喉近白色，两侧各有一行黑褐色点斑。胸部具有栗色横带，下体中央白色，两侧栗色。冬羽头部棕褐色，腹部具有纵纹。雌鸟与雄鸟冬羽相似。

栖息于低山地带的草地、农田、灌丛及林缘。食物主要为杂草种子和谷物，也吃昆虫。繁殖于西伯利亚，每年5月至7月繁殖，营巢于枯草丛和低矮灌丛间，每年繁殖1窝，窝卵数4~5枚。卵灰色或灰褐色，杂暗色斑点。孵化期12~13天，育雏期约14天。在东北地区为旅鸟。

图 5-217　田鹀

（王拓 摄影）

5.3　哺　乳　纲

5.3.1　兔形目（Lagomorpha）

东北兔（*Lepus mandschuricus*）（图 5-218）

头部和身体背面棕黑色，由黑色长毛与浅棕色毛相间而成。但颈部黑毛较少，形成一纯棕黄色区域。耳短、向前折不达到鼻端。耳前部棕黑色，后部棕黄色，边缘白色，尖端棕黑色，腹部白色，具灰色毛基，颈部下面具一棕黄色的横带。体重1.40~3.70千克；体长31.60~50.00厘米；尾长4.50~8.20厘米。

平时居无定所，仅在怀孕及产仔时方有固定巢穴。白天多隐匿，夜间出来活动。在林区生活者多以灌木丛、杂草、倒木下、树根下等为临时栖息处。在平原地区生活者，则以低洼地、杂草灌木丛等为临时隐匿所。善于奔跑、跳跃，有较固定的行走路线。以树皮、嫩枝、各类草本植物为食。

图 5-218 东北兔

（自赵正阶）

5.3.2 啮齿目（Rodentia）

松鼠（*Sciurus vulgaris*）（图 5-219）

树栖啮齿动物，躯体细长，体长 18~26 厘米。尾长而大，毛蓬松而略扁平。耳壳大，着生一簇长毛，背部和四肢为褐灰色，腹部皆为白色。尾背和腹面黑褐色，毛基灰色。夏毛颜色变深，趋于黑色或黑褐色。乳头四对。

栖息于亚寒带针叶林和温带针阔混交林内。除利用天然树洞筑巢外，亦利用小树枝筑巢。多栖于云杉、冷杉的密枝及靠近树干的枝。巢呈圆形，内垫物多为苔藓、羽毛、干树叶等。亦可利用旧鸟巢，再做修补而成。

花鼠（*Eutamias sibiricus*）（图 5-220）

小型半树栖的啮齿动物。身长 14 厘米左右，尾长约与体等长，耳壳显著。雌兽乳头四对。毛色全身灰棕褐色，背部有五条近白色短纹，中间的一条最长，自头顶一直延伸到尾的基部。颈肩灰色。腹部自下颌至前胸白色，腹至鼠蹊部毛根灰色，毛端染浅黄色。颊面有条纹，沿鼻向眼眶上缘为白色，眼眶后角至耳基为黑褐色，眼眶下缘至耳基白色。

营白昼生活方式，善攀登树木和在草丛中奔跑，多活动于林缘有倒木和乱石堆的地方。常在树根下掘洞栖息，也在树洞中栖息和营巢。

图 5-219　松鼠
（唐景文摄影）

图 5-220　花鼠
（唐景文摄影）

大仓鼠（*Cricetulus triton*）（图 5-221）

体长大于 14 厘米，外形似褐家鼠，但尾较短，尾长不超过体长的 1/2。耳短、圆形，有极短的白边。成体背部深灰色，中央无暗褐色条纹，大部分毛均为沙黄色，少部分毛的毛尖黑褐色，毛基灰黑色，腹面及前后肢的两侧均为白色，或带土黄色。胸部稍带黄色。尾毛颜色较深，为褐黑色，尾尖白色。足掌裸露。

图 5-221　大仓鼠
（仿百度百科）

广泛栖息于农田、荒地、荒山、林缘、河谷等地，尤以荒地及田埂地带数量最多，夜间活动。主要以植物种子为食，并兼食少量昆虫、鸟卵和两栖类动物。

黑线姬鼠（*Apodemus agrarius*）（图 5-222）

黑线姬鼠为小型野鼠，体长 6.5~11.7 厘米。尾长与头躯部长相等或稍短，尾毛不发达，鳞片裸露，尾环比较明显。耳短，向前拉一般不到眼部。前足中央的两个掌垫较小，后足蹠部较短。乳头在胸腹各有 2 对。背毛一般为棕褐色，亦有红棕色的。体后部颜色比前部更为鲜艳。背部中央有一黑色条纹，从两耳之间一直延伸至尾基。少数地区的个体黑纹不明显或无条纹。背毛基部一般为深灰色，上段为黄棕色，有些带黑尖。腹部和四肢内侧灰白色，其毛基为深灰色，体侧近于棕黄，其颜色由背面向腹面逐渐变浅。

喜居于向阳、潮湿、近水的地方。在农业区多栖息于田埂、防风林堤坝、土丘、杂草及柴草垛中。喜筑巢于埂、堤上。以夜间活动为主，黄昏和清晨最为活跃。食性杂，以植物性食物为主，主要以种子、植物的绿色部分以及根茎等为食。

大林姬鼠（*Apodemus peninsulae*）（图 5-223）

体长 70~120 毫米。尾一般稍短于体长。体背黄褐色，腹面灰白色。尾上面为褐棕色，下面为白色。头骨具眶上脊。

喜栖于林地、草甸灌丛、农田等，在其中打洞作巢。喜食种子、果实等，亦食昆虫，很少吃植物的绿色部分。以夜间活动为主，白天也出入洞穴。

图 5-222　黑线姬鼠

（仿百度百科）

图 5-223　大林姬鼠

（自赵正阶）

5.3.3　食肉目（Carnivora）

赤狐（*Vulpes vulpes*）（图 5-224）

体长 40~79 厘米，尾长 40~45 厘米，体重 4.3~5.6 千克。颜面狭长，耳朵背面黑色；四肢较短，脚掌上有浓毛；尾长而粗，长度超过体长之半，尾尖端白色；背毛红棕色，背部中央有一块红褐色区域；颈、肩和体侧稍带黄色；四肢外侧棕黄色，内侧浅褐色；唇和下颌及前胸青灰色，腹部灰白色。头骨细而长，吻部窄长，自吻端到眼眶前缘的距离大于臼齿间宽，上犬齿细而长。

栖居于丘陵、山林、草原等不同地带。常居于土穴、岩缝、旧獾洞及树洞中。一般昼伏夜出，嗅觉、听觉发达，性狡猾，行动敏捷，可爬上倾斜树干。食性较杂，喜吃老鼠、野兔、鸟类、鱼类、蛙类及昆虫等，并兼吃些野果，也盗食家禽。

黄鼬（*Mustela sibirica*）（图 5-225）

鼬科动物中常见的种类。体形细长，四肢短小，尾长约等于体长之半，尾毛蓬松、头略圆，耳小而短宽。雄体较大，体长 34~40 厘米，尾长 18~21 厘米；雌性体长 28~34 厘米，尾长 16~17 厘米。身体背面棕黄色或淡黄色；腹面颜色较淡，鼻的上面及两眼间黑褐色，冬毛颜色较浅；夏毛黑褐色。头骨细长，上颌骨、鼻骨、额骨、顶骨、枕骨等皆愈合，吻部很短，顶面甚平，颧弓窄，人字脊较明显，颅部窄而长。上犬齿长而直，上臼齿横列，内叶大于外叶。毛色随地理环境和季节不同，毛色差别较明显。冬毛从淡棕黄色、棕色到暗色；夏毛色泽深，为程度不同的暗褐色，背脊部尤为明显。背毛较深，腹毛稍浅，四肢及尾同色。肛门腺发达。

图 5-224　赤狐

（唐景文摄影）

图 5-225　黄鼬

（自赵正阶）

主要栖息于平原（尤以河道纵横的水网地区为多）及沼泽地、丘陵、山区和高原等。平原的种群，不仅数量较林区多，且个体亦大。并完全适应在改变了自然条件的耕作地区或城市中生活，冬季从野外进入村庄，春天就在居民区内繁殖。只在繁育期筑巢定居，其他季节并无固定巢穴。栖于草下、乱石堆、墙洞等处。冬季在林区有相对固定的洞穴，或在干树洞或土洞、石洞以至冰窝内。广泛分布于东北各地。

紫貂（*Martes zibellina*）（图 5-226）

体躯细长，四肢短健如中型家猫。体色单一，毛色有灰褐、黄褐或黑褐色三型。喉胸部具形状不规则的色斑，鼻唇部中央具明显纵沟。冬季趾垫上具短密的丝状绒毛，下颌第四下前臼齿齿峰后的小附尖较显。成体体长在 40 厘米左右，头部呈三角形，吻鼻部圆钝，耳颇大且直立，尾长仅及体长的 1/3，尾毛蓬松，前后足均具五趾，趾行性。

图 5-226　紫貂

（王拓摄影）

适应于气候寒冷、针叶林丰盛的环境。行动敏捷灵巧，活动于原始密林里，筑巢于石缝、树洞及树根之下。它的听觉、视觉皆较敏锐，在高大林木上攀爬跳跃自如。多于地面及雪层下寻食，一般为定居生活，但常随食物的多寡、气候变化或其他原因而迁移。除交配期外，多营独居生活，且各自在一定范围内活动寻食。在东北地区，主要分布于大、小兴安岭和长白山林区。

青鼬（*Martes flavigula*）（图 5-227）

别名：密狗、黄喉貂

体形大小如小狐狸，体躯细长，四肢短小，毛色鲜亮，前胸部具明显的黄色、橙色喉斑，尾长不短于体长的 2/3，为貂属中最大的一种。体长一般在 50 厘米以上，头部为三角形，四肢强健有力，趾爪粗壮尖利，前后肢各具五趾，趾行性。前掌由两个前后排列的掌垫组成，后掌有四个分离的掌垫，尾圆柱形，一般长 30~40 厘米间。头部及颈背为亮黑或棕黑色，起于吻鼻部，经眼下、耳下而止于颈背。下颏白纹向后延伸至耳下，与紧靠的黄橙色喉斑明显分界，黄色喉斑向后延伸至前胸。除头顶体躯后部 1/4 处、尾部、四肢下部为黑色外，整个体躯毛色从颈背由黄褐色（或黄棕色）向灰褐色（或暗褐色）逐渐加深。个体毛色变化较大，有的黑色背纹较显，有的则绝无黑色背纹。

常栖居于大面积的山林中，但并不受林型的影响，适应性很强，对栖息地并无严格要求，因以食物及隐蔽为主要条件而多栖于森林里。性凶狠，可单独或数只集群捕猎较大的偶蹄类，行动快速敏捷，在跑动中间以大距离跳跃。一般喜于林边及小溪边并无一定路线的漫游，秋冬后略有集群。常于白天活动，但早晚活动甚频，行动小心隐蔽。为典型的食肉兽，昆虫、鱼类及小型鸟兽均属其捕食之列，喜食蜂蜜。东北各地林区都有分布。

图 5-227　青鼬

（王拓摄影）

水獭（*Lutra lutra*）（图 5-228）

裸露的鼻垫上缘呈“W”形。四肢趾（指）爪长而稍锐利，体毛长而有光泽，尾毛长且密。水獭是鼬科动物中营半水栖生活的种类，体长约 560~800 毫米，尾长约 300~400 毫米。躯体长，扁圆形。头部宽而稍扁，吻短，眼睛稍突而圆。耳朵小，外缘圆形，着生位置较低。四肢短，趾（指）间具蹼。下颏中央有数根短的硬须，鼻孔和耳道生有小圆瓣，潜水时能关闭，防水入侵。体毛较长而致密，通体背部均为咖啡色，有油亮光泽；腹面毛色较淡，呈灰褐色。

主要生活在河流和湖泊一带，尤其喜欢生活在两岸林木繁茂的溪河地带。大面积的沼泽地、低洼地以及池塘养鱼较多的山区也常有水獭活动。巢穴选在堤岸的岩缝中或树根下，自挖或利用狐、獾、野兔的旧巢，加以修补。洞穴一般有两个洞口：出入洞口一般在水面以下，直径约 50 厘米；另一个洞口伸出地面，为气洞，以利于空气流通。獭以鱼为主食，亦食青蛙、蛇、水禽以至各种小型哺乳动物（如鼠类），也兼食水中的甲壳类。东北各省均有分布。

图 5-228　水獭

（易国栋摄影）

5.3.4　偶蹄目（Artiodactyla）

狍子（*Capreolus pygargus*）（图 5-229）

狍是北方常见的一种中小型鹿类。体重一般 30 千克，体长 100 厘米左右。雄兽具角，但角较短小，亦分叉，但无眉叉。鼻端裸露无毛。颈长。肩与臀高不及 100 厘米。后肢略长于前肢。尾短，常隐于体毛内。蹄狭小，悬蹄短，不触地。冬毛厚密，灰棕色或灰黄色。颈和体背面暗棕色而稍带灰黄色，腹淡黄色，四肢外侧沙黄色，内侧较淡。臀部有白色块斑。夏毛短薄，体背面黄棕色，腹淡黄色，吻咖啡色，鼻尖黑色，面颊淡黄色。

多栖息于稀疏多草的针阔混交林和阔叶林中。在针叶林、大森林边缘的疏林、山区灌丛、河谷和平原上亦常见到。有时进到村庄附近，夏季在长白山高山苔原上亦常见到。多晨昏活动，往往三五成群；卧息时则各自间隔开来，但彼此相距不远。

图 5-229　狍子
（唐景文摄影）

6 科 研 训 练

6.1　意义和内容

在野外实习过程中，不仅要认识许多动物种类，掌握它们的分类学特征，而且还要注意动物生存环境的不同，分析动物对环境的适应性。在某一生态环境中，有哪些种类动物生存？它们数量分布如何？动物对其生存环境又会产生什么样的影响？这些问题的最终解决，属于生态学研究范畴。生态学研究在野外实习过程中占有重要位置，是野外实习的重要组成部分。生态学是研究生物及其生存环境之间相互关系的科学。按照生态学研究的生物层次不同，生态学分为个体生态学、种群生态学、群落生态学及生态系统生态学等。在每个层次上，根据研究的内容和深度不同，可分为生态学现象观察、生态学定量研究、生态学问题分析等。

每个生物层次上的一般生态学现象观察，简单而且直观，通过训练，初学者也会发现一些有意义的规律。动物个体的外部特征是对其生存环境长期适应的结果，如海星的次生辐射对称、鱼类的纺锤形体型等。寄居蟹与海葵的互利共生，群落的外貌及物种组成等生态学现象均可用生态学基本原理解释。

6.2　科学研究的步骤

野外实习中的生态学研究主要是指生态问题的定量研究和分析，需要设立专门课题，制定实施方案。一般要经过课题设计、实施原则、实施过程和研究报告的撰写几个步骤。研究实施过程即实施设计好的研究方案的过程。调查研究是否有意义在于课题的选择；调查研究结果是否正确则取决于研究实施过程；研究结果是否会得到别人的承认，研究报告的撰写则起着重要的作用。

6.2.1 研究题目设计

设计研究题目时，首先要有若干新设想。野外实习中的生态学研究也不例外，首先要进行研究设计。一个题目应当有明确的目的，不能涉及太多，包罗万象。生态学研究设计最困难的步骤就是选择一个既能顺利进行，又能完成预期目标的课题。一定要根据个人和实习小组的实际条件来设计题目。

6.2.2 研究实施原则

按照设计的题目，确定具体的调查内容。不同题目的研究内容不同，实施的技术路线也不相同，但所遵循的原则是一致的，即对照原则、重复原则、随机原则。

环境因子千差万别，时时刻刻都在发生变化。需要设置对照，以修正其他因子在调查过程中所带来的影响。对照实验与调查实验之间，除所研究的生态因子外，其余生态因子应尽量一致并注意选择正确的对照。

只经过一次实验就贸然得出结论，此结论是不可靠的。为了检验结果是否可靠，最理想的方法是设置重复实验以估计实验误差。实验误差是客观存在的，只能通过重复实验之间的差异来估计，发现和减少实验所产生的错误，提高实验的精确度。每次重复必须独立进行，即尽量保持相同的条件。实验结果必须是对实际情况的正确反映，不能带有实验者的主观性干扰。随机实验是消除研究者主观性干扰的有效方法，随机是指在调查地段中，任何一个生物个体都有同等的计数机会。

6.2.3 实施过程

即将设计好的研究方案给予实施的过程。研究实施过程一般由以下几个方面组成：①调查地点的选择；②研究方法的确定；③研究数据的搜集；④研究结果及其分析；⑤得出研究结论；⑥研究报告的撰写。

6.3 研究样地及方法

以森林鸟类研究为例，在实习地域划定若干块研究样地，对样地的植被特点、形状、面积等进行测量，并在研究样地中确定若干标准树，以标准树为中心，确定若干植被和物种研究单位。对研究样地内的物种进行种群和群落生态学研究，研究题目由指导教师设计，或由指导教师指导学生设计。研究课题设计要有连续性，以便得到多年的连续研究资料，形成较为深入的科研成果。测量时利用GPS测定样地的面积，并绘出样地的形状，记录海拔高度和地理坐标，并测定其植被组成。选择不同演替阶段的林地作为研究样地，研究样地以10~20公顷为宜，在研究样地内设置若干调查样方（50 m×50 m），每隔50 m确定一棵标准树并做好标记。

鸟类种类和数量调查在每日8:00—10:00点和16:00—18:00点进行，采用线路统计法：以1 km/h匀速行走，记录线路两侧见到和听到的鸟类种类和数量，并记录鸟类所处空间高度（垂直分层）。结合定点观察作为种类调查的补充，确定鸟类相对数量等级（视情况自行划分）。

生态观察主要包括鸟类的外形、运动姿态、行为特点和分布生境，并逐步掌握动物分类和野外识别方法。

6.4 野外实习中涉及的生态学研究领域

6.4.1 一个物种在不同生境条件下特性的比较

一个物种的特性可以从不同地理范围或生境，或同一地点的不同时间来加以比较。比较物种特性，应当结合观察环境条件，比较生境，最好是在可控制环境中进行，只有一个或少数几个因子的差别，这样便于把被观察物种的特性差别与功能联系起来。野外研究经常涉及的物种特性有形态特征、密度、行为模式、种群结构及扩散模式等。

（1）物种的形态特征：主要是指物种的形状、大小、结构、颜色等特征。对物种的形态特征进行量化，探讨物种的形态特征与环境条件、食性等因子的关联性。

（2）种群密度：种群密度可以用绝对密度表示，也可以用相对密度表示。可以根据不同的研究需要，选择适当的种群密度方法。不同物种的密度表示方法可以不同，视工作条件而定。

（3）种群的行为：行为模式主要包括季节或昼夜活动周期、觅食方式、栖息场所的选择、进攻形式及表现的频度等。在不同的生境中，动物的行为模式可以表现的不同，这些行为差异可以反映气候的差别、生境的差别、动物种群密度或天敌种群密度的差别。

（4）种群的空间分布格局：个体间的空间分布格局（随机的、成群的、均匀的）可以反映环境异质性或个体间正向、负向的相互关系等特性。

6.4.2 同一生境下不同种的特性比较

生活在同一生境中的不同物种之间的相互关系是复杂的，可以具有对双方或单方有利的相互关系，也可以是对双方或单方产生有害的相互关系，甚至是对双方影响均较小或可以忽略其影响的相互关系。具体地说，两物种之间可有互利共生、偏利共生、中性作用、偏害作用、捕食、寄生和竞争等关系形式。

（1）生态位的比较：生态位完全相同的两个物种不能在同一地区共存。若生活在同一地区，则必定出现生态位的分化。生态位的分化使物种占据不完全相同的场所，利用不同的资源，从而减少物种之间为资源而产生的竞争，也可以反映物种对物理环境条件的忍受能力。

（2）互利共生：互利共生是指对双方都有利的共生关系。自然界中很多生物依赖于互利共生。两种生物的互利共生，有些是兼性的，有些是专性的。专性的互利共生还可分为单方专性和双方专性。

（3）捕食：被食者之所以能够生存下来，不仅仅是自身对环境适应的结果，同时与捕食者也有密切关系。它们之间的共存是长期进化的结果。捕食者和被食者之间的关系是协同进化关系。

6.4.3 不同生境的群落或生态系统特性的比较

群落生态学的定量研究，特别是群落形成机制的研究，是现代生态学研究的主要内容之一。生态系统生态学是现代生态学研究的中心和主流，核心是研究生态系统的结构和功能。生态系统的结构能够反映某一时间生态系统的状态，包括多度、生物量、现存种的分布格局、营养物质和能量的数量与分配，以及表现为系统特征的生物、物理和化学条件。生态系统的功能能反映系统内部能量流动和物质循环状态。

（1）物种组成和数量分布：环境异质性、物理条件稳定性、初级生产量的稳定性和水平、地理隔离的程度、捕食者多度等因子均可影响群落的物种组成和数量分布。

（2）同资源种团：指群落中以同一方式利用共同资源的物种集团。在生物群落中，同资源种团的成员占有同一生态位，所以它们是等价种。同资源种团作为群落的亚结构单位，比只从营养级划分更为深入，是群落生态学研究中一个大有前途的研究方向。

（3）物种多样性：指地球上生物有机体的多样化，包含种的数目和种的均匀度两个方面的含义。物种多样性的测定方法很多，主要有香农 - 威纳多样性指数（Shannon-Weiner diversity index）和辛普森多样性指数（Simpson's diversity index）。

（4）不同营养级的个体数目和生物量：生态系统的这些特征与系统的能量输入速率、有机物质的输入量和输出量、物质循环模式等因素有关。常用的研究方法是绘制生态锥体，根据生态锥体的形状分析系统特征。按照研究所采用的指标，生态锥体可以分为三种类型：数量锥体、生物量锥体和能量锥体。生态系统能量流动的定量研究还常常采用生态效率的概念，被下一营养级最终利用的能量因物种不同而异，平均而言为 10%。

6.4.4 动物的数量统计

正确性、精确性和精细度是动物数量调查的三要素。在野外要获得十分正确的动物数量是很困难的，多数情况仅是一个相对正确的估计数，通过适当的统计分析，以统计数的形式来表示。例如，10 次抽样调查获得某地区鹿群的统计数为 517.8 ± 17.5 头，通过统计学分析，我们就有 95% 的把握说，鹿的头数在 500~535 头。

动物数量的统计方法有多种。直接计数法适合大型、白昼活动的动物；标记重捕法适合于易捕获的小型动物；相关指数转换法，用调查与动物数量相关的间接指标来估计动物的数量，例如，洞口计数法、巢穴计数法、粪堆计数法，以及利用动物留下的足迹、标记物、卧迹等来计数的办法。有时也用优势度或频度表示动物数量的多寡。

（1）样方计数法：较大面积样地可用抽样的方法计数动物数量。先将研究区分成若干生境类型和样方，然后再分成小样方并随机地选择小样方调查动物的数量。样方有方形、长方形、条带形或圆形等形状。通过随机取样，各种小生境都有相应的样地。样方如果具有代表性，便可根据样方平均数推断整个地区的种群数量。因此，要在了解动物的分布型和活动规律及其散布模式的基础上，决定选取样方的方法。具体操作步骤如下：先在地图上将生境划分为相等小方格，随机选取若干个方格作为样方；统计每个小样方中动物的数量，综合所得结果，估计样方中动物数量；获取动物数量后，需要对数据进行加工处理，算出算术平均数、变异范围和标准差等。如果数据变化大，要适当增加样方数和样方代表性，对没有取到样方区域增加取样，以取得比较合理的结果。

（2）路线法：按照预定的路线行走，观察遇到的动物，记录动物出现的距离。以动物与行进路线的垂直平均距离作为样带宽度。统计到的动物数换算成单位面积上的种群数量（$Z/2XY$），乘上研究总面积（A）即可获得整个区域内动物的种群数量。$P=AZ/2XY$。其中：P 为种群数量；A 为研究区面积；X 为调查路线的长度；Y 为每侧样带宽度；Z 为观察到的动物数。由于受生境和人员条件的限制较少，路线统计法是在较大面积上对大、中型动物进行数量调查的最基本方法。一个统计人员在短时间内可以调查相当大的区域。

（3）捕捉统计法：捕捉会引起动物死亡，此法可用于小型和有害动物数量的调查。

铗日法：将 100 只鼠铗放置某生境中一昼夜，作为一个捕鼠单位，用百分数表示捕获率（%）。鼠铗一般用于复杂的环境中，以统计动物的相对密度。在草地、农田、山坡、林地布铗，铗距为 5m，行距 50m。每生境至少放 500 铗才有统计学意义。也可将铗日法获得的百分率转换成种群数量。布铗前选择好样地，准备好香气浓烈，鼠类喜欢的诱饵。布铗一般在下午和傍晚进行，选择鼠类经常出没的地点布铗。为保证资料的可比性，要严格规定一致的调查程序。

去除取样法：动物每次受捕率的变化、捕获量与种群数量的关系、捕捉期间有无动物迁出迁入等因素会影响去除取样法的正确性，用去除取样法估计动物数量时，要求这三个影响因素最小。这种方法适合于有害动物或狩猎动物的调查。可用前 2 次的捕捉量估计种群数量，假如 2 次的捕获量是 35（n_1）、30（n_2），那么估计种群数量为：$N=n_1^2/(n_1-n_2)=35^2/(35-30)=245$。

6.5 野外实习中生态学研究举例

为了便于同学在野外实习中掌握生态学研究的具体步骤和方法，现举两例说明。

（1）潮间带某种蛤数量和分布型的研究。

样方法是在能代表样本实际情况的若干样方中计数全部个体数，求取平均数，然后将其平均数推广，来估计种群总数，是种群密度测定的常用方法之一。种群的内分布型是指组成种群的个体在其生活空间中的位置，大致可以分为三类：均匀型分布、随机型分布和成群型分布。通过实验学会用样方法测定种群密度的技术和种群内分布型的测定方法。

具体步骤是：选择适于实习的海滩，用皮尺丈量并计算出面积大小；进行样方调查的学生将样方环（铁丝环，圈定面积为 $1m^2$）随机抛出，将样方环内的某种蛤拾入搪瓷盘，计数所调查蛤的数量，尽量多计数几个样方，如 10 个或 20 个等；计算种群密度，假如共计数了 10 个样方（$1m^2$），每个样方内某种蛤的数量分别为：5、7、6、3、11、9、3、5、5、6，则平均密度 $m=6.0\pm2.49$ 个 / m^2（$n=10$）；判定内分布型，$S^2=[\sum x^2-(\sum x)^2/n]/(n-1)=6.22$，$S^2/m=6.22/6.0=1.04$，可以认为该种蛤的种群内分布型接近随机型。

（2）某种鸟育雏期行为的全天观察。

鸟类是脊椎动物野外实习的主要对象，在北方，该项实习的时间在每年的 5 月中下旬，部分鸟类正处于育雏期，是开展该项研究的最佳时期。在此期间，适于开展研究的种类有黄喉鹀、大山雀、沼泽山雀、普通䴓、红隼、喜鹊、长耳鸮、长尾林鸮、北红尾鸲等。为便于开展鸟类繁殖生态学方面的研究，建议实习学校在实习地点挂设一定数量的人工巢箱，特别是对于次级洞巢鸟的研究，显得尤为重要。

鸟类育雏期行为的全天观察内容包括行为模式及时间分配、喂雏次数、坐巢次数及时间、清理次数（清理雏鸟粪便的次数可以反映雏鸟的代谢情况）、取食方位、取食距离等。观察时间应包括鸟类活动的全部时间，对夜间活动种类还要做夜间观察。

数据及处理：以上行为模式的观察要尽量量化，分别以频次和时长表示，对相关数据要做统计分析，找出规律，得出明确的结论，数据建议采用 SPSS 或 SAS 统计软件包处理。

6.6 论文撰写

科技论文是科技发展及现代化建设的重要科技信息源，是记录人类科技进步的历史性文件。什么是科技论文？它与一般的科技文章有什么不同？怎样写好科技论文？这些都是广大科技工作者感兴趣的问题，更是大学生所面临的实际问题。

6.6.1 科技论文的含义

科学技术论文简称科技论文。它一般包括期刊科技论文、毕业论文和学位论文（又分学士、硕士、博士论文）。科技论文是在科学研究、科学实验的基础上，对自然科学和专业技术领域里的某些现象或问题进行专题研究，通过分析和阐述，揭示这些现象和问题的本质及其规律而撰写成的文章。也就是说，凡是运用概念、判断、推理、论证和反驳等逻辑思维手段来分析和阐明自然科学原理、定律和各种问题的文章，均属科技论文的范畴。科技论文主要用于科学技术研究及其成果的描述，是研究成果的体现。运用它们进行成果推广、信息交流、促进科学技术的发展。科技论文的发表标志着研究工作的水平为社会所公认，载入人类知识宝库，成为人们共享的精神财富。学生的实习论文也属于该范畴，同学们应按照科技论文的格式和规范来撰写。

6.6.2 科技论文的特点

科学性 是科技论文在方法论上的特征，使它与一切文学的、美学的、神学的文章区别开来。它不仅仅描述涉及科学和技术领域的命题，更重要的是论述的内容要具有科学可信性，科技论文不能凭主观臆断或个人好恶随意地取舍素材或得出结论，它必须以足够的和可靠的实验数据或现象观察作为立论基础。所谓“可靠”是指整个实验过程可以复核验证。

首创性 是科技论文的灵魂，是有别于其他文献的特征所在。它要求文章所揭示的事物现象、属性、特点及事物运动时所遵循的规律，或者这些规律的运用必须是前所未见的、首创的或部分首创的，必须有所发现，有所发明，有所创造，有所前进而不是对前人工作的复述、模仿或解释。

逻辑性 这是文章的结构特点。它要求论文脉络清晰、结构严谨、前提完备、演算正确、符号规范、文字通顺、图表精致、推断合理、前呼后应、自成系统。不论文章所涉及的专题大小如何，都应该有自己的前提或假说、论证素材和推断结论。通过推理、分析、提高到学术理论的高度，不应该出现无中生有的结论或一堆堆无序数据、一串串原始现象的自然堆砌。

6.6.3 科技论文的编写格式

编号 根据国家标准 GB/T1.1-2020《标准化工作导则第 1 部分：标准化文件的结构和起草规则》，科技论文的章、条、段、列项的划分、编号和排列均应采用阿拉伯数字和英文字母分级编写，即一级标题的编号为 1，2，…；二级标题的号为 1.1，1.2，…，2.1，2.2，…；三级标题的编号为 1.1.1，1.1.2，…；四级标题的编号 a，b，…。

题名（篇名） 题名是科技论文的必要组成部分。它要求用最简洁、恰当的词或词组反映文章的特定内容，把论文的主题明白无误地告诉读者，并且使之具有画龙点睛，启迪读者兴趣的功能。一般情况下，题名中应包括文章的主要关键词。总之，题名的用词十分重要，它直接关系到读者对文章的取舍态度，务必字字斟酌。题名像一条标签，切忌用冗长的主语、谓语、宾语结构的完整语句逐点描述论文的内容，以保证达到“简、洁”的要求；而“恰当”的要求应反映在用词的中肯、醒目、好读、好记上。当然，也要避免过分笼统或哗众取宠的所谓简洁，缺乏可检索性，以至于名实不符或无法反映每篇文章应有的主题特色。题名应简短，不应很长，国际上不少著名期刊都对题名的用字有限制。对于我国的科技期刊，论文题名用字不宜超过 20 个汉字，外文题名不超过 10 个实词。使用简短题名而语意未尽时，或系列工作分篇报告时，可借助于副标题名以补充论文的下层次内容。题名应尽量避免使用化学结构式、数学公式、不太为同行所熟悉的符号、简称、缩写以及商品名称等。

著者 著者署名是科技论文的必要组成部分。著者是指在论文主题内容的构思、具体研究工作的执行及撰稿执笔等方面的全部或部分工作中做出主要贡献的人员，是能够对论文的主要内容负责答辩的人员，是论文的法定主权人和责任者。署名人数不宜太多，对论文涉及的部分内容作过咨询、给过某种帮助或参与常规劳动的人员不宜按著者身份署名，但是可以注明他们曾参与了哪一部分具体工作，或通过文末致谢的方式对他们的贡献和劳动表示谢意。合写论文的诸著者应按论文工作贡献的多少顺序排列。著者的姓名应给出全名。科学技术文章一般均用著者的真实姓名，不用变化不定的笔名。同时还应给出著者完成研究工作的单位或著者所在的工作单位或通信地址，以方便读者在需要时与著者联系。

摘要 摘要是现代科技论文的必要附加部分，只有极短的文章才能省略。它是解决读者既要尽可能掌握浩瀚的信息，又要面对自身精力十分有限这一对矛盾的有效手段。摘要是以提供文献内容梗概为目的，不加评论和补充解释，简明确切地记述文献重要内容的短文。摘要应简明，它的详简程度取决于文献的内容，通常中文摘要以不超过400字为宜，外文摘要不宜超过250个实词。编写摘要时还要注意以下事项：①排除在本学科领域已经成为常识的内容。②不得简单地重复文章篇名中已经表述过的信息。③要求结构严谨，语义确切，表述简明，一气呵成，一般不分或力求少分段落；忌发空洞的评语，不作模棱两可的结论。没有得出结论的文章，可在摘要中作扼要的讨论。④要用第三人称，不要使用“作者”、“我们”等作为摘要陈述的主语。⑤要采用规范化的名词术语。尚未规范化的名词，以采用一次文献所采用的名词为原则。如新术语尚无合适的中文术语译名，可使用原文或译名后加括号注明原文。⑥不要使用图、表或化学结构式，以及相关专业的读者尚难于清晰理解的缩略语、简称、代号。如果确有必要，在摘要首次出现时必须加以说明。⑦不得使用一次文献中列出的章节号、图号、表号、公式号以及参考文献号等。⑧必要提及的商品名应加注学名。

关键词　为了便于读者从浩如烟海的书刊中寻找文献，特别是适应计算机自动检索的需要，现代科技期刊都应在学术论文的摘要后面给出3~8个关键词。按GB/T3860-2009《文献主题标引规则》的规定，在审读文献题名、前言、结论，特别是在审读文献的基础上，逐篇对文献进行主题分析，然后选定能反映文献特征内容、通用性比较强的关键词。

引言　经常作为论文的开端，主要回答“为什么要研究”这个问题。它应简明介绍论文的背景、相关领域的前人研究历史与现状，以及著者的意图与分析依据，包括论文的追求目标、研究范围和理论、技术方案的选取等。引言应言简意赅，不要等同于摘要，或成为摘要的注释。引言中不应详述同行熟知的，包括教科书上已有陈述的基本理论、实验方法和基本方程的推导；除非是学位论文，为了反映著者的学业等，允许有较详尽的文献综述段落。如果在正文中采用比较专业化的术语或缩写词时，最好先在引言中定义说明。

正文　正文是科技论文的核心组成部分，主要回答“怎么研究”

这个问题。正文应充分阐明论文的观点、原理、方法及具体达到预期目标的整个过程，并且突出一个“新”字，以反映论文具有的首创性。根据需要，论文可以分层深入，逐层剖析，按层设分层标题。正文通常占有论文篇幅的大部分。它的具体陈述方式往往因不同学科、不同文章类型而有很大差别，不能牵强地做出统一的规定。一般应包括材料、方法、结果、讨论和结论等几个部分。试验与观察、数据处理与分析、实验研究结果的得出是正文的最重要成分，应该给予极大的重视。要尊重事实，在资料的取舍上不应该随意掺入主观成分，或妄加猜测，不应该忽视偶发性现象和数据。写科技论文不要求有华丽的词藻，但要求思路清晰，合乎逻辑，用语简洁准确、明快流畅；内容务求客观、科学、完备，要尽量让事实和数据说话；凡是用简要的文字能够讲解的内容，应该用文字陈述。用文字不容易说明白或说起来比较烦琐的，应该用表或图（必要时用彩图）来陈述。表或图要具有自明性，即其本身给出的信息就能够说明欲表达的问题。数据的引用要严谨确切，防止错引或重引，避免用图形和表格重复地反映同一组数据。资料的引用要标明出处。

结论 结论（或讨论）是整篇文章的最后总结。尽管多数科技论文的著者都采用结论的方式作为结束，并通过它传达自己欲向读者表述的主要意向。结论不应是正文中各段小结的简单重复，主要回答“研究出什么”这个问题。它应该以正文中的试验或考察中得到的现象、数据和阐述分析作为依据，由此完整、准确、简洁地指出：①由对研究对象进行考察或实验得到的结果所揭示的原理及其普遍性；②研究中有无发现例外或本论文尚难以解释和解决的问题；③与先前已经发表过的（包括他人或著者自己）研究工作的异同；④本论文在理论上与实用上的意义与价值；⑤对进一步深入研究本课题的建议。

致谢 致谢一般单独成段，放在文章的最后面，但它不是论文的必要组成部分。它是对曾经给予论文的选题、构思或撰写以指导或建议，对考察或实验过程中做出某种贡献的人员，或给予过技术、信息、物质或经费帮助的单位、团体或个人致以谢意。一般对例外的劳动可不必专门致谢。

参考文献 文后参考文献是现代科技论文的重要组成部分，但如果撰写论文时未参考文献也可以不写。它是反映文稿的科学依据和著者尊重他人研究成果而向读者提供文中引用有关资料的出处，或为了节约篇幅和叙述方便，提供在论文中提及而没有展开的有关内容的详尽文本。任何不重视参考文献，甚至使用“文后参考文献从略”的处理方法都是错误的。被列入的参考文献应该只限于那些著者亲自阅读过和论文中引用过，而且正式发表的出版物，或其他有关档案资料，包括专利等文献。私人通信、内部讲义及未发表的著作，一般不宜作为参考文献著录，但可用脚注或文内注的方式说明。国内外对文后参考文献的著录方法历来很多，但自从 ISO 制订国际标准以来已有渐趋一致的动向，目前，我国文献工作标准化技术委员会已经根据国际标准化工作发展趋势，制订出自己的国家标准——GB/T7714-2015《文后参考文献著录规则》，明确规定我国的科技期刊采用国际上通行的“顺序编码制”和“著者 - 出版年制”。前者根据正文中引用参考文献的先后，按著者、题名、出版事项的顺序逐项著录；后者首先根据文种（按中文、日文、英文、俄文、其他文种的顺序）集中，然后按参考文献著者的姓氏笔画或姓氏首字母的顺序排列，同一著者有多篇文献被参考引用时，再按文献出版年份的先后依次给出。文后参考文献的著录形式还是比较复杂的，具体执行时请随时查阅 GB/T7714-2015 的规定。参考文献著录的条目编排在文末。其一般格式要求如下所述。

期刊文章格式：[序号] 析出文献主要责任者 . 题名 [J]. 期刊名 , 年 , 卷 (期): 起止页码 .

[2] 余联庆 , 枚元元 , 李琳 , 等 . 闭链弓形五连杆越障能力分析与运动规划 [J]. 机械工程学报 , 2017, 53(7): 69-75.

图书格式：[序号] 主要责任者 . 图书名 [M]. 出版地 : 出版者 , 年: 起止页码 .

[3] 周振甫 . 周易译注 [M]. 北京 : 中华书局 , 1991.

学位论文格式：[序号] 主要责任者 . 学位论文名 [D]. 保存地点 : 保存单位 , 年份 .

[1] 马欢 . 人类活动影响下海河流域典型区水循环变化分析 [D]. 北京 : 北京大学 , 2011.

会议文集格式：[序号] 主要责任者 . 会议文集名：会议文集其他信息 [C]. 出版地：出版者，出版年 .

[1] 辛希孟 . 信息技术与信息服务国际研讨会会议文集：A 集 [C]. 北京：中国社会科学出版社，1994.

6.7 供选题目

野外实习中开展动物生态学研究应该作为动物学野外实习的重要内容，以培养学生的科研基本素养，提升学生的综合素质。为做好该项工作，指导学生确立适当的科研小题目是十分重要的。现提供部分科研小题目以供实习学校的师生选择或参考。

6.7.1 无脊椎动物部分

（1）牡蛎、藤壶和海葵等营固着生活海滨无脊椎动物种群密度调查和空间分布格局判定。

提出科学问题：影响种群密度的因素；影响空间分布格局的因素。

研究方法：样方法。

观测指标：个体数量（只）、样地面积（平方米）、海拔（米）、食物来源和丰富度、基质类型及百分比、海水透明度（m）、浮游生物量（毫克 / 升）、盐度（千分比）等。

（2）某种螺或蛤类等营自由生活海滨无脊椎动物种群密度调查和空间分布格局的判定。

提出科学问题：影响种群密度和空间分布格局的因素。

研究方法：样方法。

观测指标：个体数量（只）、样地面积（平方米）、海拔（米）、食物分布、基质类型及百分比、海水透明度（m）、浮游生物量（毫克/升）、盐度（千分比）等。

（3）潮间带甲壳类群落种类组成及多样性分析。

提出科学问题：种类组成与环境因素的关系；影响多样性的因素。

研究方法：野外观测法、路线调查法、定点观察法。

观测指标：个体数量（只）、种类数（种）、海拔（米）、基质类型及百分比、海水透明度（m）、浮游生物量（毫克/升）、盐度（千分比）、距河口距离（米）等。

（4）潮间带无脊椎动物分布规律调查及分析。

提出科学问题：海滨动物分布有何规律？主要的影响因素是什么？

研究方法：野外观测法，统计分析（相关分析、因子分析等）法。

观测指标：个体数量（只）、种类数（种）、海拔（米）、基质类型及百分比、海水透明度（m）、浮游生物量（毫克/升）、盐度（千分比）、距河口距离（米）、距高潮线距离（米）等。

（5）某海滨无脊椎动物的行为观察。

提出科学问题：行为的类型及适应性，行为时间分配。

研究方法：野外观测法（瞬时扫描法、全事件观察法、人工干预）。

观测指标：各行为发生频次（单位时间：扫描的间隔时间）、节律性、行为持续时间、行为对外界干预的响应表现出的相关指标。

（6）海滨无脊椎动物近缘种生态习性比较观察。

提出科学问题：海滨无脊椎动物的适应性、习性差异产生的可能原因和形成机制。

研究方法：野外观测法、比较研究法。

观测指标：分布特点（时间和空间）、食性、取食方式、运动方式、活动能力、活动范围、种内种间关系、应激反应等。

（7）海滨无脊椎动物的种间关系（共生、原始协作等）研究。

提出科学问题：海滨无脊椎动物种间关系的适应性和利益分析，种间关系形成的机制和影响因素。

研究方法：野外观察法、对照分析法、模型分析法。

观测指标：种间相互作用类型、种间相互作用结果（与对照相比较，从个体或种群层次上选取相关观测指标开展利益和损失方面的统计分析，或尝试建立数学模型）。

（8）营埋栖生活的海滨无脊椎动物洞口特征及种类识别。

提出科学问题：通过海滨无脊椎动物的洞口特征识别种类，洞口特征与生活方式的关系。

研究方法：野外观测法、对照分析法。

观测指标：洞口形状、大小，洞的深度和内部构造，物种分类，应激反应，巢洞的利用方式等。

（9）海滨无脊椎动物对盐度变化的反应。

提出科学问题：海滨无脊椎动物对盐度变化的适应性，盐度急剧变化后无脊椎动物的行为响应。

研究方法：野外观察法、对照分析法、野外实验法。

观测指标：海滨无脊椎动物随盐度变化的分布（河口）、对盐度变化的行为反应（人为改变洞穴附近盐度）。

（10）寄居蟹的生态习性和行为观察。

提出科学问题：寄居蟹的生态习性与适应性，不同寄居蟹种类寄居的贝壳种类、大小以及与生长周期的关系。

研究方法：野外观察法、对照分析法、解剖观察法。

观测指标：寄居蟹的种类、寄居贝壳种类和大小、个体的生长阶段、运动模式和速度、栖息环境特征、食性和取食形式等。

（11）海滨无脊椎动物的种间关联分析。

提出科学问题：海滨无脊椎动物的种间关联研究对群落结构的分析有何帮助？分析种间关联的原因。

研究方法：样方法、2×2 列联表分析法、文献分析法。

观测指标：样方频次（统计 *AB* 皆有、*AB* 皆无、有 *A* 无 *B*、有 *B* 无 *A* 四种情况各自出现的样方数）。

（12）海葵的习性及行为观察。

提出科学问题：海葵的习性和行为特点、行为的影响因素。

研究方法：野外观察法、野外实验法。

观测指标：行为类型，主要习性（生活方式、取食方式等），受到刺激的反应（触碰、喂食、扰动、改变盐度、改变光照、改变温度等）。

6.7.2 脊椎动物部分

（1）鸟巢及巢位因子的观察与测量。

提出科学问题：鸟巢特征是否可作为分类特征；鸟巢特征与繁殖习性的关系；鸟类巢位是否具有选择性。

研究方法：野外观测法。

观测指标：巢特征（开放巢还是洞巢、巢形状、巢口位置、巢径、巢深、巢材等），卵（窝卵数、卵型、卵径、颜色、斑点等），巢位特征（巢树种类、巢树高、巢高、巢口朝向、生境类型等）。

（2）选择各种尺度的林窗（形成面积梯度），对林窗面积与鸟类多样性相关性进行研究。

提出科学问题：边缘效应对森林鸟类多样性的影响。

研究方法：野外观测法、野外实验法。

观测指标：种类（种）、个体数量（只）、面积（平方米）、林窗形状，边缘长度（米）。

（3）次级洞巢鸟人工巢箱招引研究。

提出科学问题：次级洞巢鸟对人工巢箱的选择性；影响次级洞巢鸟选择人工巢箱的因素。

研究方法：野外观测法、野外实验法，把巢箱当作研究工具开展相关研究。

观测指标：招引率（%），招引种类，巢箱特征（巢箱形状、巢口形状、巢口直径、巢深、巢箱体积、巢材等），卵（窝卵数、卵型、卵径、颜色、斑点等），巢位特征（巢树种类、巢树高、巢高、巢口朝向、生境类型等）。

（4）鸟类群落结构及多样性研究。

提出科学问题：特定环境鸟类群落结构特征及功能；植被类型与多样性的关系。

研究方法：最小面积法、野外观测法、路线调查法、统计分析法。

观测指标：个体数量（只）、种类数（种）、海拔（米）、植被类型、食性、各维度资源空间分布和利用、昼夜活动、组织结构等。

（5）啮齿类种类和密度调查。

提出科学问题：啮齿类密度调查的基本方法；影响密度统计的因素。

研究方法：鼠铗捕捉法、食物诱捕法。

观测指标：百铗（笼）日捕获率（只）、种类识别、生境类型等。

（6）两栖、爬行类动物种类和数量调查。

提出科学问题：实习地两栖和爬行动物的种类组成、数量特征与分布规律。

研究方法：最小面积法、野外观测法、路线调查法。

观测指标：个体数量（只）、种类数（种）、生境特征、植被类型。

（7）居民点鸟类繁殖习性观察。

提出科学问题：居民点某种鸟类繁殖习性及其与人类的关系。

研究方法：野外观察法。

观测指标：巢特征（开放巢还是洞巢、巢形状、巢口位置、巢径、巢深、巢材等），卵（窝卵数、卵型、卵径、卵重、颜色、斑点等），巢位特征（巢树种类、巢树高、巢高、巢口朝向、生境类型；如在人工构筑物营巢，则记录构筑物类型及相应特征等）。取食及喂雏情况（取食距离、取食和喂雏频率，双亲还是单亲喂雏等），食物来源，食性，对人类活动的反应等。

（8）水鸟行为观察。

提出科学问题：行为的类型及适应性、行为时间分配。

研究方法：野外观测法（瞬时扫描法、全事件观察法），实验研究法（设置对照和控制变量）。

观测指标：编制行为谱并定义行为模式、各行为发生频次（单位时间：扫描的间隔时间）、节律性、行为时间预算、行为持续时间、行为对外界干扰的响应表现出的相关指标。

（9）森林鸟类繁殖习性观察。

提出科学问题：森林中某种鸟类繁殖习性及其适应性。

研究方法：野外观察法。

观测指标：巢特征（开放巢还是洞巢、巢形状、巢口位置、巢径、巢深、巢材和巢结构等），卵（窝卵数、卵型、卵径、卵重、颜色、斑点等），巢位特征（巢树种类、巢树高、巢高、巢口朝向、生境类型等）。取食及喂雏情况（取食距离、取食和喂雏频率，双亲还是单亲喂雏等）食物来源，食性等。

（10）森林鸟类同资源种团结构研究。

提出科学问题：森林鸟类群落资源分割利用模式和集团结构。

研究方法：野外观察法、聚类分析、主成分分析法（principal component analysis，PCA）。

观测指标：发现频次（取食方式、取食位置、取食基质、取食高度、取食距离、食物性质等维度），每个维度设置几个合适的类型。

（11）某种森林鸟类巢位选择研究。

提出科学问题：森林中某种鸟类巢位选择的主要影响因素。

研究方法：野外观测法、实验研究法（设置对照和控制变量）。

观测指标：巢树种类、高度、胸径，营巢微生境和对照微生境（10 米半径）特征（树种数、树平均胸径、平均树高、树木投影盖度、灌木投影盖度、草本植物投影盖度、距公路或便道距离、距水源距离、距农田或灌丛距离等），人为干扰强度等。

主要研究方法简介：

路线调查法：根据观察对象和实际需要确定行进速度和路线两侧的范围，记录观察到的无脊椎动物种类和数量；

瞬时扫描法：每间隔 2~5 分钟对行为观察对象做一次观察，记录在观察的瞬间动物的行为模式及发生该行为的个体数（该方法较适合于集群活动的动物种群）；

全事件观察法：观察并记录事件的发生、发展和结束全过程，尽量分解出相关数量指标，以获得量化数据；

野外实验法：在野外观察的过程中适当进行人工干预，如改变环境因素、食物因素等，设置对照进行比较研究。

7 成绩考核

7.1 原　则

成绩考核的目的是检验学生的学习质量，鼓励学生的学习积极性。成绩评定要本着客观、科学、公正的原则，力求形式多样，并保证操作简便易行（野外实习环境下采用口试结合学习通、雨课堂等线上学习平台的方式进行）。内容生动有利于学生掌握知识技能和培养学习兴趣，重实效和操作性，而不必过多考虑形式和环节是否丰富。

7.2　考核方式和标准

考核方式为考查，将学生小组或者个体实习表现考察、考试和实习报告考评相结合。根据实习报告或研究论文质量（占 30%）、动物学野外实习基础知识和动物分类学知识考试成绩（占 40%）以及实习表现评分（占 30%）综合评定。

具体评定标准如下：

实习表现　态度认真，准备充分，严格遵守实习纪律，占 10 分；野外实习积极主动，精力集中，勤学多问，占 10 分；团结合作，互帮互助，实习服务占 10 分。

动物学野外实习基础知识和动物分类学知识考试　在实习期间组织的动物分类学知识考试中（一对一口试），按照回答问题的准确率给出成绩（占 20 分）。动物学野外实习基础知识考试占 20 分。

实习报告 概念准确，写作规范，参照科研论文的要求和格式完成；充分利用实习材料，分析归纳符合逻辑，有理有据；内容全面、充实，条例清楚，表达方式可多样化，图、表、文并茂；语言简洁、规范，忌口语化、忌泛泛而谈；杜绝抄袭文献，论文要有自己的观点，要求独立完成。本项考核占 30 分。

附：动物学野外实习基础知识测试及答案

一、选择题

1. 乙醇既可以用于处理标本，又可以用于保存标本，常用保存标本的乙醇浓度应为（　　）。

A. 95%　　B. 70%　　C. 50%　　D. 25%

2. 市售乙醇通常含有1%的游离酸，对于长久保存石灰质贝壳和甲壳动物有较大影响，在使用时应加入少许（　　）进行中和。

A. 碳酸钠　　B. 氢氧化钠　　C. 氢氧化钙　　D. 碳酸氢钠

3. 福尔马林溶液是保存标本的良好试剂，市售浓度常为40%，在稀释时应视为100%，通常用浓度为（　　）的福尔马林溶液保存标本。

A. 30%　　B. 15%　　C. 10%　　D. 5%

4. 适合麻醉多种海滨动物的溶液（　　）。

A. 乙醇　　B. 福尔马林

C. 甲醛 - 乙醇混合物　　D. 乙醇 - 海水混合液

5. 下列药品中，不能用于麻醉的是（　　）。

A. 薄荷脑　　B. 福尔马林

C. 氯化锰　　D. 乙醇 - 海水混合液

6. 下列有关脊椎动物捕捉的相关内容中错误的是（　　）。

A. 目前很多渔民采用电网进行捕捞，使得捕捉效率大大提升，这种方法应该普及使用。

B. 在捕获两栖类动物后，应将动物放入密闭容器中，再加入乙醚进行麻醉，待动物深度麻醉或窒息死亡后，再进行标本的测量工作。

C. 一些爬行类动物比如蛇，应注意在它移动过程中抓紧其颈部，防止脱手而被蛇咬伤。

D. 在捕捉鸟类时应注意不要过夜网捕，以免造成捕获过度，导致部分鸟类出现较大伤亡。

7. 脊椎动物标本包括浸制标本和剥制标本，其中假剥制标本主要供教学和研究用。制作过程包括：标本的选择及去污处理、剥皮、防腐处理、填装以及整形。下列有关假剥制标本说法中错误的是(　　)。

A. 活体材料可以直接进行剥皮处理。

B. 清洗标本上的污物时，一般用无腐蚀性的化学药品将其羽毛清理干净。

C. 在用胸开法剥皮过程中，在切开的刀口处要涂一些滑石粉，以防止血液、脂肪等沾染羽毛。

D. 填装完成后的标本要放在通风、干燥、无阳光直射处，边干燥边整形。

8. 鹤与鹳的外形十分相似，在野外观察时，常通过(　　)来将二者进行区分。

A. 尾型和斑纹　　B. 羽色

C. 翅型和翅斑　　D. 后肢的形态

9. 在野外辨别鸟类时，除了可以根据其形态特征，也可以根据其行为特征识别。下列有关鸟类识别的说法错误的是(　　)。

A. 鸟类的飞行动作、停落姿态因种而异，在辨别种类时，只要专注一种特征即可识别。

B. 水禽在水面游泳时，可根据其体型大小、身体露出水面的情况，如头颈的长短和吃水深度来区分种类。

C. 鸟类的集群、报警、个体识别、占区、求偶炫耀、交配等行为都伴有特定的鸣叫声，并存在种的特异性。

D. 鸟类的发声大致分为两种：机械声和鸣声，其中鸣声又包括鸣叫和鸣啭两种类型。

10.（　　）生境包括以大块岩石或礁石为主构成的海岸基质。

A. 岩岸　　B. 砾石岸　　C. 泥沙岸　　D. 河口

11.（　　）生境是由沙多泥少或泥沙各半的海滩构成的。

A. 沙岸　　B. 泥沙岸　　C. 砾石岸　　D. 河口

12. 在沙岸或泥沙岸中生活的生物称为沙岸动物，在沙岸动物中，不属于沙面爬行动物的是（　　）。

A. 滩栖螺　　B. 寄居蟹　　C. 日本蚂　　D. 托氏蜎螺

13. 在沙岸动物中，在沙面爬行的动物有（　　）。

A. 海葵　　B. 海仙人掌　　C. 沙蚕　　D. 泥螺

14. 河口是指河流的入海口，由河流开始逐渐到海采集水样，水样盐度呈现（　　）的变化。

A. 逐渐减小　　B. 逐渐加大　　C. 急剧减小　　D. 急剧加大

15. 在各生境中广泛分布着营游泳生活和漂浮生活的无脊椎动物，（　　）是代表性的动物。

A. 钩手水母　　B. 文蛤　　C. 沙蚕　　D. 寄居蟹

16.（　　）是北方生物多样性最为丰富的生境类型。

A. 森林　　B. 草原荒漠　　C. 农田草地　　D. 居民点

17.（　　）生物生活于森林生境。

A. 金雕　　B. 麻雀　　C. 家燕　　D. 绿鹭

18. 森林生境中常见的脊椎动物有（　　）。

A. 野猪　　B. 草原雕　　C. 鹌鹑　　D. 家燕

19.（　　）不生活于森林生境。

A. 小杜鹃　　B. 野猪　　C. 百灵鸟　　D. 松鼠

20. 脊椎动物生活的生境中（　　）受人类活动的影响较大。

A. 溪流　　B. 森林　　C. 居民点　　D. 林缘灌丛

21. 林缘灌丛内分布的鸟类种类和数量都比较多，（　　）属于林缘灌丛生境的生物。

A. 普通秋沙鸭　　B. 巨嘴柳莺

C. 麻雀　　　　　　D. 鸳鸯

22. 我国海疆非常辽阔，位于太平洋西部、亚洲大陆的东部，是太平洋的一部分。按地理位置和自然条件的不同可划分为四部分，（　　）不属于这四部分。

A. 渤海　　B. 黄海　　C. 东海　　D. 北海

23. 渤海为我国北方的一个内海。面积大约为 7.7 万平方千米，最大深度 70 米。以渤海海峡与（　　）分界。

A. 渤海　　B. 黄海　　C. 东海　　D. 南海

24. 通常所说的北方沿海，即指黄海和（　　）。

A. 渤海　　B. 东海　　C. 南海　　D. 北海

25. 潮汐是海水的一种有规律、周期性的升降（或涨落）运动。下面关于海滨动物采集有关的潮汐知识，说法正确的是（　　）。

A. 高潮是海水不涨也不落的时间段，适合实习采集。

B. 平潮就是海水慢慢地下落，后来愈落愈快的过程，适合采集。

C. 涨潮就是从某个时刻开始，海水水位不断地向上涨的过程，适合采集。

D. 低潮时就是海水下落到了最低限度的时间段，适合采集。

26. 每天晚上月亮出现的时刻，总是比前一天大约落后约 0.8 小时。所以，地球上某一地区的涨落潮时间，每天总是比前一天推迟大约（　　）分钟。

A. 20　　B. 30　　C. 40　　D. 50

27. 潮水的涨落大小，可用潮差表示。潮差每天在变化着，一般有半个月的周期，即半个月有一次大潮、一次小潮。那么大潮通常指的是潮水呈现（　　）状态。

A. 潮水涨得特别高，落得特别低

B. 潮水涨得也不高，落得也不低

C. 潮水涨得特别高，落得不低

D. 潮水涨得不高，落得特别低

28. 潮水呈现（　　）状态时，最适合实习采集。

A. 大潮涨潮　B. 小潮涨潮　C. 大潮落潮　D. 小潮落潮

29. 我们到海滨采集是在（　　）时，在露出的大片海滩上或礁石上进行，因此，只有选择最有利的季节和最有利的日期，才能使实习活动达到预期效果。

A. 高潮　B. 平潮　C. 低潮　D. 停潮

30. 大潮的涨潮线和大潮的退潮线之间的区域为（　　）。

A. 下带　B. 潮间带　C. 中带　D. 上带

31. 小潮退潮线与大潮退潮线之间为（　　）。

A. 上带　B. 中带　C. 潮间带　D. 下带

32. 在海滨进行无脊椎动物实习时，最好选择大潮期（　　）时，此时潮间带的下带露于空气中，这里动物种类多，数量也多，采集时会收到良好的效果。

A. 高潮　B. 低潮　C. 平潮　D. 停潮

33. 下列种类属于多孔动物门的是（　　）。

A. 白枝海绵　B. 海蜇　C. 绿海葵　D. 黄海葵

34. 下列种类不属于珊瑚纲的是（　　）。

A. 黄海葵　B. 绿海葵　C. 海蜇　D. 海仙人掌

35. 绿海葵属于（　　）门。

A. 腔肠动物门　B. 多孔动物门

C. 节肢动物门　D. 扁形动物门

36. 海蜇属于（　　）门。

A. 扁形动物门　B. 腔肠动物门

C. 星虫动物门　D. 节肢动物门

37. 平角涡虫属于（　　）门。

A. 扁形动物门　B. 节肢动物门

C. 星虫动物门　D. 腔肠动物门

38. 齿螺属于（　　）门。

A. 腔肠动物门　B. 软体动物门

C. 多孔动物门　　D. 棘皮动物门

39. 下列种类不属于多板纲的是（　　）。

A. 红条毛肤石鳖　　B. 函馆锉石鳖

C. 朝鲜鳞带石鳖　　D. 皱纹盘鲍

40. 方格星虫属于（　　）门。

A. 星虫动物门　　B. 软体动物门

C. 扁形动物门　　D. 节肢动物门

41. 下列种类属于腹足纲的是（　　）。

A. 菲律宾蛤仔　　B. 文蛤

C. 皱纹盘鲍　　D. 函馆锉石鳖

42. 下列种类不属于腹足纲的是（　　）。

A. 皱纹盘鲍　　B. 矮拟帽贝

C. 背肋拟帽贝　　D. 大连湾牡蛎

43. 下列种类属于瓣鳃纲的是（　　）。

A. 菲律宾蛤仔　　B. 短滨螺

C. 皱纹盘鲍　　D. 涵管锉石鳖

44. 下列种类不属于瓣鳃纲的是（　　）。

A. 密鳞牡蛎　　B. 大连湾牡蛎

C. 矮拟帽贝　　D. 栉孔扇贝

45. 下列种类属于多板纲的是（　　）。

A. 菲律宾蛤仔　　B. 文蛤

C. 皱纹盘鲍　　D. 函馆锉石鳖

46. 大竹蛏、长竹蛏子、薄荚蛏、中国蛤蜊、四角蛤蜊、中国金蛤等生物属于（　　）纲。

A. 瓣鳃纲　　B. 多板纲　　C. 腹足纲　　D. 多毛纲

47. 下列种类不属于甲壳纲的是（　　）。

A. 白脊藤壶　　B. 中国蛤蜊　　C. 大寄居蟹　　D. 网纹藤壶

48. 大寄居蟹、绒毛近方蟹、肉球近方蟹、天津厚蟹、霍氏三强蟹、痕掌沙蟹、宽身大眼蟹都属于（　　）。

A. 甲壳纲　B. 头足纲　C. 腹足纲　D. 多板纲

49. 两栖类动物是最原始的陆生脊椎动物，其主要特征为既可以适应陆生生活，又有从鱼类祖先继承下来的适应水生生活的形态。下列动物中不属于两栖类动物的是（　　）。

A. 大蟾蜍　B. 无斑雨蛙　C. 黑斑蛙　D. 丽斑麻蜥

50. 蛇是最常见的爬行动物之一。其主要特征为体表覆盖角质鳞片或甲，用肺呼吸，多为卵生。有的种类具有致命性的毒腺，野外应注意识别和防护，（　　）是毒蛇。

A. 黄脊游蛇　B. 白条锦蛇　C. 棕黑锦蛇　D. 岩栖蝮

51. 下列动物中，属于爬行纲的是（　　）。

A. 花背蟾蜍　B. 虎斑颈槽蛇

C. 黑龙江林蛙　D. 中国林蛙

52. 下列脊椎动物中，属于恒温动物的是（　　）。

A. 虎斑颈槽蛇　B. 中国林蛙

C. 鸬鹚　D. 花背蟾蜍

53. 下列鸟类中属于鸡形目的是（　　）。

A. 鹌鹑　B. 白尾鹞　C. 黑水鸡　D. 鸳鸯

54. 全球性易危是指某些物种在全球范围内面临着较高的灭绝风险。下列生物中，属于全球性易危物种的是（　　）。

A. 环颈雉　B. 丹顶鹤　C. 红隼　D. 斑嘴鸭

55. 在东北地区，常见的雁形目鸟类通常为夏候鸟，在迁徙时，成“一”字或“人”字的鸟类是（　　）。

A. 大天鹅　B. 绿头鸭　C. 鸿雁　D. 斑嘴鸭

56. 隼形目鸟类通常体型较大，且皆为猛禽。下列鸟类中不属于隼形目的是（　　）。

A. 大嘴乌鸦　B. 金雕　C. 红脚隼　D. 草原雕

57.“善潜水不善行走，起飞前和降落后在水面上长距离助跑”的鸟类的是（　　）。

A. 大䴙　B. 鸳鸯　C. 小鸊鷉　D. 绿头鸭

58. 带“鸡”字的生物不一定属于鸡形目鸟类，还有可能是属于鹤形目、鸻形目等。下列带“鸡”字的生物中属于鸡形目的是（　　）。

A. 毛腿沙鸡　　B. 黑水鸡

C. 凤头麦鸡　　D. 花尾榛鸡

59. 鸟类叫声通常可进行信息传递，在野外实习中，可通过鸟类的叫声来进行辨别，下列鸟类中，叫声为“布谷，布谷”的是（　　）。

A. 大杜鹃　　B. 丹顶鹤

C. 鸳鸯　　D. 灰头绿啄木鸟

60. 洞巢鸟是指那些在洞穴中筑巢的鸟类，分为初级洞巢鸟和次级洞巢鸟。下列洞巢鸟中属于次级洞巢鸟的是（　　）。

A. 白背啄木鸟　　B. 大斑啄木鸟

C. 绿啄木鸟　　D. 大山雀

61. 雀形目鸟类种类繁多，但其营巢位置有所差异。下列动物中不在地面营巢的是（　　）。

A. 百灵　　B. 黄喉鹀　　C. 金腰燕　　D. 云雀

62. 下列鸟类中，常见于林区居民生活点的是（　　）。

A. 灰背鸫　　B. 松鸦　　C. 山鹡鸰　　D. 北红尾鸲

63. 下列雀形目鸟类中，既食昆虫又兼食小型鸟类的是（　　）。

A. 太平鸟　　B. 红尾伯劳　　C. 三宝鸟　　D. 黑枕黄鹂

64. 下列鸟类中，属于猛禽的是（　　）。

A. 太平鸟　　B. 金雕　　C. 百灵鸟　　D. 黑枕黄鹂

65. 大嘴乌鸦与小嘴乌鸦均喜结大群栖息，二者的主要区别是（　　）。

A. 小嘴乌鸦在东北地区为候鸟；大嘴乌鸦为留鸟。

B. 小嘴乌鸦在地面营巢；大嘴乌鸦在高大的树上营巢。

C. 小嘴乌鸦嘴基部被黑色羽，额弓较低，嘴虽强劲但形显细；大嘴乌鸦嘴粗厚，头顶更显拱圆形。

D. 小嘴乌鸦和大嘴乌鸦不会混群。

二、问答题

1. 请简要描述捕捉及保存海葵的方法。

2. 请简要描述实习地点无脊椎动物生存生境的主要类型和特点。

3. 请简要描述实习地点脊椎动物所处的生境类型并列举的每种生境的代表种类。

4. 请简要总结本次实习一共见到多少动物门类及其代表种类。

5. 请选择一种实习过程中观察到的鸟类，对其形态特征、生活环境、习性等进行简单描述。

6. 请选择一种在实习过程中观察到的两栖类或爬行类动物，对其形态特征、生活环境、习性等进行简单描述。

7. 请简要叙述科学研究的基本步骤。

8. 统计动物数量通常采用哪些方法？

学习体会

实习生活

课程思政

教学素材

参考文献

[1] 郝亚南，田然，王卓，等 . 北方不冻水域落单中华秋沙鸭及其混合群的越冬对策 [J]. 中国畜禽种业，2024，20（1）：70-76.

[2] 崔洵，董增川，朱圣男，等 . 珊溪水利枢纽大型底栖无脊椎动物群落结构及与环境因子的关系 [J]. 环境科学与技术，2024，47（3）：1-9.

[3] 徐曦，王卫国，冉景丞，等 . 绿头鸭野外杂交研究综述 [J]. 浙江林业科技，2024，44（3）：107-113.

[4] 陈小方，周长发 . 生物学教材中爬行动物主要特征的分析与理解 [J]. 生物学教学，2024，49（6）：91-93.

[5] 曲振峰 . 如何从进化与适应的视角认识无脊椎动物 [J]. 生物学教学，2024，49（9）：78-80.

[6] 白雪，李正飞，刘洋，等 . 西江流域大型底栖无脊椎动物物种多样性及维持机制 [J]. 生物多样性，2024，32（7）：45-58.

[7] 江南，徐卫华，刘增力 . 我国自然保护地对海洋生物多样性的保护现状 [J]. 国家公园，2024，2（2）：72-80.

[8] 郑光美 . 中国鸟类分类与分布名录 [M]. 第 4 版 . 北京：科学出版社，2023.

[9] 李勇，林志，刘晶，等 . 生物学野外综合实习多元化教学体系的构建 [J]. 实验室研究与探索，2023，42（8）：211-213，292.

[10] 约翰·马敬能，卡伦·菲利普斯，何芬奇 . 中国鸟类野外手册 [M]. 李凡，译 . 长沙：湖南教育出版社，2022.

[11] 蔡立哲，杨德援，赵小雨，等 . 大亚湾软体动物群落和种群生态研究进展与展望 [J]. 海洋科学，2022，46（6）：124-134.

[12] 徐曦，冉景丞 . 浙江省野外发现绿头鸭与斑嘴鸭杂交个体 [J]. 野生动物学报，2022，43（4）：1144-1146.

[13] 杨金光，陈丽霞，刘树光，等 . 近 10 年秦皇岛两种鸟类春季迁徙时间变化的差异性 [J]. 动物学杂志，2021，56（1）：1-7.

[14] 王小平，刘涛，关翔宇，等 . 辽宁省 3 种鹰科鸟类新记录 [J]. 四川动物，2021，40（1）：117-118.

[15] 吾登，秦瑞坪．基于生物科学野外实习教学模式改革的思考 [J]. 产业与科技论坛，2020，19（24）：163-165.
[16] 杨金光，陈丽霞，刘树光，等．秦皇岛雀形目鸟类环志数量变化及其影响因素 [J]. 生态学杂志，2020，39（12）：4165-4171.
[17] 刘冬平，李国栋．长白山中华秋沙鸭的种内巢寄生 [J]. 动物学杂志，2020，55（3）：407-410.
[18] 何磊，于明坚，丁平．生态学研究型野外实习的设计与实践 [J]. 生物学杂志，2020，37（6）：112-115.
[19] 韩辉林．东北林业大学帽儿山实验林场（教学区）习见生物资源图鉴：昆虫卷 [M]. 哈尔滨：东北林业大学出版社，2018.
[20] 刘成柏，关树文，许月，等．生物学野外实习中开展协同育人的探索与实践 [J]. 实验室研究与探索，2018，37（9）：266-269.
[21] 教育学原理编写组．教育学原理 [M]. 北京：高等教育出版社，2019.
[22] 张大均．教育心理学 [M]. 3 版．北京：人民教育出版社，2015.
[23] 王海涛，姜云垒，高玮．吉林省鸟类 [M]. 长春：吉林出版集团有限公司，2012.
[24] 齐梅，马林．教育学原理 [M]. 北京：清华大学出版社，2012.
[25] 杜利强，李顺才．秦皇岛海洋生物资源保护与可持续利用 [J]. 安徽农业科学，2012，40（22）：11377-11379.
[26] 曹长德．启发式教学论 [M]. 合肥：中国科学技术大学出版社，2011.
[27] 俞孔坚．生态水岸与生物多样性保护 秦皇岛市汤河滨河公园 [J]. 中华民居，2011（9）：36-37.
[28] 易国栋，杨志杰，刘宇，等．中华秋沙鸭越冬行为时间分配及日活动节律 [J]. 生态学报，2010，30（8）：2228-2234.
[29] 郑金州．教学方法应用指导 [M]. 上海：华东师范大学出版社，2006.
[30] 赛道建．动物学野外实习教程 [M]. 北京：科学出版社，2006.
[31] 高玮．中国东北地区鸟类及其生态学研究 [M]. 北京：科学出版社，2006.
[32] 费梁，叶昌媛，黄永昭．中国两栖动物检索及图解 [M]. 成都：四川科学技术出版社，2005.
[33] 范学铭．大连海滨无脊椎动物实习指导 [M]. 哈尔滨：黑龙江人民出版社，2005.
[34] 史海涛．海南陆栖脊椎动物野外实习指导 [M]. 海口：海南出版社，2005.
[35] 高玮．中国东北地区洞巢鸟类生态学 [M]. 长春：吉林科学技术出版社，2004.

[36] 杨持 . 生态学实验与实习 [M]. 北京：高等教育出版社，2003.
[37] 高玮 . 中国隼形目鸟类生态学 [M]. 北京：科学出版社，2002.
[38] 陈惠莲，孙宝海 . 中国动物志 无脊椎动物门 第三十卷 节肢动物门 短尾次目 海洋低等蟹类 [M]. 北京：科学出版社，2002.
[39] 郑光美，张词祖 . 中国野鸟 [M]. 北京：中国林业出版社，2002.
[40] 高尚武，洪惠馨，张士美 . 中国动物志：无脊椎动物 第二十七卷 刺胞动物门 水螅虫纲 钵水母纲 [M]. 北京：科学出版社，2002.
[41] 王素凤 . 秦皇岛海域生物资源及生物多样性 [J]. 河北渔业，2000（6）：34-35.
[42] 刘明玉，谢玉浩，季达明 . 中国脊椎动物大全 [M]. 沈阳：辽宁大学出版社，2000.
[43] 刘瑞玉，王绍武 . 中国动物志 节肢动物门 糠虾目 [M]. 北京：科学出版社，2000.
[44] 裴祖南 . 中国动物志 腔肠动物门 海葵目 角海葵目 群体海葵目 [M]. 北京：科学出版社，1998.
[45] 吴宝铃，吴启泉，丘建文，等 . 中国动物志 环节动物门 多毛纲 叶须虫目 [M]. 北京：科学出版社，1997.
[46] 刘凌云，郑光美 . 普通动物学 [M]. 3 版 . 北京：高等教育出版社，1997.
[47] 常家传，桂千惠子，刘伯文，等 . 东北鸟类图鉴 [M]. 哈尔滨：黑龙江科学技术出版社，1995.
[48] 高玮 . 鸟类生态学 [M]. 长春：东北师范大学出版社，1993.
[49] 费梁，叶昌媛，黄永昭 . 中国两栖动物检索 [M]. 重庆：科学技术文献出版社重庆分社，1990.
[50] 赵汝翼，程济民，赵大东，等 . 中国海滨无脊椎动物采集指南（北方篇）[M]. 北京：海洋出版社，1990.
[51] 宋鹏东，李映溪，王桂云，等 . 大连沿海无脊椎动物实习指导 [M]. 北京：高等教育出版社，1989.
[52] 黄沐朋 . 辽宁动物志：鸟类 [M]. 沈阳：辽宁科学技术出版社，1989.
[53] 赵正阶 . 吉林省野生动物图鉴（两栖类 爬行类 哺乳类）[M]. 长春：吉林科学技术出版社，1988.
[54] 堵南山 . 无脊椎动物学教学参考图谱 [M]. 上海：上海教育出版社，1988.
[55] 赵正阶 . 吉林省野生动物图鉴：鸟类 [M]. 长春：吉林科学技术出版社，1987.
[56] 胡淑琴，赵尔宓 . 中国动物图谱 两栖类 - 爬行类 [M]. 2 版 . 北京：科学

出版社，1987.

[57] 高耀亭 . 中国动物志：兽纲 第八卷（食肉目）[M]. 北京：科学出版社，1987.

[58] 田婉淑，江耀明 . 中国两栖爬行动物鉴定手册 [M]. 北京：科学出版社，1986.

[59] 辽宁鸟类调查队 . 辽宁鸟类考察报告 [M]. 沈阳：辽宁大学出版社，1986.

[60] 戴爱云，杨思谅，宋玉枝，等 . 中国海洋蟹类 [M]. 北京：海洋出版社，1986.

[61] 蔡英亚，张英，魏若飞 . 贝类学概论 [M]. 上海：上海科学技术出版社，1982.

[62] 皮亚杰 . 发生认识论原理 [M]. 王宪钿，译 . 北京：商务印书馆，1981.